胶东地区废弃矿山生态修复技术研究与实践

袁宏利　陈建辉　王进城　吕中维

吴　彤　刘　扬　方海艳　　　　著

U0218335

天津大学出版社
TIANJIN UNIVERSITY PRESS

内 容 简 介

本书介绍了废弃矿山地质环境治理与土地复垦的基础理论,对矿山地质环境破坏类型进行了划分,阐述了矿山地质环境要素及调查方法、矿山地质环境评价方法,拟定了矿山地质环境修复治理质量控制标准及矿山地质环境治理与土地复垦的技术方法,总结了国内外大量废弃矿山治理经验,并以胶东地区废弃矿山生态修复工程的勘察设计实践为例,从矿山地质环境特征、地质环境治理设计及治理效果等方面进行了详细论述。

本书可供从事矿山地质环境治理工作的设计人员参考使用,也可作为相关专业学生的学习用书。

图书在版编目(CIP)数据

胶东地区废弃矿山生态修复技术研究与实践 / 袁宏利等著. -- 天津:天津大学出版社,2023.10
ISBN 978-7-5618-7571-1

Ⅰ.①胶… Ⅱ.①袁… Ⅲ.①矿山环境－生态恢复－研究－山东 Ⅳ.①X322.252

中国国家版本馆CIP数据核字(2023)第155786号

出版发行	天津大学出版社
地　　址	天津市卫津路92号天津大学内 (邮编:300072)
电　　话	发行部:022-27403647
网　　址	www.tjupress.com.cn
印　　刷	北京虎彩文化传播有限公司
经　　销	全国各地新华书店
开　　本	787mm×1092mm　1/16
印　　张	19.5
字　　数	415千
版　　次	2023年10月第1版
印　　次	2023年10月第1次
定　　价	58.00元

前　言

我国是资源大国,资源开发与利用对社会经济发展具有巨大的推动作用,同时也对环境产生重大影响。长期以来,因矿产资源开发造成的生态破坏和环境污染问题十分严峻,虽然我国在保护矿山生态环境方面做出了巨大努力,但生态破坏和环境污染问题仍时有发生,局部地区甚至日益严重,加上历史遗留问题,中国矿山生态环境治理仍然面临巨大的挑战,同时也成为经济社会可持续发展与生态文明建设的重要问题。

矿产资源开发和利用对生态环境的影响或破坏具有一定的不可逆性。矿产资源及其所依托的自然生态环境是长期演化形成的,是一个相对长期稳定的物质环境,人为开发和利用必然打破其长期形成的自然平衡与和谐,包括水的平衡、生态系统的平衡、地球重力的平衡以及自然景观的和谐等,导致滑坡、泥石流、水土流失、荒漠化、生物多样性损失等生态危害,并产生大气、水、土壤、噪声和固体废弃物污染等。矿山是一个具有特殊社会环境以及自然环境要素的场地,具有人类工程活动强烈,对自然环境破坏性大,且破坏类型多、地域分布广、持续时间长、修复难度大等特点。矿业活动导致地貌景观破坏、土地挖损、地表塌陷、土地压占、大气与水土污染、土壤层破坏、生态环境碎片化等,造成的生态环境破坏和土地面积减少,已经成为区域经济绿色发展的重要制约因素。

我国矿产资源储量丰富、矿种类型多样,矿山开采活动导致的生态环境问题主要包括:地表开挖、压占、毁损,造成土地资源破坏与地表景观改变;破坏地表植被,加剧水土流失;破坏和改变野生动植物栖息环境,使生物多样性面临威胁;井下开采造成矿井水外排,破坏地下水系;采矿地表发生沉降、塌陷、崩塌甚至滑坡、泥石流等次生地质灾害;产生大气、水、土壤、噪声和固体废弃物污染等。矿产资源开发已经成为环境问题产生的一大源头,在促进经济增长的同时,也在一定程度上制约了经济社会的可持续发展,严重影响了当地群众的生产和生活。因此,矿山生态修复治理的任务十分艰巨。同时,我们也应该看到,矿产资源属于不可再生自然资源,任何矿业活动都要经历从勘测探查、开发建设、生产运营、衰退枯竭直至关闭停产的过程,这也是矿山存在与消亡的不可逆转的自然规律。即使矿山适时关闭,矿业活动造成的生态环境破坏也不会随着矿业活动的停止而立即消失。长期以来,矿业科学工作者对我国不同类型、不同地域和不同开采方式的矿山产生的生态破坏和环境污染问题进行了大量理论研究和实地调查,根据我国矿产资源开发的总体特征,分析了不同矿种的特点、开采方式、生态破坏和环境污染的表现及主要生态环境问题,提出了矿山生态环境质量评估和矿山生态破坏与环境污染损失评估的理论框架,并针对矿山主要生态环境问题提出了生态破坏和环境污染的修复治理措施。党的十八大提出"五位一体"重大战略布局,首次将经济、政治、文化、社会和生态五大建设并列,将生态文明建设摆上了中国特色社会主义总体布局的战略地位。党的十九大又将建设生态文明提升为中华民族永续发展的"千年大计",并首次提出"社会主义生态文明观",实施统筹"山水林田湖草"系统治理,设立"国有自然资源资产管理和自然生态监管机构",从政策法规、体制机制、价值理念等方面为生态文明建设提供了支撑,为实现资源与环境协调发展奠定了坚实基础。

矿山生态修复是指对因矿业活动而受损的生态系统进行修复,受损生态系统包括露天采场、塌陷区、矸石或渣土堆场、尾矿库、选矿场等矿业活动场地,被破坏的生态环境要素包括土地与土壤、森林与湿地、地表水与地下水、大气、动物栖息地、微生物群落等。矿山生态修复不仅是对关闭或废弃的矿山的生态环境的修复,也包括对在生产矿山中不再受矿业活动影响区块的生态环境的修复,如闭坑的矿段(采区)、露采矿山中结束开采的平台以及闭库的尾矿库、堆场等,即所谓的"边开采、边修复"。

本书围绕废弃矿山生态修复这一主题,在矿山生态修复理论、技术方法与案例研究的基础上,简述了废弃矿山地质环境治理与土地复垦的基础理论,进行了矿山地质环境破坏类型划分,阐述了矿山地质环境要素及调查方法、矿山地质环境评价方法,拟定了矿山地质环境修复治理质量控制标准及矿山地质环境治理与土地复垦的技术方法,总结了国内外大量废弃矿山治理经验,并以胶东地区废弃矿山生态环境修复工程的勘察设计治理实践为例,从矿山地质环境特征、地质环境治理设计及治理效果等方面进行了论述和总结。

全书由袁宏利、陈建辉统稿,袁宏利、陈建辉、王进城、吕中维、吴彤、刘扬、方海艳等参与了各章节的编写。在本书编写过程中,项目勘察、设计团队及主管领导给予了大力支持、指导和帮助,在此表示感谢!

由于技术水平所限,书中难免存在一些错误和有待商榷之处,恳请读者批评指正。

作者

2023 年 3 月

目　　录

第1章 概述

1.1 矿山生态修复的基本概念

矿山生态修复是指采取人为手段将受损的生态系统恢复到矿山开采前的状态,或因实际情况和人类需要重建成具有某种益处的状态。由于矿产开采往往会对矿山的生态系统造成较大规模的破坏,如若仅停止人类的开采活动,而依靠自然演替力量将生态环境恢复到健康状态,需要漫长的时间,且存在自然难以修复的情况。

采矿工业占用的土地随着矿山生产活动的日趋结束,绝大部分经过恢复后仍可用于农、林、牧、渔业或旅游业,若条件合适,也可以作为发展其他工业或城乡建设的用地。恢复、再利用矿山开采所破坏的土地称为矿山生态修复。

矿山生态修复是一项理论和实践结合异常紧密的系统工程,也是自然科学与社会科学交叉研究的重要领域。从法学的角度来看,矿山生态修复首先包含对自然的修复和对社会的修复,不能简单地理解为对环境本身的修复。单方面强调对矿山自然环境的修复,会忽视因矿山环境恶化对当地社会发展造成的影响。其次,矿山生态修复的时机不应局限在矿山开采结束后。我国学者的相关理论研究大多局限于矿山环境事后治理,很少涉及矿产资源开发前的规划和环境影响评价。对矿山环境进行生态修复,不仅是为了恢复因矿山开采被破坏的生态环境,更是为了通过生态修复实现自然资源的合理利用和人类社会的可持续发展。此外,矿山生态修复并不简单等于土地复垦,土地复垦更多地强调赋予土地农业价值,即强调的是使土地达到可耕种的状态,而经过生态修复的矿山土地用途更加广泛。

基于上述分析,笔者认为矿山生态修复的涵义是在矿产资源开发过程中,由责任人对矿山环境采用生态恢复和重建的手段,对受损的矿山生态功能进行恢复,并对受损方的环境权进行补偿和赔偿。

矿山生态修复具有持续性和综合性特点。持续性是指矿山开发对矿山生态环境的影响是动态的、变化的,且环境问题的积累会对生态环境造成二次破坏,因此生态修复不能仅在矿山开采结束后进行,应当与矿山开发过程相配合。综合性是指矿山开发对矿山生态环境带来的影响是多方面的,因此生态修复应当是全面的、综合的。因此,矿山生态修复应当包含以下几层内容。

(1)矿山生态修复的对象既有历史上的遗留矿山,也有新建和在采的矿山。

（2）矿山生态修复由国家、企业、社会多主体参与进行，其中以国家为主导，企业发挥主要作用，鼓励社会积极参与。

（3）矿山生态修复不仅需要对矿山受损环境进行修复，还要对环境问题引起的社会问题进行修复，其中包括对公众权益的补偿。

（4）矿山生态修复的全过程允许社会广大公众积极参与，并为此创造条件。

在此基础上，可以推出矿山生态修复的目的，短期而言是为了实现矿山的生态平衡；长远来看是为了通过有法可依的生态修复机制实现社会经济的可持续发展。也就是说，矿山生态修复不仅需要借助人类的辅助力量促进矿山生态系统的恢复和重建，还需要在实现生态可持续发展的同时，为人类社会的可持续发展创造条件。

矿山生态修复主要可分为以下 3 种类型。

（1）完全"恢复"或"复制"出被扰动或破坏前的土地存在状态，如首先重新恢复原先的地形，然后在此基础上按原有的模式利用土地。

（2）尽可能按照采矿前土地的地形、生物群体的组成和密度进行恢复，同时恢复与原生物群体相近的其他生物群体。

（3）按照土地破坏的情况和事先的规划及利用计划，使修复后的土地逐渐恢复或建立一种持续稳定的且与周围环境和人为景观价值相协调的相对永久的用途。这种用途可以与土地被破坏前的用途相似，也可以对用途进行部分更换或完全更换。

1.2　国内外矿山治理研究现状

1.2.1　国外矿山治理研究进展

在 20 世纪 30 年代，发达国家就开始重视矿山治理研究。经过几十年的发展，矿山治理已成为矿山开发中必须开展的工作。政府制定严格的开发管理规定，确保矿山在开发设计和环境影响评价中包括生态修复的内容，且要求在矿山开发的同时必须设立专门的生态修复研究机构，以保证边开采、边修复被破坏的自然生态环境，使矿山的生态环境保持良好状况。美国、澳大利亚、德国、加拿大等国的土地复垦率已达到 80% 以上。国外对矿山进行生态修复多是结合土地复垦来实施的，且各有特色。

1.2.1.1　国外矿山生态修复法规及制度

美国的矿山生态修复工作一直走在世界前列，20 世纪 30 年代就在 26 个州先后制定了有关露天采矿土地复垦方面的法规，并于 1977 年 8 月 3 日正式颁布《露天采矿管理与恢复（复垦）法》，这是美国土地复垦史上一个划时代的法规。根据该法规的规定，所有的煤矿山都要进行合理开采和复垦。1930—1971 年的 42 年间，美国采矿工业已恢复 590 000 hm² 用地,复垦率达 40%,1971 年采矿工业用地 84 000 hm²,其中 66 000 hm² 已恢复,复垦率达 78.6%。

在美国,矿山修复治理工作分为《露天采矿管理与恢复(复垦)法》颁布前后两个阶段,使矿山修复治理工作责任明确。对于《露天采矿管理与恢复(复垦)法》颁布后出现的矿山土地破坏情况,按"谁破坏、谁复垦"的原则要求复垦率为 100%。对于《露天采矿管理与恢复(复垦)法》颁布前已被破坏的废弃矿区,则由国家通过筹集复垦基金的方式组织修复治理。《美国环境法》要求工业建设破坏的土地必须恢复到原来的状态,原为农田的恢复到农田状态,原为森林的恢复到森林状态。由于国家法律的强制作用及科研工作的进展,美国的矿山环境保护和治理成绩显著,美国在矿山种植作物、矸石山植树造林和利用电厂粉煤灰改良土壤等方面做了很多工作,积累了大量经验。

德国十分重视环境保护工作,保护和治理国土的意识强,时时把为人们创造好的生产生活环境作为重要的任务,各部门、企业也把保护环境作为自身建设发展的必要辅助,在采矿过程中十分注意最大限度地减少对环境的破坏。采矿后,企业开展的复垦工作也不是简单种树或平整土地,而是从整体考虑生态的变化和人们对环境的需求。为了加强对群众的环境教育和普及环境保护相关的科学知识,德国自然资源部和环境保护相关的社团组织每年宣传一个树种、一种动物,并印成图文材料在旅游地区发放,并将相关内容编写到中小学教材中加强对青少年的环境教育。一些地方还设立了环保教育基地,设置岩石标本,栽植一些被宣传的树木、草本植物等,以供附近群众和游客学习、观赏。在德国,发展林业、保护环境已成为人们的自觉行动。

1.2.1.2　国外矿山生态修复措施及方法

美国土地复垦后并不强调农用,而是强调恢复破坏前的地形地貌,要求农田恢复到原农田状态,森林恢复到原森林状态,把防止生态破坏及保护环境提到极高的地位或看作唯一的复垦目的。美国要求控制水流的侵蚀和有害物质的沉积;保持地表原状和地下水位;注重酸性和有害物质的预防和处理;保持表土仍在原位置;防止矸石和其他固体废弃物堆放后滑坡;消除采矿形成的高桥,使其恢复到近似等高的状态;恢复植被,给水生植物、陆地野生动物提供栖息场所。经过 20 多年的实践,在美国,不仅新近采矿破坏的土地能够得到及时复垦,昔日煤炭生产遗留下的工矿废弃地也得到修复,被污染的水资源得到改善,如今土地复垦已成为采矿过程的一部分。

澳大利亚是以采矿工业为主的国家,它将先进技术运用于矿山复垦,所需资金由政府提供,现在复垦已经成为开采工艺的一部分。其特点包括:①采用综合模式,实现土地、环境和生态的综合修复,克服了单项治理带来的弊端;②多专业联合投入,包括地质、矿冶、测量、物理、化学、环境、生态、农艺及经济学、医学、社会学等多学科多专业;

③高科技的指导和支持,卫星遥感技术为复垦设计提供基础参数并选择场地位置,计算机完成复垦场地地形地貌的最佳选择、最少工程量的优化选择和最适宜的经济投入产出选择,同时借助各种先进设备对生态修复过程进行监测。

英国立法、执法严格,规定采矿后必须进行复垦。露天矿复垦用于农业、林业,重现合理、和谐、风景秀丽的自然环境。露天矿采用内排法,边采边回填再复垦,覆土厚1.3 m(上表层为30 cm厚耕作层),复垦时注意地形地貌,以形成完美的整体。

法国由于工业发达、人口稠密,要求土地复垦保持农林面积,恢复生态平衡,防止污染。法国十分重视露天排土场覆土植草、活化土壤,其经过渡性复垦后,再被复垦为新农田。为使复垦区环境与周围协调,政府还进行了绿化美化。林业复垦一般分3个阶段完成:一为试验阶段,研究多种树木的效果,进行系统绿化,总结开拓生土、增加土壤肥力的经验;二为综合种植阶段,筛选出生长好的白杨和赤杨,进行大面积种植试验(包括增加土壤肥力、追肥和及时管理等);三为树种多样化和分期种植阶段,合理安排林业、农业,种植一些生命力强的树木、作物。

德国经过长期努力,复垦工作取得了很大成绩。在矿区及其周围,一片片整齐且生长良好的林地、一个个碧绿如毯的牧场、一处处风景如画的旅游区,使人赏心悦目。无论是城市还是乡村到处都是绿色,环境质量非常高。

综上所述,发达国家的矿山生态修复工作开展得较早且比较成功,注意修复土地的生产性能,生物复垦技术先进。美国和澳大利亚更注意环境效益的改善、矿山生态平衡的恢复,并积极研究应用微生物复垦。

1.2.2　我国矿山治理研究进展

1.2.2.1　我国矿山治理工作概况

我国半个多世纪的矿山生态恢复工作可分为4个发展阶段:① 20世纪50年代,通过填埋、刮土、复土等措施将退化土地改造成可耕种土地;② 20世纪70—80年代,土地修复开始系统化;③ 20世纪90年代,土地修复中生态修复加强;④ 21世纪以来,以矿区生态系统健康与环境安全为目标,进行多技术综合恢复治理。

我国是世界上为数不多的矿产资源种类较齐全、矿产自给程度较高的国家之一。中华人民共和国成立以来,随着我国找矿技术和矿产开发技术的提高以及能源需求量的大幅增加,矿山开发的速度也在不断加快。矿产的开采、矿山的开发加快了经济社会发展的步伐,同时也使被开采的矿山及其周边产生了严重的生态问题甚至是灾难。正是基于以上情况,我国开始着手矿山生态修复工作。

矿山生态环境系统破坏包括开挖、压占、坍塌、水土流失及尾矿砂库产生的破坏等,矿山的生态系统结构和功能发生了很大的位移,是一种典型的退化生态系统。可以说,矿山生态修复(矿山领域的生态修复)是缓解水土流失、土地荒漠化的重要措施之一。我国的矿山土地复垦工作开始较早,始于 20 世纪 50 年代,但直至 20 世纪 90 年代初我国在修复生态学方面的研究工作才起步,矿山废弃地的生态修复科研工作才逐步开展起来,同时采取了一些切实可行的生态修复技术和方法。近年来,各地的矿山生态修复工作开展得如火如荼,这被认为是一代中国人对生态环境的"自我救赎"。在我国,矿山开采已有上千年历史,而矿山生态修复有组织的恢复治理仅 20 多年。截至 2015 年,全国共投入矿山治理资金超过 900 亿元,治理矿山地质环境的面积超过 80 万 hm²,一批资源枯竭型城市的矿山地质环境得到有效恢复。

2014 年,国土资源部部长要求,大力构建"政府主导、政策扶持,企业负责、社会参与,开发式治理、市场化运作"的矿山地质环境治理新模式,开创工作新局面。全国 31 个省、市、自治区陆续出台并实施矿山地质环境治理恢复保证金制度。截至 2014 年 12 月,全国应缴保证金矿山数量 99 006 个,已缴 85 893 个,占应缴总数的 86.76%;应缴总额 1 598.69 亿元,已缴 867.74 亿元,占应缴总额的 54.28%,采矿权人完成治理义务返还(使用)保证金总额约 300 亿元,矿山企业保证金账户余额约 500 亿元。后来保证金变基金,已缴的费用被返还矿山用于矿山地质环境恢复治理。

尽管投入巨大,治理力度不小,但矿山生态修复并非一朝一夕可以见到成效的。有上千年历史的湖北大冶铁矿用了 20 余年才逐步完成了矿山生态修复工作。中国地质调查局航遥中心的调查结果显示,截至 2014 年,全国废弃矿山面积为仍需治理矿山面积的 9.5 倍;2017 年全国矿产资源开发环境遥感监测结果显示,全国矿产资源开发占用土地面积约 362 万 hm²。从这些公开数据可以看出,尽管矿山生态修复工作正在逐步推进,但仍任重而道远,废弃矿山的治理力度有待加强,矿山生态修复形势依然严峻。2014 年遥感调查与监测查明,全国矿山开发占地面积为 220.42 万 hm²;正在利用的矿山开发占地面积约为 113.48 万 hm²;废弃的矿山开发占地面积约为 98.25 万 hm²;已恢复治理的矿山占地面积约为 8.69 万 hm²。除矿山环境恢复治理区外,全国矿山开发损毁、占用土地面积 211.73 万 hm²,其中损毁 149.33 万 hm²,占用 62.40 万 hm²;全国圈定矿山地质灾害 4 716 处,包括采矿塌陷 1 887 处、滑坡 1 296 处、崩塌 1 093 处、泥石流 440 处。正在利用矿山的占地面积大于废弃矿山的占地面积;而矿山环境已得到恢复治理的面积较小,仅占废弃矿山面积的 8.84%,表明废弃矿山的治理力度有待加强。

就全国正在利用矿山的开发占地而言,内蒙古、山东、青海、新疆和山西位居全国前5 位,其总和占全国正在利用矿山开发占地的 57.42%。其中,内蒙古正在利用矿山的面积为 161 398.96 hm²,列首位;其次是山东,有 153 853.03 hm²;再次是青海,有 138 176.40 hm²。浙江、福建、西藏、重庆、海南、北京和天津正在利用的矿山开发占地分居全国后 7 位,占比均不足全国总量的 1%。

就全国废弃矿山的开发占地而言,山西、河北、内蒙古、辽宁和黑龙江位居全国前 5 位,其总和超过 600 000 hm²,占全国废弃矿山开发占地的 63.95%。其中,山西的废弃矿山面积达到 257 386.88 hm²,为全国最大。吉林、四川、云南、贵州、北京、湖北、重庆、新疆、海南、天津和西藏的废弃矿山开发占地居全国后 11 位,占比均不足全国总量的 1%。

就矿山环境恢复治理面积而言,山东、内蒙古、辽宁、山西和海南的矿山环境恢复治理面积位居全国前 5 位,其总和占全国恢复治理矿山开发占地的 63.41%。矿山环境恢复治理面积最大的是山东,达 19 170.39 hm²。广东、安徽、重庆、福建、湖北、云南、浙江、西藏、青海、天津、贵州和新疆的矿山环境恢复治理面积居全国后 12 位,占比均不足全国总量的 1%。

就矿山环境恢复治理率(矿山环境恢复治理面积/矿山开发占地面积)而言,海南最高(40.10%),其次是北京(17.80%),再次是宁夏(12.53%),矿山环境恢复治理程度最低的是新疆和青海,其恢复治理率分别为 0.15% 和 0.81%,如图 1.2-1 所示。

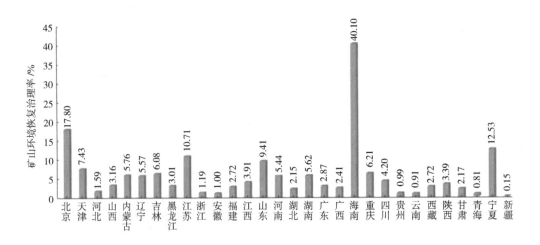

图 1.2-1　部分省、自治区、市矿山环境恢复治理率对比

1.2.2.2　我国矿山治理相关研究

在 20 世纪 80 年代以前,我国矿山生态修复工作基本上都是各个矿区自发地开展造林或造田的实践,其主要目的是改善环境,维护矿区安全,缓解土地需求压力。当时几乎没有理论工作的介入,这些早期的生态修复实践积累了宝贵的经验。

近十几年来,矿山生态修复的研究有了突飞猛进的发展。其中,主要的研究机构有北京矿冶研究总院、中山大学、香港浸会大学、中国矿业大学、山西农业大学等。它们形成两大研究领域:一是以北京矿冶研究总院、中山大学和香港浸会大学等为代表,以有色金属矿山废弃地为研究对象,以环境污染的控制和自然生态系统的修复为主要目的的理论与技术研究;二是以中国矿业大学和山西农业大学为代表,以煤矿废弃地为研究对象,以土地利用为主要目的的生态修复理论与技术研究。

从 20 世纪 90 年代开始,国家土地管理局先后在全国设立了 12 个土地复垦试验示范点,开始了大面积的土地复垦试验推广工作。1995 年,国家环境保护局组织开展矿区生态环境破坏与修复重建调查研究,土地复垦成为热点。2001 年,我国开始实施"国家投资开发整理项目",标志着国家开始投资土地复垦。

1.2.2.3　我国矿山治理相关政策法规

我国与世界其他国家相比,矿山治理工作起步较晚。我国实施矿山生态修复存在三大困难:立法分散、独立,大气、水、林草、土壤与土地、矿山管理分属不同部门,各自为政,导致实施全国性生态环境保护与监管政策可操作性差,执行自由度较大;复杂的机构设置和不同层级主管部门的职责划分不清,生态政策与法规实施不力;生态修复资金和技术支持不足。然而,随着矿山生态修复法规政策的不断完善、修复技术标准的初步建立,我国矿山治理工作正在逐步进入法制化、标准化、常态化的轨道。

1986 年 6 月 25 日,我国颁布《中华人民共和国土地管理法》。1988 年 10 月 21 日发布的《土地复垦规定》使我国的土地复垦工作初步走向法制化轨道。1989 年 1 月 1 日生效的《土地复垦规定》标志着我国矿山生态修复事业的开端。《土地复垦规定》实施以后,采矿塌陷地、矸石山、露天采矿场、排土场、尾矿场和砖瓦窑取土坑等各类被破坏土地的生态修复工作受到全社会的高度重视。原《中华人民共和国环境保护法》(1989 年 12 月 26 日第 22 号主席令公布施行)共有 4 条涉及生态环境;修订后的《中华人民共和国环境保护法》(2014 年 4 月 24 日第 9 号主席令公布,2015 年 1 月 1 日起施行)共有 12 条涉及生态环境,将生态文明建设上升到法律的高度。

2005 年,国务院发布《国务院关于全面整顿和规范矿产资源开发秩序的通知》(国发〔2005〕28 号),探索建立矿山生态环境恢复补偿制度,明确治理责任。同年,国家环境保护总局、国土资源部、卫生部发布《矿山生态环境保护与污染防治技术政策》(环发〔2005〕109 号)。2006 年是复垦事业的一个里程碑,国土资源部等 7 部委联合发布《关于加强生产建设项目土地复垦管理工作的通知》(国土资发〔2006〕225 号),标志着复垦管理工作进入开采许可、用地审批程序中,即开采和建设用地的许可审批都要编制土地复垦方案。2006 年,财政部、国土资源部、国家环境保护总局发布《关于逐步建立矿山环境治理和生态恢复责任机制的指导意见》(财建〔2006〕215 号),要求制订矿山生态环境保护和综合治理方案,并提出达到矿山环境治理及生态恢复目标的具体措施。2007 年,国土资源部发布《关于组织土地复垦方案编报和审查有关问题的通知》(国土资发

〔2007〕81 号），进一步明确土地复垦方案的编制内容和审批要求等。2009 年 5 月 1 日施行的《矿山地质环境保护规定》（中华人民共和国国土资源部令第 44 号）第十二条规定"采矿权申请人申请办理采矿许可证时，应当编制矿山地质环境保护与治理恢复方案，报有批准权的国土资源行政主管部门批准"，对矿区生态保护与复垦均有明确的目标和要求。

2011 年 3 月 5 日，国务院发布并实施《土地复垦条例》，这是我国土地复垦发展史上的一个新的里程碑。2011 年，国土资源部相继组织编制、印发《土地复垦方案编制规程 第 1 部分：通则》（TD/T 1031.1—2011）等 7 项推荐性行业标准，对各类型矿山损毁土地的复垦方案编制要点提出了要求。2011 年，环境保护部发布《国家环境保护"十二五"规划》（国发〔2011〕42 号），要求加强矿产、水电、旅游资源开发和交通基础设施建设中的生态监管，落实相关企业在生态保护与恢复中的责任。造林绿化是生态建设的核心内容，是维护生态安全的基础保障。2011 年 6 月，全国绿化委员会、国家林业局按照党中央、国务院的要求，编制《全国造林绿化规划纲要（2011—2020 年）》，在总结经验、分析形势的基础上，提出了之后 10 年造林绿化的目标与任务、实现途径和政策保障，其是指导我国造林绿化事业健康发展的纲领性文件。

2011 年，国土资源部发布《矿山地质环境保护与治理恢复方案编制规范》（DZ/T 0223—2011），将由矿山企业分别编制的《土地复垦方案》和《矿山地质环境保护与治理恢复方案》合并编制，指导矿山地质环境保护与土地复垦方案的编制。2012 年，国土资源部布置了工矿废弃地复垦利用试点工作，并在试点省份开展了工矿废弃地治理工作。随后，国土资源部又在全国部署开展了"矿山复绿"行动。2013 年，国土资源部组织编制并颁布《土地复垦质量控制标准》（TD/T 1036—2013）作为行业标准，对不同土地复垦类型区、不同复垦方向的土地复垦技术要求和质量要求做出了规定。2013 年 7 月，环境保护部批准并发布《矿山生态环境保护与恢复治理技术规范（试行）》（HJ 651—2013）和《矿山生态环境保护与恢复治理方案（规划）编制规范（试行）》（HJ 652—2013）两项标准，分别规定了在矿产资源勘查与采选过程中，排土场、露天采场、尾矿库、矿区专用道路、矿山工业场地、沉陷区、矸石场、矿山污染场地等矿区生态环境保护与恢复治理的指导性技术要求以及矿山生态环境保护与恢复治理方案（规划）编制的原则、程序、内容和技术要求。

2013 年 11 月 12 日，十八届三中全会通过并发布的《中共中央关于全面深化改革若干重大问题的决定》指出"建设生态文明，必须建立系统完整的生态文明制度体系，实行最严格的源头保护制度、损害赔偿制度、责任追究制度，完善环境治理和生态修复制度，用制度保护生态环境"。

我国对湿地保护管理方面的专门立法比较落后，多年来湿地保护与管理的相关政策依据依附于各种基本法律和行政法规。国外在湿地保护与管理方面也很少有专门立法，仅美国于 2000 年发布《保护湿地法案》，其中规定拨出资金专门用于湿地修复。我国随着城镇化进程的推进以及无序围湖造田工程的开展，湿地资源破坏情况日益严重，生态环境问题显现，引起了人们越来越多的关注，加强湿地立法的呼声也日益高涨。2013 年 3 月 28 日，国家林业局第 32 号令公布《湿地保护管理规定》。随后，各省相继出台了湿地保护条例。

2015 年 4 月 25 日，中共中央、国务院印发《关于加快推进生态文明建设的意见》，明确了生态文明建设的总体要求、目标愿景、重点任务和制度体系，突出体现了战略性、综合性、系统性和可操作性，这是继党的十八大和十八届三中、四中全会对生态文明建设做出顶层设计后，中央对生态文明建设的一次全面部署，是一个时期内推动我国生态文明建设的纲领性文件。

2016 年，国土资源部发布《国土资源部办公厅关于做好矿山地质环境保护与土地复垦方案编报工作的通知》（国土资规〔2016〕21 号）。2016 年，国土资源部、工业和信息化部、财政部、环境保护部、国家能源局发布《关于加强矿山地质环境恢复和综合治理的指导意见》（国土资发〔2016〕63 号），创新尾矿残留矿再开发、矿山废弃地复垦利用、集体土地流转利用等政策，引导社会资金、资源、资产要素投入，积极探索利用 PPP（公共私营合作制）模式、第三方治理方式；大力探索构建"政府主导、政策扶持、社会参与、开发式治理、市场化运作"的矿山地质环境恢复和综合治理新模式。各地可根据本地实际情况，将矿山地质环境恢复治理与新农村建设、棚户区改造、生态移民搬迁、地质灾害治理、土地整治、城乡建设用地增减、工矿废弃地复垦利用等有机结合起来。

2014 年，环境保护部制定发布《场地环境调查技术导则》（HJ 25.1—2014）、《场地环境监测技术导则》（HJ 25.2—2014）、《污染场地风险评估技术导则》（HJ 25.3—2014）、《建设用地土壤修复技术导则》（HJ 25.4—2014）、《污染场地术语》（HJ 682—2014）等 5 项污染场地系列环保标准。2016 年 5 月 31 日，国务院为切实加强土壤污染防治，逐步改善土壤环境质量，制定实施《土壤污染防治行动计划》（业内称"土十条"），该法规的颁布是党中央、国务院推进生态文明建设，坚决向污染宣战的一项重大举措，这是一个时期内全国土壤污染防治工作的行动纲领。至此，《大气污染防治行动计划》《水污染防治行动计划》和《土壤污染防治行动计划》，即针对我国当前面临的大气、水、土壤环境污染问题的 3 个污染防治行动计划已被全部制定并发布实施。

开展山水林田湖生态保护修复是生态文明建设的重要内容，是贯彻绿色发展理念的有力举措，是破解生态环境难题的必然要求。党的十八届五中全会提出要实施山水林田湖生态保护和修复工程，筑牢生态安全屏障。2016 年 9 月，财政部、国土资源部、环境保护部联合发布《关于推进山水林田湖生态保护修复工作的通知》（财建〔2016〕725

号），并自 2016 年起，在全国范围内推进山水林田湖草生态保护修复工程试点，重点对影响国家生态安全格局的核心区域，关系中华民族永续发展的重点区域和生态系统受损严重、开展治理修复最迫切的关键区域，实施山水林田湖草生态保护修复工程试点，中央财政将对工程给予奖补。2017 年，国土资源部会同财政部、环境保护部、国家质量监督检验检疫总局、中国银行业监督管理委员会、中国证券监督管理委员会发布《关于加快建设绿色矿山的实施意见》（国土资规〔2017〕4 号），要求切实推进全国矿产资源规划实施，加强矿业领域生态文明建设，加快矿业转型与绿色发展。

2017 年，党的十九大对生态文明建设进行了多方面的深刻论述：将建设生态文明提升为中华民族永续发展的"千年大计"；首次提出了"社会主义生态文明观"，从价值、理念层面对生态文明建设提供了支撑；提出了实施重要生态系统保护和修复重大工程，优化生态安全屏障体系，构建生态廊道和生物多样性保护网络，提升生态系统的质量和稳定性；提出了构建多种体系，统筹山水林田湖草系统治理；提出了加强对生态文明建设的总体设计和组织领导，设立"国有自然资源资产管理和自然生态监管机构"。党的十九大再一次吹响了加快生态文明体制改革的号角，进一步昭示了以习近平同志为核心的党中央加强生态文明建设的意志和决心。2018 年 3 月 13 日，根据第十三届全国人民代表大会第一次会议批准的国务院机构改革方案，为加强我国生态环境保护职能，我国将组建自然资源部、生态环境部、国家林业和草原局，不再保留国土资源部、国家海洋局、国家测绘地理信息局、环境保护部、国家林业局等部门。改革方案将"统筹山水林田湖草系统治理"和"统一行使所有国土空间用途管制和生态保护修复职责"写进了自然资源部的组建要求，生态修复和系统治理无疑是自然资源部的基本职能。因此，我国遵循系统治理原则，把治地、治矿、治水、治海、治山、治草、治林相结合，加快建立健全源头保护和末端修复治理机制，统筹推动山水林田湖草综合整治修复，为生态整体保护、系统修复和综合治理提供重要体制保障，开创自然资源开发利用和保护工作的新局面。

为了加强工矿用地土壤和地下水环境保护监督管理，防治工矿用地土壤和地下水污染，2018 年 5 月 3 日，生态环境部颁布《工矿用地土壤环境管理办法（试行）》（生态环境部令〔2018〕第 3 号），对工矿用地涉及土壤和地下水污染的现状调查、环境准入、设施防渗漏、隐患排查、企业自行监测、风险管控和修复等都做了系统的规定。该办法主要针对正在生产运行中的工矿企业开展土壤环境管理，避免或减少工矿企业生产运行过程中对土壤造成的污染。它的颁布将使工矿用地这个大领域的土壤环境管理有章可循。2018 年 6 月 22 日，生态环境部发布《土壤环境质量 农用地土壤污染风险管控标准（试行）》（GB 15618—2018）、《土壤环境质量 建设用地土壤污染风险管控标准（试行）》（GB 36600—2018），并于 2018 年 8 月 1 日实施。土壤环境质控值分为风险筛选值和风险管控值，与"土十条"中的管控要求相对应。

2018 年,按照国土资源行业标准制定程序要求和计划安排,自然资源部组织有关单位制定了推荐性行业标准《非金属矿行业绿色矿山建设规范》(DZ/T 0312—2018)、《化工行业绿色矿山建设规范》(DZ/T 0313—2018)、《黄金行业绿色矿山建设规范》(DZ/T 0314—2018)、《煤炭行业绿色矿山建设规范》(DZ/T 0315—2018)、《砂石行业绿色矿山建设规范》(DZ/T 0316—2018)、《陆上石油天然气行业绿色矿山建设规范》(DZ/T 0317—2018)、《水泥灰岩绿色矿山建设规范》(DZ/T 0318—2018)、《冶金行业绿色矿山建设规范》(DZ/T 0319—2018)、《有色金属行业绿色矿山建设规范》(DZ/T 0320—2018)。

2019 年,自然资源部办公厅发布《关于开展长江经济带废弃露天矿山生态修复工作的通知》(自然资办发〔2019〕33 号),对长江干流及主要支流沿岸废弃露天矿山生态环境破坏问题进行综合整治,统筹山水林田湖草系统保护修复,助力长江经济带成为我国生态文明建设的先行示范带、创新驱动带、协调发展带。2019 年,自然资源部办公厅、生态环境部办公厅发布《关于加快推进露天矿山综合整治工作实施意见的函》(自然资办函〔2019〕819 号),就协同推进露天矿山综合整治提出新要求,两部门明确露天矿山综合整治是国务院《打赢蓝天保卫战三年行动计划》中的一项重要任务,要统筹落实露天矿山综合整治各项工作任务,并要求全面摸底排查露天矿山情况,依法开展露天矿山综合整治,加强露天矿山生态修复,严格控制新建露天矿山建设项目等。2020 年 8 月 26 日,自然资源部办公厅、财政部办公厅、生态环境部办公厅联合印发《山水林田湖草生态保护修复工程指南(试行)》,全面指导和规范各地山水林田湖草生态保护修复工程实施,推动山水林田湖草一体化保护和修复。

1.3 我国矿山生态修复面临的问题与发展的策略

1.3.1 我国矿山生态修复面临的问题

1. 矿产资源开发利用主要问题

1)乱采滥挖,大矿小开

我国小矿山所占比例大。一些地方小矿乱采滥挖、采富弃贫现象尤其突出,而且技术落后、管理粗放,导致资源的严重浪费和严重的环境问题。

2)过量开采,过量出口

我国优势矿产普遍存在过量开采、过量出口的问题,导致矿产储量过快消耗。在高额利润的驱动下,生产总量控制难度加大,总量控制指标难以得到严格执行。过度开采易导致矿山环境问题的发生。

3）粗放开发，低效利用

以煤炭为例，我国煤炭资源回采率仅为 20%~30%，这意味着每开采 1 t 煤炭，将浪费和破坏 3.3~4 t 资源。矿产利用率低下，导致矿区内大量矸石、尾矿堆积，这是诱发矿山环境污染的主要因素之一。

4）重采轻治，破坏环境

点多面广的露天采矿大量剥离山体植被和土层，从而破坏生态环境。井工开采造成大面积地面塌陷和矿区耕地破坏，并污染地表水体，破坏地下水系。由于我国长期重开采、轻治理，缺乏矿山环境恢复保证措施，目前我国矿山环境问题较为严重。

2. 矿山修复任务艰巨

我国矿山生态环境形势日益严峻，主要表现为以下几个方面：地表开挖、压占、毁损造成土地资源破坏与地表景观改变；破坏地表植被，加剧水土流失，导致河床升高、河道淤积；破坏和改变野生动植物栖息环境，使生物多样性遭到破坏；井下开采造成矿井水外排，破坏地下水系；采矿地表发生沉降、塌陷、崩塌甚至滑坡、泥石流等次生地质灾害；矿山开采产生大气、水环境、土壤环境、噪声及固体废弃物污染等；大规模矿产勘探、采矿和选矿等活动破坏生态系统结构，导致区域生态服务功能下降。

根据 2017 年全国矿山资源开发环境遥感监测结果，全国矿产资源开发占用土地面积约 362 万 hm²，其中历史遗留及责任人灭失的有 230 万 hm²，在建及生产中的矿山为 132 万 hm²。近两年，因政策性因素大量矿山被关停，待治理废弃矿山面积还在持续增长，矿山环境治理和生态恢复任务重。目前，我国矿山总的复垦率不到 10%，与国外大多数国家 50% 以上的土地复垦率相比，差距巨大。我国废弃矿山如图 1.3-1 所示。

3. 对矿山生态修复重视程度不够

我国生态环境治理和生态恢复范围小，对矿山外部生态环境治理和生态恢复重视不够。矿山企业占地以外的生态环境治理与生态恢复工作未被纳入矿山企业职责范围。矿山企业占地范围内的植被与生态破坏只是矿产开采引起的植被与生态破坏的一部分。除露天矿外，矿山企业占地在矿区面积中只占很小的一部分，矿产开采造成的植被与生态破坏必然涉及矿区周边范围。根据山西省调查结果，矿产开采除引起径流量减少、地下水位下降和湿地缩小外，还因采空区产生漏斗状辐射区域而影响地表植被，其面积约为采空区面积的 2.6 倍。当前，由于矿区周边影响范围的生态恢复治理的职责还没有明确，矿区整体范围内的生态系统难以在环境自净和自然演替的作用下得以恢复平衡。

图 1.3-1　我国废弃矿山

4. 矿山生态修复缺乏系统规划

矿山生态环境治理和生态修复缺乏全面系统的规划,目前存在的主要问题有:一是矿山企业占地以外的植被与生态破坏状况不清;二是乡镇矿山企业和个体矿山企业占地范围内的植被与生态破坏状况不清。家底不清、多头管理、各自为政、缺乏系统的综合规划是造成矿区植被保护和生态恢复治理滞后的重要原因。

5. 责任机制尚未建立,缺乏标准

在矿山开发从勘探期到服务期满闭井的整个活动过程都伴随着污染防治和生态环境保护等,任务十分艰巨。虽然现有相关标准涉及矿山环境保护与综合治理方案编制,但是由于缺乏专业性的矿山开发生态环境保护方案编制标准,造成我国目前矿山开发生态环境保护规划的质量水平不一,缺乏规范,难以满足我国矿产开采行业发展和环境保护的需要。

6. 矿区生态修复资金筹集不足

矿区生态环境治理和生态修复资金筹措机制无法满足实际需要。当前,我国矿山生态环境治理和生态修复资金筹措的良性运行机制仍不完善,专项资金来源单一,涉及矿产资源的收费名目多、部门多,部门收费使用方向不明确,地方政府投资积极性整体不高,企业投资和治理意识淡薄,具体表现在以下几个方面。

（1）矿山环境治理恢复保证金制度适用范围不够宽。目前,全国多数省份已经建立矿山环境治理恢复保证金制度,均规定保证金只适用于新建矿山企业,或新矿山开发新产生的破坏,而历史遗留的矿山生态环境治理与生态恢复未纳入保证金制度的范畴。

（2）现行矿产资源补偿费没有体现生态环境补偿的政策含义。我国矿产资源补偿费的开征目的是保障和促进矿产资源的勘查、保护与合理开发,维护国家对矿产资源的

财产权益,仅将矿产资源补偿费作为调整国家和矿产资源开发利用者之间的经济利益关系的手段。因此,国家将矿产资源补偿费主要用于矿产资源勘探成本补助(不低于70%),并适当用于矿产资源保护支出和矿产资源补偿费征收部门经费补助预算,而矿山生态环境治理和生态恢复所需要的资金没有被纳入矿产资源补偿费的支出范围。

(3)矿产资源补偿费征收标准过低,未能随矿产资源价值、市场情况变动。我国的石油、天然气、煤炭、煤成气等重要能源的矿产资源补偿费征收率都只有1%,而国外石油、天然气的矿产资源补偿费征收率一般为10%~16%,即使是美国这样一个矿产资源远比中国丰富的国家,其石油、天然气、煤炭(露天矿)权利金费率也高达12.5%。

(4)矿山生态环境治理与生态恢复的中央专项资金资助范围有限,资金总量少,地方配套困难。当前,中央矿山环境治理的专项资金来源主要是矿产资源补偿费和矿权使用费与价款,但是中央下达的专项资金估计只占三项收费收入的10%~20%,占矿山历史所创利税的1%,可见总体投资量不大。相对于老旧矿山生态环境治理和生态修复实际资金需求,中央投入的资金远远无法满足。此外,矿山生态环境治理与生态恢复的中央专项资金要求地方政府和企业配套,但由于有的地方政府和企业财力有限等,实际到位配套率不高。

(5)部门经费整合效果不佳,部门间协调难度大。矿区生态破坏问题不单纯是土地破坏问题,还涉及污染和森林植被破坏等多个方面。《中华人民共和国森林法》《土地复垦条例》《中华人民共和国水土保持法》《中华人民共和国土地管理法》以及《中华人民共和国环境保护法》均规定了各级政府和矿山企业对矿山生态环境治理和生态恢复的法律责任,并赋予了林业、土地、水利、环保等部门依法收取相关费用(如植被补偿费等)的权力。但是,从矿山生态环境治理和生态修复的资金来源的实际情况来看,目前只有国土资源管理部门一家"孤军奋斗",其他部门基本上"置身事外",没有为矿山生态环境治理和生态修复工程提供过应有的资金支持。值得关注的是,《矿山地质环境保护规定》强化了国土资源管理部门垄断矿山生态环境治理和生态修复的权利和义务,相关的环境保护、林业、水利等部门被排除在矿山生态环境治理、生态修复质量评价和监督体系之外,环境保护、林业、水利等部门无法在矿山生态环境保护监督方面行使执法权。

1.3.2　未来影响因素分析

1. 有利因素

1)政策利好

2016年7月1日,国土资源部、工业和信息化部、财政部、环境保护部、国家能源局联合发布《关于加强矿山地质环境恢复和综合治理的指导意见》,提出主要目标是到2025年,建立动态监测体系,全面掌握和监控全国矿山地质环境动态变化情况;建立矿业权人履行保护和治理恢复矿山地质环境法定义务的约束机制;矿山地质环境恢复和综合治理的责任全面落实,新建和生产矿山地质环境得到有效保护和及时治理,历史遗留问题综合治理取得显著成效;基本形成制度完善、责任明确、措施得当、管理到位的矿山地质环境恢复和综合治理工作体系,形成"不再欠新账,加快还旧账"的矿山地质环境恢复和综合治理的新局面。

2)矿山生态修复需求大

目前,我国矿山环境存在的问题基本上可以分为五类:①土地压榨和景观的破坏;②植被和生态的破坏;③地下水系统的影响和破坏;④引发多种地质灾害;⑤污染。污染是矿山环境中最严重的问题。总的情况如下:在煤炭矿山中,严重污染占19.54%,较严重污染占48.53%,轻微污染占31.91%;在有色金属矿山中,严重污染占21.66%,较严重污染占43.42%,轻微污染占34.9%;在建材和一般的非金属矿山中,较严重及以上污染占20.85%。2016年5月31日,国务院印发《土壤污染防治行动计划》,明确提出开展土壤污染治理与修复,并将有色金属矿采选等相关涉矿行业纳入重点监管行业。

3)技术创新

污染土壤修复技术的研究起步于20世纪70年代后期,在过去的40多年间,欧、美、日、澳等国家和地区纷纷制订了土壤修复计划,投入巨额资金研究了土壤修复技术与设备,积累了丰富的现场修复技术与工程应用经验,使土壤修复技术得到了快速发展。目前,我国煤矿土地破坏面积占全部矿区破坏面积的80%,这意味着未来矿区土地生态修复的主战场将在煤矿领域。这一领域的土地复垦和生态修复技术体系已十分成熟,仅中国矿业大学自20世纪90年代至2014年就完成了50余项自主研发成果。未来,矿山生态环境治理有望加速进入产业化应用阶段。

2. 不利因素

1)生态修复难度大

露天开采矿山生态修复,如弃渣场、弃土场、尾矿坝等生态修复的难度在于土壤贫瘠或有重金属(如铅、锌、镉等)危害及酸碱毒害(含硫矿渣氧化成硫酸使尾矿偏酸,铝毒使土壤偏碱等),一般植物因抗逆性有限,要求使用客土或进行土壤改良,故种植及管护成本较高。即使不计成本使用客土种植,尾矿内酸碱及重金属物质可能因地下水位升高等原因而进入客土层内,从而造成部分矿山生态修复在一两年内植物成活良好,但从第三年开始植物就出现死亡。还有一种使用客土后植物陆续死亡的情景是由于底部基质保水性差或者为基岩,这类现象在采石场生态修复中比较常见。

2)矿山企业和金融机构热情不高

矿山生态修复项目需要大量资金,需要金融机构的支持,但是出于对风险和回报的考量,矿山企业和金融机构的热情都不高。一方面,十八大以来,我国对生态文明、绿色矿山的要求比较高,矿山企业目前所面临的环保方面的资金投入压力较大。而且从矿山企业自身的发展现状来看,目前整个行业发展形势不佳,企业盈利能力比较差,在这种情况下,让矿山企业拿更多的资金投入矿山生态修复项目,包袱比较重。再者,对矿山企业来讲,矿山生态修复项目本身社会效益比较突出,经济效益不是很明显。另一方面,对进行矿山生态修复且交了一笔保证金的矿山企业而言,如果这些资金全是借的,那就意味着借了双倍的资金,有一半资金还"死"在账户里流动不起来,同时还面临着沉重的财务费用负担。在这种情况下,很多民营矿山企业交了保证金就不指望再拿回来,然后就在尽量少投资这方面做文章。

1.3.3　我国矿山生态修复发展的策略

（1）从严控制,切实加强矿区生态环境保护工作。例如,对矿区产生的废气、废水、弃渣,必须按照国家规定的有关环境质量标准进行处置、排放;对矿山开发活动中遗留的坑、井、巷等,必须进行封闭或者填实,使之恢复到安全状态;对采矿形成的危岩体、地面塌陷、地裂缝、地下水系破坏等地质灾害必须进行治理。矿产资源开发要保护矿区周围的环境和自然景观等。

（2）编制规划,把矿区环境保护作为一项重要任务来抓。各矿山企业和政府都应编制矿区生态环境保护与治理专项规划,落实年度及分阶段治理任务。治理工作要从实际出发,区别主次先后和轻重缓急,将城市周边、风景名胜区、自然保护区、地质遗迹保护区、主要交通干线两侧可视范围、饮用水源地保护区以及历史文化保护区等区域的废弃露天矿山列入优先治理范围等。

（3）加强法制管理,全面推进矿区生态环境保护。各级人民政府要依据《中华人民共和国环境保护法》《中华人民共和国矿产资源法》《中华人民共和国土地管理法》等法律法规,结合本地区的实际情况,制定矿区环境保护管理法律法规、产业政策和技术规范,为加强矿区环境保护工作提供强有力的法律保障,使矿区环境保护工作尽快走上法制化的轨道。

（4）加强监管,预防矿区生态环境破坏。矿区建设严格执行"三同时"制度,保证各项环境保护和治理措施、设施与主体工程同时设计、同时施工、同时投产,对措施不落实、设施未验收或验收不合格的矿山建设项目,不得投产使用,对强行生产的,国土资源主管部门要依法吊销采矿许可证等。

（5）依靠科技,提高矿区生态保护水平。要加强矿区环境保护的科学研究,着重研究矿业开发过程中引起的环境变化和防治技术,以及矿业"三废"的处理和废弃物回收与综合利用技术,采用先进的采选技术和加工利用技术,提高劳动生产率和资源利用率。加强矿山环境保护新技术、新工艺的开发与推广,增加科技投入,促进资源综合利用和环境保护产业化。加强矿区生态环境修复治理工作,不断提高生态环境破坏治理率。引进和开发适用于矿区损毁土地复垦和生态重建的新技术,进行矿区生态重建科技示范工程研究,加大矿区环境治理与土地复垦力度,在一些工作开展早、基础条件好的矿区,选择不同类型、不同地区的大型矿业基地,针对矿产资源开发利用所造成的生态环境破坏问题,以可持续发展的观点,发展绿色矿业,建立绿色矿业示范区。加强国际合作,大力培训人才,努力学习国外矿山环境保护的先进技术和经验,从而加强和改善我国矿区环境保护工作。

(6)加强协调,共同推进矿山环境保护工作。矿区自然生态环境保护与治理工作涉及面广、难度大,各级政府必须切实加强领导,把此项工作列入重要议事日程。要落实责任,实行属地管理。矿区企业不论隶属关系如何,其矿区自然生态环境保护与治理工作均接受当地政府的领导及有关部门的监督管理。

(7)鼓励和吸引民间资金投入矿区生态重建。矿区生态环境破坏是多年形成的,要想解决多年积累的问题,仅依靠矿山企业的财力是不可能的,而国家财政支持也是十分有限的。但民间资金相对充裕,如果制定相应的鼓励政策,完全可以将其吸引到矿区生态重建中。矿区生态重建不仅能够带来生态效益,而且能够带来经济效益,这是毫无争议的事实。

(8)完善矿区生态环境修复资金制度。矿区生态环境修复工作缺乏充足的资金保障是制约我国矿山生态环境恢复治理的关键问题。由于我国一直没有建立专门的矿山生态环境恢复治理的投资渠道,计划经济时期建设的矿山也没有列出相应的生态环境保护资金,加之很多矿山已处于关闭或濒临关闭状态,历史遗留问题太多,企业本身和地方政府都无法进行恢复治理,因而我国矿山生态环境恢复治理工作还远远不能满足实际需要,从而影响我国生态建设和环境保护工作的整体发展。另外,矿区生态环境保护管理的法律法规体系也有待进一步完善,尚未建立矿山生态环境恢复治理的机制。矿产资源开发不能以牺牲环境为代价,为避免走先污染后治理、先破坏后恢复的老路,采矿权人对矿山开发活动造成的耕地、草原、林地等的破坏,必须采取有效的措施进行恢复。

1.4　威海市文登区矿山地质环境现状及趋势

1.4.1　山东省矿山地质环境现状及趋势

1.4.1.1　矿山地质环境现状

1. 矿产资源开发利用现状

　　截至 2017 年,山东省已发现矿产 148 种,查明资源储量的有 85 种。其中,煤、石油、天然气、地热等能源矿产 7 种,金、铁、铜等金属矿产 25 种,石灰岩、花岗岩、石墨、石膏、滑石等非金属矿产 50 种,地下水、矿泉水等水气矿产 3 种。全省开发利用矿产 60 余种(含亚矿种),主要开采矿种为石油、煤、金、铁、石灰岩、花岗岩等,全省共有各类生产矿山 1 681 座(包括 62 座在建矿山),见表 1.4-1;历史遗留矿山(包括废弃、政策性关闭及闭坑矿山)7 991 座,见表 1.4-2。

表 1.4-1　2017 年山东省各类生产矿山基本情况统计表　　　　单位:座

行政区划	规模			开采方式			合计
	大	中	小	地下和露天联合	地下	露天	
济南市	5	10	23	—	16	22	38
青岛市	4	14	57	1	41	33	75
淄博市	9	24	39	2	51	19	72
枣庄市	12	13	23	—	27	21	48
东营市	8	15	14	—	37	—	37
烟台市	27	92	182	2	157	142	301
潍坊市	2	8	108	—	17	101	118
济宁市	32	39	53	—	56	68	124
泰安市	33	14	114	1	45	115	161
威海市	30	2	50	2	16	64	82
日照市	3	39	148	—	1	189	190
莱芜市	5	7	21	2	14	17	33
临沂市	33	23	150	22	22	162	206
德州市	20	5	22	—	32	15	47
聊城市	4	2	5	—	11	—	11
滨州市	—	19	25	—	21	23	44
菏泽市	9	1	84	—	10	84	94
总计	236	327	1 118	32	574	1 075	1 681

表 1.4-2 2017 年山东省历史遗留矿山基本情况统计表　　单位:座

行政区划	治理情况		开采方式			合计
	已治理	未治理	地下和露天联合	地下	露天	
济南市	194	337	6	109	416	531
青岛市	51	473	1	36	487	524
淄博市	126	364	6	113	371	490
枣庄市	71	327	—	17	381	398
东营市	32	20		6	46	52
烟台市	85	1102	1	110	1 076	1 187
潍坊市	46	457		30	473	503
济宁市	184	206		9	381	390
泰安市	37	320		43	314	357
威海市	122	405	3	17	507	527
日照市	87	348	—	2	433	435
莱芜市	22	218	8	59	173	240
临沂市	93	1 295	15	47	1 326	1 388
德州市	42	139	—	—	181	181
聊城市	67	161	—	—	228	228
滨州市	69	138	—	1	206	207
菏泽市	110	243	—	—	353	353
总计	1 438	6 553	40	599	7 352	7 991

2. 主要矿山地质环境问题

全省矿产资源种类多、开采方式多样,由此形成了种类复杂的矿山地质环境问题,主要有以下几种:一是露天开采形成了众多破损山体和露天采坑,造成地形地貌景观破坏,带来严重的视觉污染;二是地下开采产生采空塌陷、地裂缝等,其中以采煤塌陷最为突出,部分历史遗留的非煤矿山采空区也存在塌陷隐患;三是废弃工业广场、固体废弃物(不含尾矿库)堆放占压大量土地资源,造成土地资源的浪费。

1)地形地貌景观破坏

全省露天开采矿种主要有石灰岩、花岗岩、砖瓦用黏土等非金属建筑材料矿产,在开采过程中造成了地形地貌景观破坏,也占压和损毁了大量的土地资源。截至 2017年,全省尚有破损山体 4 706 处、露天采坑 3 109 处,占损土地资源总计 4.28 万 hm²。其中,历史遗留矿山破损山体 4 041 处、露天采坑 2 640 处,占损土地资源约 3.24 万 hm²,主要分布在济南、烟台、潍坊、临沂等地,见表 1.4-3;生产矿山造成的破损山体 665 处、露天采坑 469 处,占损土地资源约 1.04 万 hm²,主要分布在烟台、泰安、临沂等地。

自然保护区、风景名胜区、城市规划区和重要交通线、海岸线(以下简称"三区两线")可视范围内尚有历史遗留露天开采矿山 889 座,占损土地资源 0.78 万 hm²。

表 1.4-3　2017 年山东省历史遗留矿山破损山体、露天采坑及占损土地情况统计表

行政区划	问题类型/处		占损土地情况/hm²						
	破损山体	露天采坑	耕地	草地	园地	林地	建设用地	其他	合计
济南市	386	62	382	823	159	784	90	2 113	4 351
青岛市	75	245	—	—	—	—	—	1 327	1 327
淄博市	151	89	70	389	—	638	87	1 314	2 498
枣庄市	525	55	277	59	—	1960	7	46	2 349
东营市	—	20	16	—	—	—	40	9	65
烟台市	578	424	392	368	204	413	774	1 186	3 337
潍坊市	172	275	1 000	995	30	213	93	2 439	4 770
济宁市	325	134	382	114	4	188	735	1 345	2 768
泰安市	269	26	22	24	22	332	13	853	1 266
威海市	407	54	67	73	22	309	21	714	1 206
日照市	218	242	200	19	—	104	1	436	760
莱芜市	134	13	176	—	—	549	1	2	728
临沂市	780	339	123	465	1	632	—	1 834	3 055
德州市	—	149	—	—	—	—	—	1 001	1 001
聊城市	—	118	—	—	—	—	—	178	178
滨州市	14	152	115	241	3	28	293	486	1 166
菏泽市	7	243	127	20	—	34	21	1 340	1 542
合计	4 041	2 640	3 349	3 590	445	6 184	2 176	16 623	32 367

2)采煤塌陷

全省尚有采煤塌陷地 184 处,损毁土地 7.24 万 hm²,造成房屋开裂、耕地破坏,影响村民居住、土地耕种等。其中,历史遗留矿山采煤塌陷地 50 处,损毁土地 1.20 万 hm²,主要分布在枣庄、济宁、泰安等地;生产矿山采煤塌陷地 134 处,损毁土地 6.04 万 hm²,主要分布在枣庄、济宁、泰安、菏泽等地。

3)非煤矿山采空区及废弃矿井

全省共有历史形成的、责任主体灭失的非煤矿山采空区 155 处,主要涉及金、铁、石膏、耐火黏土、银、重晶石等矿种,主要分布在淄博、枣庄、烟台、潍坊、威海、临沂等地,部分采空区存在地面塌陷、地裂缝隐患,对人民生命和财产安全构成威胁。

全省共有历史遗留非煤矿山废弃矿井 1 302 处,主要涉及金、铁、石膏、耐火黏土等矿种,主要分布在济南、烟台、威海、临沂等地。

4）土地资源占压

全省共有废弃工业广场 1 264 处，占损土地资源 0.84 万 hm²，主要涉及黏土、煤、铁、石膏等矿种。其中，黏土矿废弃工业广场占损土地资源最多，为 0.58 万 hm²，占比达 69%，主要分布在临沂、德州、聊城、菏泽等地。全省共有历史遗留矿山废土石堆 471 处、煤矸石堆 39 处，主要涉及铁、饰面用石料、煤、花岗岩、金等矿种，总积存量为 20 505 万 t，占损土地资源 0.29 万 hm²。全省共有生产矿山废土石堆 179 处、煤矸石堆 81 处，主要涉及金、铁和煤等开采矿山，总积存量为 22 112 万 t，占损土地资源 0.30 万 hm²。

1.4.1.2　矿山地质环境保护与治理现状

1. 取得的主要成效

近年来，山东省委、省政府高度重视矿山地质环境保护与治理工作，把矿山地质环境保护与治理工作列为"生态山东"建设的重要内容。地方各级政府把矿山地质环境保护与治理工作列入议事日程，压实主体责任，加大资金投入，完善制度机制，创新治理模式，推进历史遗留矿山地质环境治理工作。各级国土资源及有关部门积极履行矿山地质环境保护与治理监管职责，推动实施矿山地质环境保护与治理工程，取得显著成效。

1）政策法规制度进一步健全

山东省委、省政府印发《关于加快推进生态文明建设的实施方案》，将矿山地质环境生态修复治理纳入全省生态文明建设重点任务，并出台《山东省矿山地质环境治理恢复保证金管理暂行办法》，完善了保证金管理制度，推动了矿山地质环境保护与治理工作。

原山东省国土资源厅会同有关部门出台《山东省矿山地质环境恢复和综合治理工作方案》《山东省绿色矿山建设工作方案》《关于做好矿山地质环境保护与土地复垦方案编报有关工作的通知》，为今后一段时期加强绿色矿山建设、开展矿山地质环境保护与治理指明了方向。

2）生产矿山的矿山地质环境治理主体责任进一步落实

按照"谁破坏、谁治理"原则，山东省严格执行矿山地质环境治理恢复保证金制度，组织矿山企业编制矿山地质环境保护与治理恢复方案，缴存矿山地质环境治理恢复保证金，落实矿山地质环境治理主体责任，开展"边开采、边治理"；对生产矿山履行地质环境恢复治理义务、保证金缴纳、治理方案编制和执行等情况开展监督检查，督促各矿山严格执行矿山地质环境保护与修复治理方案，履行矿山地质环境恢复治理义务，对未执行治理方案、治理进度缓慢的，督促限期整改。

3）矿山地质环境治理力度进一步加大

近年来，山东省共投入治理资金约 102 亿元，其中中央财政资金 17 亿元，省财政资金 35 亿元，地方财政资金 20 亿元，矿山企业、社会资金投入 30 亿元，先后实施了矿山复绿、矿山环境保护与生态修复示范县建设、历史遗留非煤矿山采空区和废弃矿井调查治理等重点工程,共完成地面塌陷、破损山体和废弃矿井等各类矿山地质环境治理工程1 400 余项,恢复土地面积 3.80 万 hm²,其中耕地 1.50 万 hm²、林地 1.27 万 hm²、建设用地 0.20 万 hm²、水域 0.65 万 hm²、其他类型土地 0.18 万 hm²,大量历史遗留矿山地质环境问题得到了有效治理,矿山地质环境治理工作走在了全国前列。

按照"谁投资、谁受益"原则,遵循"政府主导、社会投入、因地制宜、合作共赢"的理念,各地积极探索建立了"捆绑治理、实现双赢""打包治理、以地引商""拍卖治理、变废为宝"等新模式,吸引社会资金投入矿山地质环境治理工作。2015 年 7 月,国土资源部在山东省济宁市召开了全国地质环境管理暨矿山复绿行动现场会,肯定并推广了山东省在矿山地质环境治理工作中取得的成绩和经验。

4)矿山地质环境保护工作进一步加强

山东省严格执行矿产资源总体规划,落实规划分区制度;强化源头管理,改革采矿审批管理方式,坚持从严从紧原则,实行联席会议制度,提高矿产资源开发准入条件;加强采矿权登记管理,严格禁止在规划禁采区设立采矿权,从源头上减少了矿产资源开采对地质环境的破坏。

山东省加强矿产资源整合,推进矿产资源科学、合理、高效开发利用,不断优化资源开发结构和布局,全省矿山企业数量由 2006 年的 8 345 家减少到 2017 年的 1 681 家,压减了近 80%。全省 3 个市、22 个县(市、区)获评国土资源节约集约模范市、县,矿产资源开发利用的规模化、集约化水平进一步提高。

5)矿山地质环境家底基本摸清

在前两轮矿山地质环境调查、专项采空区调查、专项废弃矿井调查等的基础上,2017 年 1—6 月,山东省开展了第三轮矿山地质环境调查,共收集资料 3 000 余份,完成遥感解译 157 900 km²,矿山地质环境调查 34 290 km²,调查矿山 9 672 座,基本查明了全省矿山地质环境现状以及主要矿山地质环境问题的类型、分布、规模、危害和治理工作开展等情况。

2. 存在的主要问题

1)历史遗留废弃矿山存量大

自 20 世纪以来,矿产资源开发为山东省乃至全国社会经济快速发展提供了重要的资源保障,同时也遗留了大量矿山地质环境问题,各级政府治理恢复的任务相当繁重,尚有 5 万余公顷占损土地未治理。

2)矿山地质环境治理面临资金瓶颈

由于近年来矿业经济形势低迷,矿产品价格较低,加之国家已取消矿产资源补偿费,各级财政可用于矿山地质环境恢复治理的矿产资源专项财政费用相应大幅减少,历史遗留矿山地质环境治理工作受到严重的资金瓶颈约束。

3）矿山地质环境治理和投入模式单一

多年来,山东省矿山地质环境治理工作的资金渠道单一,主要依靠财政投资开展工程治理和生态修复,社会力量投入矿山地质环境治理的积极性尚未充分调动,综合运用市场、财税、土地等各方面政策的机制尚未建立;矿山地质环境治理模式单一,主要采取削坡、卸载等工程施工方法,尚未建立多手段综合治理的有效模式。

4）矿业权人自觉履行矿山地质环境治理义务的主动性有待提高

部分矿山企业开展矿山地质环境治理的主动意识不强,特别是在当前矿产品价格大幅下跌、矿业利润大幅下降的背景下,矿山企业开展环境治理的积极性难以充分调动。现行法律法规中对矿山企业不依法履行治理义务的处罚力度不够,单纯依靠保证金制度落实企业主体责任时,往往是企业将保证金一交了之,甚至欠着不交,难以达到预期效果。目前,国家已取消保证金制度,正处在建立基金制度期间,基金制度的作用和效果还需要进一步总结和巩固。

1.4.1.3　矿山地质环境保护与治理工作趋势

1.全省矿山地质环境保护形势总体向好

随着山东省生态文明建设的加快推进,"绿水青山就是金山银山"生态文明观的逐步树立,人民群众对美好生活环境的向往和追求逐步提高,环保督察、自然资源资产离任审计、公益诉讼、"双随机一公开"等制度的深入实施,各级政府、矿山企业和社会公众的矿山地质环境保护意识将进一步增强,监督管理将更加有序规范,保护与治理力度将进一步加大。

2.矿山地质环境问题增量将得到有效控制

目前,山东省矿山企业的数量已由最多时期的 1 万家左右减少至 1 600 余家,矿山企业的布局和结构也已得到进一步优化。今后,全省新建矿山全部按绿色矿山标准建设,生产矿山陆续按绿色矿山建设标准推进,矿山企业主体治理责任将逐步落实,生产矿山形成的矿山地质环境问题增量将得到有效控制,增速将大幅降低,分布范围将大幅缩减,影响程度将逐步减轻。

3.历史遗留矿山地质环境问题存量将逐步减少

随着矿山地质环境治理工作力度的进一步加大,历史遗留采煤塌陷地、"三区两线"可视范围内历史遗留破损山体以及"矿山复绿行动"中专项治理的废弃矿山和因政策性关闭的矿山等矿山地质环境问题将得到解决和治理,存在地质环境问题的历史遗留矿山数量也将逐步减少。

1.4.2 文登区矿山地质环境现状及趋势

1.4.2.1 矿山地质环境现状

1. 矿产资源开发利用现状

截至 2017 年,威海市文登区已发现矿产 31 种,其中查明矿产资源储量的有 11 种,包括能源矿产 1 种、金属矿产 3 种、非金属矿产 6 种、水气矿产 1 种。全区已开发利用矿产 6 种,其中能源矿产 1 种(地热),金属矿产 2 种(金、铁),非金属矿产 2 种(建筑用花岗岩、饰面用花岗岩),水气矿产 1 种(矿泉水)。全区共有各类生产矿山 24 座,主要分布在葛家镇、宋村镇和界石镇,目前开采矿种主要为花岗岩、地热、矿泉水等,见表 1.4-4;历史遗留矿山 145 座,各镇范围内均有分布。

表 1.4-4　2017 年威海市文登区生产矿山基本情况统计表　　单位:座

区域	规模			矿种				合计
	大	中	小	金	花岗岩	地热	矿泉水	
环山路街道	—	—	2	—	—	2	—	2
高村镇	—	1	—	—	—	1	—	1
葛家镇	—	—	5	—	5	—	—	5
宋村镇	2	—	1	—	3	—	—	3
界石镇	1	1	5	1	4	—	2	7
大水泊镇	2	—	—	—	2	—	—	2
泽库镇	1	—	—	—	1	—	—	1
米山镇	1	—	—	—	—	1	—	1
泽头镇	—	—	1	—	—	—	1	1
张家产镇	—	1	—	—	—	1	—	1
总计	7	3	14	1	16	4	3	24

2. 主要矿山地质环境问题

全区矿产资源开采方式既有露天开采,也有地下开采,存在的主要矿山地质环境问题有以下几种:一是露天开采形成的破损山体和露天采坑,造成地形地貌景观破坏,带来严重的视觉污染;二是地下开采产生采空塌陷及隐患;三是固体废弃物堆放占压土地资源,造成土地资源的浪费。

1)地形地貌景观破坏

全区露天开采矿种主要为花岗岩等建筑材料矿产,在开采过程中造成了地形地貌景观破坏,也占压和损毁了大量的土地资源。目前,全区尚有矿山破损山体 138 处、露天采坑 18 处。其中,历史遗留矿山破损山体 126 处、露天采坑 14 处;生产矿山破损山体 12 处、露天采坑 4 处。威海市文登区历史遗留矿山破损山体及露天采坑情况见表1.4-5。

表 1.4-5 威海市文登区历史遗留矿山破损山体及露天采坑情况统计表 单位:处

区域	问题类型		可视范围内的废弃矿山"三区两线"	2013 年以来关停的露天矿山
	破损山体	露天采坑		
宋村镇	19	—	—	3
大水泊镇	4	1	—	3
葛家镇	15	6	—	2
侯家镇	2	3	—	—
环山路街道	2	1	—	—
界石镇	37	1	—	8
米山镇	6	—	—	1
天福路街道	15	1	7	—
文登营镇	12	—	—	—
小观镇	3	—	—	1
张家产镇	10	—	—	2
泽库镇	1	—	—	—
泽头镇	—	1	—	1
总计	126	14	7	21

2)采空塌陷及隐患

采空塌陷主要与地下采矿有关,开采矿种为金矿。全区已发生采空塌陷 1 处,位于文登区侯家镇上冷家村西南,损毁土地 0.000 7 hm²,影响了附近居民的生产生活。

全区已通过财政资金进行采空区治理 2 处,尚有历史形成、责任主体灭失非煤矿山采空区 3 处、废弃矿井 13 处,主要分布在界石镇、葛家镇、小观镇、侯家镇、埠口港、泽库镇和张家产镇,部分采空区存在采空塌陷隐患,对人民生命和财产安全构成威胁。

3)土地资源占压

固体废弃物排放及堆放造成土地资源占压主要为金矿、铁矿等矿山生产排放废石,以及破损山体及露天采坑对土地资源的占损等。全区占损土地资源总计 394.88 hm²,其中历史遗留矿山占用破坏耕地 9.29 hm²、草地 10.38 hm²、园地 8.17 hm²、林地 78.47 hm²、其他类型土地 159.14 hm²,累计占用破坏土地 265.45 hm²,见表 1.4-6。生产矿山占用耕地 5.95 hm²、草地 0.78 hm²、园地 2.93 hm²、林地 44.32 hm²、其他类型土地 75.45 hm²,累计占用破坏土地 129.43 hm²。

表 1.4-6 威海市文登区历史遗留矿山占损土地情况统计表

区市	矿种	占损土地情况/hm²					
		耕地	草地	园地	林地	其他	合计
文登区	花岗岩	9.29	10.38	8.17	78.47	159.14	265.45

3."三区两线"可视范围内的废弃矿山

"三区两线"可视范围内的废弃矿山共 7 处,矿山地质环境问题主要为破损山体造成的地形地貌景观破坏及土地损毁(约 17.20 hm²)。

4.2013 年以来关停的露天矿山

全区 2013 年以来关停露天矿山 21 处,矿山地质环境问题主要为破损山体造成的地形地貌景观破坏及土地损毁(约 36.37 hm²)。

1.4.2.2 矿山地质环境保护与治理现状

1.取得的主要成效

近年来,文登区委、区政府高度重视并大力推进生态文明建设,把矿山地质环境保护和治理工作列为"幸福威海"建设的重要内容,压实主体责任,完善制度机制,加大资金投入,创新治理模式,推进历史遗留矿山地质环境治理工作。各级国土资源及有关部门积极履行矿山地质环境保护与治理监管职责,推动实施矿山地质环境保护与治理工程,取得显著成效。

1)政策法规制度进一步健全

文登区印发《关于加快推进生态文明建设的实施方案》,推行《山东省矿山地质环境治理恢复保证金管理暂行办法》《关于加强矿山地质环境治理保证金收缴和返还工作的通知》,完善了保证金管理制度,推动了矿山地质环境保护与治理工作;实施《威海市矿山地质环境恢复和综合治理工作方案》;转发《山东省绿色矿山建设工作方案》;根据《关于做好矿山地质环境保护与土地复垦方案编报有关工作的通知》实施矿山地质环境保护和恢复治理方案与土地复垦方案合并编制,为今后一段时期加强绿色矿山建设、开展矿山地质环境保护和治理指明了方向。

2)生产矿山的矿山地质环境治理主体责任进一步落实

按照"谁破坏、谁治理"原则,文登区严格执行矿山地质环境治理恢复保证金制度,组织矿山企业编制矿山地质环境保护与恢复治理方案,缴存矿山地质环境治理恢复保证金,督促各矿山严格执行矿山地质环境保护与治理恢复方案,履行矿山地质环境恢复治理义务,矿山地质环境治理主体责任逐步落实。

3)矿山地质环境治理力度进一步加大

多年来,全区通过争取各级财政资金,先后实施了矿山复绿、废弃矿山地质灾害治理及地质环境治理与生态修复示范县等项目共计 10 个,治理矿山 13 座,恢复治理面积约 66.87 hm²,申请各级财政资金共计 4 939 万元,其中中央资金 790 万元,省级资金 3 540 万元,地方资金 609 万元,进行矿山地质环境治理。

4)矿山地质环境保护工作进一步加强

文登区严格执行矿产资源总体规划,落实规划分区制度;强化源头管理,改革采矿审批管理方式,坚持从严从紧原则,实行联席会议制度,提高矿产资源开发准入条件;加强采矿权登记管理,严格禁止在规划禁采区设立采矿权,从源头上减少了矿产资源开采对地质环境的破坏;文登区加强矿产资源整合,推进矿产资源科学、合理、高效开发利用,不断优化资源开发结构和布局,全区矿山企业数量由 2007 年的 152 家减少到 2018 年的 24 家,压减了 84.21%。

5)矿山地质环境家底基本摸清

在前期开展的矿山地质环境调查、专项采空区调查、专项废弃矿井调查等的基础上,2017 年 4—6 月文登区开展了矿山地质环境调查,2017 年 11—12 月又开展了补充调查,完成遥感解译核实 99 处,重点矿山地质环境调查 200 km²,调查矿山 169 处,基本摸清了全区矿山地质环境问题的类型、分布、规模、危害和治理工作开展等情况。

2. 存在的主要问题

1)历史遗留废弃矿山存量大

全区矿产资源开发历史长、矿点多、分布广,遗留了大量矿山地质环境问题,且大多数矿山治理责任人灭失。近年来,随着对生态环境建设重视程度的提高,政策性关停矿山工作力度加大,2013 年以来文登区关停露天矿山 21 处,数量较多,治理恢复的任务繁重。

2)矿山地质环境治理面临资金瓶颈

由于近年来矿业经济形势低迷,矿产品价格较低,加之国家已取消矿产资源补偿费,各级财政可用于矿山地质环境恢复治理的矿产资源专项财政费用相应大幅减少,历史遗留矿山地质环境治理工作受到严重的资金瓶颈约束。

3)矿山地质环境治理和投入模式较为单一

多年来,全区矿山地质环境治理工作的资金渠道较为单一,主要依靠财政投资开展工程治理和生态修复,社会力量投入矿山地质环境治理的数量较少、积极性尚未充分调动,综合运用市场、财税、土地等各方面政策的机制尚未建立;大多数矿山地质环境治理模式单一,主要采取削坡、卸载等工程施工方法,尚未建立多手段综合治理的有效模式。

4)矿业权人自觉履行矿山地质环境治理义务的主动性有待提高

部分矿业企业开展矿山地质环境治理的主动意识不强、积极性难以充分调动。现行法律法规中对矿山企业不依法履行治理义务的处罚力度不够,单纯依靠保证金制度落实企业主体责任,往往是企业将保证金一交了之,难以达到预期效果。目前,国家已取消保证金制度,正处在建立基金制度期间,基金制度的作用和效果有待发挥和完善。

1.4.2.3 矿山地质环境保护与治理工作趋势

1. 全区矿山地质环境保护形势总体向好

随着生态文明建设的加快推进,"绿水青山就是金山银山"生态文明观的逐步树立,人民群众对美好生活环境的向往和追求逐步提高,环保督察、自然资源资产离任审计、公益诉讼、"双随机一公开"等制度的深入实施,各级政府、矿山企业和社会公众的矿山地质环境保护意识将进一步增强,监督管理将更加有序规范,保护与治理力度将进一步加大。

2. 矿山地质环境问题增量将得到有效控制

目前,全区矿山企业的数量已显著减少,矿山企业的布局和结构也已得到进一步优化。今后,生产矿山陆续按绿色矿山建设标准推进,新设山石资源开采矿山必须符合绿色矿山建设标准要求,矿山企业主体治理责任将逐步落实,生产矿山形成的矿山地质环境问题增量将得到有效控制,增速将大幅降低,分布范围将大幅缩减,影响程度将逐步减轻。

3. 历史遗留矿山地质环境问题存量将逐步减少

随着矿山地质环境治理工作力度的进一步加大,"三区两线"可视范围内历史遗留破损山体、因政策性关闭的矿山等矿山地质环境问题将得到解决和治理,存在地质环境问题的历史遗留矿山数量也将逐步减少。

第2章　矿山地质环境调查

2.1　矿山地质环境破坏类型及特征

2.1.1　矿山地质环境破坏类型

矿山地质环境破坏类型取决于矿产资源类型、开采方式、生产设施及布局、选冶方式、废渣和废水中的污染物及排放方式等因素。

根据影响矿山地质环境破坏类型的主导因素,矿山地质环境破坏可分为6个大类,即地貌景观破坏、土地土壤资源破坏、矿山地质灾害、矿山水土及大气环境污染、矿山水资源破坏和矿山生物资源破坏;亚类则根据开采的矿种、压占的建(构)筑物、地质灾害的种类、主要污染物、水资源类型等进行二级划分,大致可分为27个亚类,详见表2.1-1。

表2.1-1　矿山地质环境破坏类型

类	亚类	备注
地貌景观破坏	露采矿山破坏山体地形、植被景观	—
	井采矿山采空塌陷损坏地貌景观	—
土地土壤资源破坏	露采矿山挖损土地	露采场作为后期废石堆场时,为挖损和压占复合类型
	井采矿山主井、风井挖损土地	
	道路挖损土地	
	煤矿、金属及非金属矿采空塌陷损毁土地	—
	地面沉降损毁土地	矿山疏干排水引发的地层压缩变形
	岩盐矿采空塌陷损毁土地	岩盐矿采取水溶法开采引发的盐溶腔失稳
	工业广场压占土地	工业广场、办公生活区等在岗地、平原区一般为压占损毁土地,而在丘陵山区可能表现为先挖损后压占土地
	排土场(表土堆场)压占土地	
	废石堆场压占土地	
	矸石堆场压占土地	
	尾矿库压占土地	
	赤泥堆场压占土地	
	办公生活区压占土地	
	堆浸场压占土地	

续表

类	亚类	备注
矿山地质 灾害	崩塌、滑坡	未将发生在井巷的间接破坏生态的矿山地质灾 害列入
	泥石流	
	岩溶塌陷	
矿山水土及 大气环境 污染	重金属污染	根据主要污染物划分（大气未细分）
	酸性废水污染	
	大气污染	
矿山水资源 破坏	地表水枯竭	—
	地下含水层破坏	—
矿山生物 资源破坏	植物资源破坏	—
	动物资源破坏	—
	微生物资源破坏	—

2.1.2　矿山地质环境破坏特征

1. 地貌景观破坏

无论是露天开采还是地下开采,矿山的开采活动均会对地表地貌景观造成严重破坏。露天开采以剥离挖损土地为主,矿山在开采前一般多为森林、草地等自然植被覆盖的山体,开采后矿区植被被毁坏,山体正地形转为负地形,形成凹陷,废石或尾矿堆置严重破坏了地表自然景观,如图 2.1-1 所示。地下开采矿山则将地下矿体(夹石)取出,地表形成塌陷、产生地裂缝、积水成塘等,造成区域地貌景观破坏。

2. 土地土壤资源破坏

1) 土地资源破坏

露天采矿剥离的表土、地下采矿后的塌陷以及选矿后的尾矿都将导致对矿区土地资源的极大破坏。中国重点金属矿山,约有 90% 是露天开采的。露天采矿剥离表土,直接破坏了大量土地资源,且其工业场地及各类废渣、废石、尾矿等占用了大量土地。据统计,我国每年露天采矿剥离岩土 $(2.2\sim2.6)\times10^8$ t,露天矿坑及堆土(岩)场压占了大片农田。露天开采平台堆积的碎石如图 2.1-2 所示。

地下采矿后可能引起大面积地面塌陷,造成大量土地损毁,其中煤矿开采造成的地面塌陷规模及危害最为突出。我国东部的耕地损毁和西部的土地沙化,已经严重威胁耕地红线和生态红线。

地下金属、非金属矿山开采及岩盐开采可能引发不同程度的地面塌陷。地面塌陷主要是由地下矿体被采空后上覆岩体失去支撑力引起的。

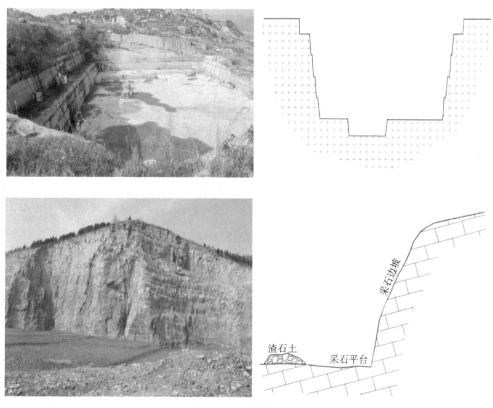

图 2.1-1　地貌景观破坏

图 2.1-2　露天开采平台堆积的碎石

2）土壤资源破坏

土壤是自然界和生物活动最重要的"关键层"，矿山开采对土壤的破坏主要表现在土壤层破坏、土壤侵蚀以及由矿区环境条件改变引发的土壤退化。

土壤层破坏主要是露采矿山剥离表层土壤，生态环境完全遭到破坏。土壤侵蚀是指土壤及其母质在水力、风力、冻融或重力等外力作用下，被破坏、剥蚀、搬运和沉积。在自然条件下，纯粹由自然因素引起的地表侵蚀过程速度非常缓慢，表现得也很不明显。采矿活动，如大面积的剥离表层土壤，清理地面，搬运土、石、矿渣堆积物等，都会加速或扩大自然因素作用所引起的土壤破坏和土体物质的移动、流失。矿山开采加速改变了矿区的地质、地貌、植被等环境条件及自然风貌，如地表植被遭到破坏，松散的泥土和岩石暴露在地表，也加剧了土壤的侵蚀和风化。

矿山土壤在开采后就近堆积，会影响土壤的各种特性，造成土壤结构及微生物的损害、土壤板结、有机质含量下降等，从而导致土壤肥力退化，影响农作物生长，对人类造成巨大危害。

3. 矿山地质灾害

矿山开采和相关工程的兴建会使矿区地形地貌发生巨大变化，进而引发滑坡、崩塌、泥石流、岩溶塌陷等地质灾害。采矿诱发滑坡、崩塌、泥石流的主要原因表现在以下3个方面：一是露天开采边坡改变了原有的自然平衡状态，引发滑坡、崩塌；二是地下开采形成采空区，致使上覆顶板下沉变形，上部岩体发生下沉，形成凹地，甚至积水成塘；三是矿渣堆放不合理，如直接堆放在沟谷中，或顺山坡堆放，或超过稳定角堆放，引发滑坡、崩塌，有些在水的作用下，形成渣土泥石流。几乎所有露天矿山都存在不同程度的崩塌、滑坡、泥石流等地质灾害隐患。在岩溶地区，采矿疏干地下水或矿坑突水会引起地表岩溶塌陷。矿山开采诱发的崩塌、滑坡、泥石流、岩溶塌陷等地质灾害造成了大量人员伤亡和经济损失。

4. 矿山水土及大气环境污染

1）土壤污染

土壤污染的实质是通过各种途径进入土壤的污染物的数量和速度超过了土壤的自净能力，破坏了自然的动态平衡。其后果是导致土壤正常功能失调，土壤质量下降，影响作物的生长发育，引起农产品产量和质量的下降。另外，土壤污染物质的迁移转化引起大气或水体污染，并通过食物链最终影响人类健康。

2）水污染

水污染就是水体污染物的数量超过了水体的自净能力，使水质受到损害，导致水资源的实用价值和使用功能下降，甚至影响生态环境及生物安全。可根据不同的依据和污染方式，对矿山水污染的种类进行划分。

3）大气污染

大气污染通常指由于人类活动和自然过程引起某种物质进入大气,呈现出足够的浓度,达到足够的时间,并因此危害人体的舒适、健康或危害环境的现象。大气污染由污染源、大气圈和受污染者组成。

5. 矿山水资源破坏

矿山开采对水资源的破坏包括地表水资源破坏和地下水资源破坏。矿山开采对地表水资源的破坏表现为取水、改变河道流向;对地下水资源的破坏表现为过度采水或疏干地下水,导致水位下降、供水困难、地面沉降等问题。大部分矿体位于当地侵蚀基准面之下的矿山在开采时均需要大幅度降水,特别是地下开采矿山,大幅度降水可能导致区域地下水位下降、当地供水困难、地面沉降等地质灾害发生。在干旱地区,地下水位下降可能会造成地表植被死亡。且矿山开发和矿区城镇兴起,大量水资源的使用由农田灌溉转为工矿业和城镇使用。过量开采地下水,还会造成区域或流域更大范围的生态环境影响。

降低的地下水位、广泛的疏干漏斗的产生、不断的地表径流,都是导致水资源枯竭的因素,并造成水利设施无法发挥作用,使种植业荒废。与此同时,露天开采排出的废水、废石淋滤水大都达不到工业废水的排放标准,严重影响水生生物的生存和繁衍以及人类和动物的生活。

6. 矿山生物资源破坏

矿山开采对生物资源的破坏主要表现在采矿活动引起的生态环境问题导致生态环境碎片化、栖息地破坏、生物多样性损失等。地貌景观破坏、土地土壤资源破坏、矿山地质灾害和矿山水土及大气环境污染等这些生态环境问题的出现对矿区生物多样性的维持都是致命打击,特别是环境敏感区内矿山开采对生物多样性的影响是难以恢复的。丧失生物多样性后,虽然某些耐性物种能在矿区实现植物的自然恢复,但由于矿山废弃地土层薄、微生物活性差,受损生态系统的恢复非常缓慢,通常要 50~100 年,即使形成植被,质量也相对低劣。因此,矿区生物多样性的损失往往是不可逆的。

2.2　矿山地质环境调查要素

2.2.1　矿山地质环境要素

科学开展矿山地质环境治理与土地复垦工作,首先要查明矿山地质环境自然要素和人工要素特征以及人工要素对自然要素的叠加作用,在此基础上,才能准确判定矿山地质环境要素破坏方式与程度,进而选择适宜的治理模式,制订治理方案,开展治理工程。矿山地质环境要素及调查因子如图 2.2-1 所示。

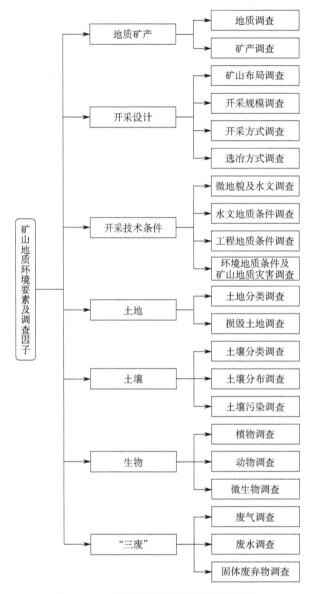

图 2.2-1　矿山地质环境要素及调查因子

2.2.2　矿山地质环境要素调查

2.2.2.1　地质矿产调查

地质矿产调查是指对某矿山岩石、地层、构造、矿产、水文地质、地貌等地质情况进行的调查研究工作。根据调查工作任务的不同,地质矿产调查主要分为两大类,即地质调查和矿产调查。对于某一待修复矿区而言,一般都开展过较高精度的地质调查和矿产调查,而以生态修复为目的开展的地质调查和矿产调查工作主要是资料收集与分析,并根据生态修复工程设计需要进行补充调查。

1. 地质调查

从收集到的矿山矿产普查勘探阶段的报告,可以了解矿山区域地质特征、矿床地质特征及水文地质特征。其中,需要重点了解矿床地质特征,包括地层、构造、岩浆岩,矿体的形状、产状、大小、数量及赋存特征,矿石的矿物成分、化学成分、结构构造,矿石类型、级别及分布规律,有益有害组分赋存状态、含量及变化规律,矿床成因,等等。收集到的资料和信息基本上能满足矿山生态修复工程设计、修复方案编制的需要,如果对某些地质要素需要进一步调查核实,可以辅以野外地质调查。

2. 矿产调查

根据某矿山的《矿产资源开发利用方案》,可以了解矿山位置、隶属关系和企业性质,矿区总体概况、资源概况,设计利用矿产资源储量、开采方式、开采方案、开采境界,矿山规模及服务年限,矿山生产工艺流程以及安全、卫生、环保方面的措施要求。对于生产矿山,要调查矿山开采情况、剩余资源量和尚有生产服务年限。对于废弃矿山,还要调查矿山开采历史、关停时间等。

在收集地质矿产勘查资料时,要一并收集矿产资源管理部门组织专家审查形成的审查意见,这些由主管部门下发的意见是具备法律效力的矿山开采与管理依据,也是矿山生态修复的依据。

2.2.2.2　开采设计调查

1. 矿山布局调查

矿山开采前都必须编制矿山开采设计,并通过相关审批程序。矿山开采设计简称采矿设计,矿山布局是其核心,它是采矿方式、选矿工艺、道路、尾矿库、排土场、生产生活区、供水供电以及排水设施等在平面和空间布局的体现,决定开采规模以及矿山生态破坏的位置、类型与程度,其中开采计划决定了生态影响的时序、生态修复措施的安排以及矿山生态修复的年限。

在矿山布局调查中,对于露采矿山,要调查采矿设计中的采矿权范围是否越界、开采境界位置、保有储量、开采规模和服务年限;有关采场设计参数、开采方式、开采顺序;工程平面布置、矿山排土、分层要素、开采工艺、爆破方法、运输方式;凹陷开采及自然排水标高。对于露采生产矿山,要注重调查开采境界是否符合设计划定的范围和时序,采场底盘标高、台阶和平台的高度和宽度以及边坡角是否符合设计要求,等等。对于井采矿山,要重点调查开采深度、开采层位(标高)及厚度、顶板管理方式、有无充填及充填方式;井巷工程、矿山通风、给排水设施、矿山机械、选矿和尾矿设施;有关采空塌陷、地表移动带的预测结论、对塌陷损毁影响区和程度的判定信息。如果矿山的开采设计或开发利用方案中没有塌陷损毁的相关预测判定,则需根据《建筑物、水体、铁路及主要井巷煤柱留设与压煤开采规程》中预测塌陷的计算公式或其他公式进行计算,预测最终地表移动带或塌陷等值线。对于井采生产矿山,要重点调查井巷工程是否按设计施工,开采方式、开采时序和回采工艺是否严格执行开采设计,充填系统是否正常运行以及充填率是否达到设计参数,地面塌陷是否在设计预测值范围内,是否建立地表变形监测网点。

2. 开采规模调查

我国现行开采规模是根据矿种划分的。

1)矿种

《中华人民共和国矿产资源法实施细则》(国务院令〔1994〕第152号)附件《矿产资源分类细则》(以下简称《细则》)中共有168种矿产资源。2000年,国土资源部发布第8号公告,将辉长岩、辉石岩、正长岩列为新发现矿种。2011年,国土资源部发布第30号公告,将页岩气列为新发现矿种。2017年11月3日,国务院正式批准将天然气水合物列为新发现矿种。至此,我国的矿产资源种数达173种。

根据矿种,《细则》将我国矿产资源分为能源矿产、金属矿产、非金属矿产、水气矿产4大类。

2)开采规模

现行的矿山生产建设规模是按照国土资源部《关于调整部分矿种矿山生产建设规模标准的通知》(国土资发〔2004〕208号)的规定划分的,见表2.2-1。

表 2.2-1　矿山生产建设规模分类一览表

矿种类别	矿山生产建设规模级别				最低生产建设规模	备注
	计量单位/a	大型	中型	小型		
煤(地下开采)	原煤万t	≥120	45~120	<45	注	新调整
煤(露天开采)	原煤万t	≥400	100~400	<100		新调整
石油	原油万t	≥50	10~50	<10		
油页岩	矿石万t	≥200	50~200	<50		
烃类天然气	亿m²	≥5	1~5	<1		
二氧化碳气	亿m²	≥5	1~5	<1		
煤成(层)气	亿m²	≥5	1~5	<1		
地热(热水)	万m²	≥20	10~20	<10		
地热(热气)	万m²	≥10	5~10	<5		
放射性矿产	矿石万t	≥10	5~10	<5		
金(岩金)	矿石万t	≥15	6~15	<6	1.5万t/a	

续表

矿种类别	矿山生产建设规模级别				最低生产建设规模	备注
	计量单位/a	大型	中型	小型		
金（砂金船采）	矿石万 m²	≥210	60~210	<60	10 万 m²/a	
金（砂金机采）	矿石万 m²	≥80	20~80	<20	10 万 m²/a	
银	矿石万 t	≥30	20~30	<20		
其他贵金属	矿石万 t	≥10	5~10	<5		
铁（地下开采）	矿石万 t	≥100	30~100	<30	3 万 t/a	新调整
铁（露天开采）	矿石万 t	≥200	60~200	<60	5 万 t/a	新调整
锰	矿石万 t	≥10	5~10	<5	2 万 t/a	
铬、钛、钒	矿石万 t	≥10	5~10	<5		
铜	矿石万 t	≥100	30~100	<30	3 万 t/a	
铅	矿石万 t	≥100	30~100	<30	3 万 t/a	
锌	矿石万 t	≥100	30~100	<30	3 万 t/a	
钨	矿石万 t	≥100	30~100	<30	3 万 t/a	
锡	矿石万 t	≥100	30~100	<30	3 万 t/a	
锑	矿石万 t	≥100	30~100	<30	3 万 t/a	
铝土矿	矿石万 t	≥100	30~100	<30	6 万 t/a	
钼	矿石万 t	≥100	30~100	<30	3 万 t/a	
镍	矿石万 t	≥100	30~100	<30	3 万 t/a	
钴	矿石万 t	≥100	30~100	<30		
镁	矿石万 t	≥100	30~100	<30		
铋	矿石万 t	≥100	30~100	<30		
汞	矿石万 t	≥100	30~100	<30		
稀土、稀有金属	矿石万 t	≥100	30~100	<30	6 万 t/a	新调整
石灰岩	矿石万 t	≥100	50~100	<50		
硅石	矿石万 t	≥20	10~20	<10		
白云岩	矿石万 t	≥50	30~50	<30		
耐火黏土	矿石万 t	≥20	10~20	<10		
萤石	矿石万 t	≥10	5~10	<5		
硫铁矿	矿石万 t	≥50	20~50	<20	5 万 t/a	
自然硫	矿石万 t	≥30	10~30	<10		
磷矿	矿石万 t	≥100	30~100	<30	10 万 t/a	新调整
蛇纹岩	矿石万 t	≥30	10~30	<10		
硼矿	矿石万 t	≥10	5~10	<5		
岩盐、井盐	矿石万 t	≥20	10~20	<10		
湖盐	矿石万 t	≥20	10~20	<10		
钾盐	矿石万 t	≥30	5~30	<5		新调整

矿种类别	矿山生产建设规模级别				最低生产建设规模	备注
	计量单位/a	大型	中型	小型		
芒硝	矿石万 t	≥50	10~50	<10		
碘	矿石万 t	按小型矿山归类				
砷、雌黄、雄黄、毒砂	矿石万 t	按小型矿山归类				
金刚石	万克拉	≥10	3~10	<3		
宝石	矿石 t	发证权限按中型划分,矿山生产建设规模按小型矿山归类				
云母	工业云母万 t	按小型矿山归类				
石棉	石棉万 t	≥2	1~2	<1		新调整
重晶石	矿石万 t	≥10	5~10	<5		
石膏	矿石万 t	≥30	10~30	<10		
滑石	矿石万 t	≥10	5~10	<5		
长石	矿石万 t	≥20	10~20	<10		
高岭土、瓷土等	矿石万 t	≥10	5~10	<5		新调整
膨润土	矿石万 t	≥10	5~10	<5		
叶蜡石	矿石万 t	≥10	5~10	<5		
沸石	矿石万 t	≥30	10~30	<10		新调整
石墨	石墨万 t	≥1	0.3~1	<0.3		
玻璃用砂、砂岩	矿石万 t	≥30	10~30	<10		新调整
水泥用砂岩	矿石万 t	≥60	20~60	<20		新调整
建筑石料	万 m²	≥10	5~10	<5		
建筑用砂、砖瓦黏土	矿石万 t	≥30	6~30	<6		新调整
页岩	矿石万 t	≥30	6~30	<6		新增
矿泉水	万 t	≥10	5~10	<5		

注:富煤地区山西、内蒙古、陕西为 15 万 t/a;北京、河北、辽宁、吉林、黑龙江、山东、安徽、甘肃、青海、宁夏、新疆为 9 万 t/a;云南、贵州、四川为 6 万 t/a;湖北、湖南、浙江、广东、广西、福建、江西等南方缺煤地区为 3 万 t/a。

3. 开采方式调查

矿山开采是指利用人工或机械对有利用价值的天然矿物资源进行开采。矿山开采方式基本决定了地质环境治理模式。根据矿床埋藏深度的不同和技术经济合理性的要求,矿山开采分为露天开采和地下开采两种方式。接近地表和埋藏较浅的部分采用露天开采,深部采用地下开采。矿山生态修复主要针对露天开采矿山。

根据《矿产资源开发利用方案》,重点调查开采境界地表尺寸、最高境界标高、最低开采标高、采场最大垂直深度,以及采石场设计边坡最终要素,包括设计边坡台段高度、开采台段坡面角、剥离风化层坡面角、最终开采边坡角、安全平台宽度、清扫平台宽度、运输坡道宽度。

4. 选冶方式调查

矿山选冶方式主要是指矿山的选矿和金属冶炼的方法,其是矿石的主要加工过程。选冶方式调查包括选矿方式、冶金方式、选矿(冶炼)厂、尾矿(废渣)设施及污染状况调查等。

2.2.2.3　开采技术条件调查

水文地质条件、工程地质条件和环境地质条件是矿山开采的主要基础技术条件,不但对矿山建设、开采和生产起到重要控制作用,对矿山生态修复的工程设计也起到重要的限制作用。

1. 微地貌及水文调查

1)微地貌调查

矿山所处地貌单元多为二级或三级,要从地貌形态入手,调查矿山所处的原始微地貌类型以及人工地貌特征,即调查矿山建(构)筑物、采场等所处地貌形态,矿业活动改造后的微地貌特征,如露采场、采空塌陷区、渣土堆场等典型的人工地貌。调查重点是尾矿库、渣土堆场、生产生活区是否处于沟谷中,以及上游汇水区面积、沟内松散沉积物分布等;对丘陵山地凹陷开采积水区,要关注周边微地貌特征、山体"宽度"等。微地貌调查一般以大比例尺地形图为底图开展。

2)水文调查

矿区水文调查主要内容包括:通过对周边水系与水利设施的调查,了解矿山生产生活用水水源、矿山外排水通道、可能受矿山影响的水体,如水库、河流等;当生态修复模式为农用地、林地修复模式时,则要了解可能的灌溉水源;通过最低侵蚀基准面的调查,判定露采矿山的采场能否自然排水;通过访问及现场调查,掌握凹陷开采区、塌陷区常年积水水位标高、容积以及与周边水系的连接等。

当矿区附近有流经的河流时,需调查其水深、流量等水文参数,以及河床的地质结构、渗透系数等,判断其与矿区的水力联系,对于季节性溪流,也需要调查其水文特征,还要调查矿区历史最高洪水水位标高,分析矿区是否存在洪涝隐患等。

2. 水文地质条件调查

矿区水文地质条件调查主要包括矿区气象特征调查,矿山含水层、隔水层及其水文地质特征调查,矿区构造对水文地质条件影响调查,矿区地下水的补、径、排条件调查,含水岩组间水力联系及矿床充水因素分析以及矿坑涌水量预测等。对于生产矿山,要对照原勘探报告(采矿设计),补充必要的实地调查并进行核实,查明水文地质条件的变化,并分析其原因,主要调查气象特征、含水岩组划分、动态特征及矿山充水。

3.工程地质条件调查

工程地质条件调查一方面是对以往矿山勘查资料的收集与分析,另一方面是实地补充调查,对于生产矿山和关停矿山,后者尤其重要,直接关系到矿山生态修复设计技术依据的可靠性。其主要包括工程地质岩组划分和岩石的结构特征调查、边坡稳定性调查及洞室稳定性调查。

4.环境地质条件及矿山地质灾害调查

矿区环境地质条件调查的重点是矿山地质灾害的调查。一是调查矿区在建设前已经存在的地质灾害,如滑坡、崩塌、泥石流等;二是调查矿业活动引发的矿山地质灾害或地质灾害隐患,如露采场边坡的滑坡与崩塌灾害,渣土堆场的泥石流隐患,采空区上方的地裂缝和地表塌陷等。在实施矿山生态修复工程前,需查明矿山地质灾害,并进行专项设计与治理。

矿山地质灾害调查的重点是评估矿区内不同类型灾害及其易发区段,包括下列内容。

(1)在相同地质环境条件下,具有特定的斜坡坡度、坡高、坡型,或者岩体破碎、土体松散、有构造发育,或者工程设计挖方切坡路堑工段,是崩塌、滑坡的易发区段。

(2)初步分析判断符合泥石流形成基本条件的冲沟。

(3)依据区域岩溶发育程度、松散覆盖层厚度、地下水动力条件及动力因素的初步分析判断,圈定可能诱发岩溶塌陷的范围;对采空区,搜集已有的采空区资料,分析可能采空塌陷的范围。

(4)在前人资料的基础上,圈出各类特殊岩土分布范围。

(5)对线路工程及区域性的工程项目,必须将地质灾害的易发区段和危险区段及危害严重的地质灾害点作为调查的重点。

1)崩塌调查

Ⅰ.调查的主要内容

(1)崩塌区的地形地貌及崩塌类型、规模、范围,崩塌体的大小和崩落方向。

(2)崩塌区岩体的岩性特征、风化程度和水的活动情况。

(3)崩塌区的地质构造,包括岩体结构类型、结构面的产状、组合关系、闭合程度、力学属性、延展及贯穿特征等。

(4)危岩体分布、形态、规模,岩土性质、结构类型、结构面发育、贯通及组合情况。

(5)气象(重点是大气降水)、水文、地震情况。

(6)崩塌前的迹象及崩塌区地貌、岩性、构造、降雨、地震、温差变化等自然因素,以及采矿、爆破、切坡等对崩塌的影响。

(7)崩塌灾情及当地防治崩塌的经验。

（8）崩塌（危岩）调查时宜填写调查表,并对崩塌的重点部位进行拍照、录像或绘制素描图。

Ⅱ.工程地质测绘

（1）测绘范围包括崩塌体和周边相关区域,平面图比例尺为 1∶500~1∶2 000,剖面图比例尺为 1∶100~1∶1 000,如危岩体体积较小,宜采取更大的比例尺。

（2）对主要的裂隙或节理进行测绘,测量其产状、裂隙面特征（长、宽、充填物、延展情况等）。

Ⅲ.勘探与岩土试验

崩塌勘探方法以剥土、探槽、探井等山地工程为主,辅以适量的物探和钻探验证。物探方法主要是弹性波法,以探测裂隙的延伸和连接情况。岩土试验主要是崩塌体岩土和裂隙面的抗剪强度试验。

2）滑坡调查

Ⅰ.调查的主要内容

（1）滑坡地形地貌特征,包括滑坡所处的地貌部位、斜坡形态、坡度、相对高度、沟谷发育和植被情况等。

（2）滑坡及其周边的地质结构,包括岩土体的类型、工程地质特性、软硬岩的组合、软弱夹层的厚度及分布等。

（3）滑坡要素及边界特征,包括滑动体的长度、宽度、厚度,岩土体组成及结构,松动破碎及含泥含水情况等;滑坡壁、滑坡平台、滑坡舌、滑坡裂缝、滑坡鼓丘等微地貌形态;前缘临空面及剪出情况,初步判定滑坡体的滑带（面）部位及主滑方向,圈定滑坡周界。

（4）滑坡变形活动特征,调查访问滑坡的发生时间、发展过程及稳定状态。

（5）滑体内外树木、建筑物、水渠、道路、坟墓等变形位移及井泉、水塘渗漏或干枯等情况。

（6）滑带水和地下水的分布,泉水出露地点及流量,地表水、湿地分布及变迁情况。

（7）滑坡诱发因素,包括降雨、地震、洪水、坡后加载、工程切坡、矿山采掘、爆破震动等自然及人为因素。

（8）滑坡危害及灾情,当地滑坡整治的措施和经验。

（9）滑坡调查时宜填写调查表,并对滑坡的重点部位进行拍照、录像或绘制素描图。

Ⅱ.工程地质测绘

（1）测绘的范围:后缘壁至前缘剪出口,外延至可能影响的范围。

（2）确定截排水工程可能布置的位置。

（3）地形地貌测绘的内容:宏观地形地貌、微观地形地貌。

（4）岩土体工程地质测绘内容:周边地层、滑床岩土体结构、各类结构面特征及产状、滑体结构特征及组合、滑带层位及岩性。

（5）滑坡地裂缝测绘内容：地裂缝分布、长度、宽度、形状、力学性质及组合；地裂缝与对应建筑物开裂的关系；地裂缝与滑坡下滑力的关系。

（6）滑坡体上植被调查（植物的形状、物种）。

（7）水文地质调查（地表水入渗、冲刷、积水、下降泉等）。

（8）人类工程活动对滑坡的作用（如切坡、附加荷载、采矿、爆破等）调查。

（9）测绘比例尺：平面图一般为 1∶200~1∶500；剖面图为 1∶20~1∶100。

Ⅲ. 勘探与岩土试验

（1）对于剖面数，大、中型滑坡为 3 个剖面，小型滑坡一般为一主一辅两个剖面，勘探点、线距离视地质条件复杂程度而定，简单地区横纵向间距均为 60~100 m，复杂地区横纵向间距均为 40~80 m；辅助勘探线适当放大间距。勘探线要从滑坡的剪出口经主滑段到滑坡后缘的稳定段。

（2）勘探点由钻孔、槽井探、物探构成，主勘探线勘探点为钻孔、槽井探点。

（3）勘探深度：进入滑床 3~5 m；设计抗滑桩、锚索的深度大于滑坡体厚度的 1/2，并且不小于 5 m。

（4）采样：应取滑带与滑坡体岩土试样，测试项目为物理、水理与力学性质指标（黏聚力和内摩擦角）。尽量取原状样，当无法取得时，可取保持天然含水量的扰动土样进行重塑样试验，且每个工程地质层取不少于 6 组试样。

（5）勘探点位置：布置在勘探线上，有利于控制滑坡体纵向厚度变化；设计、确定治理工程的部位，如抗滑桩的部位；兼顾采样和现场试验、监测点的布设。

3）泥石流调查

Ⅰ. 调查的主要内容

（1）沟谷区暴雨强度、一次最大降雨量、冰雪融化和雨洪最大流量以及地下水对泥石流形成的影响。

（2）沟谷区地层岩性、地质构造，崩塌、滑坡等不良地质现象，松散堆积物的分布、物质组成和储量。

（3）沟谷区地形地貌特征，包括沟谷的发育程度、切割情况和沟床弯曲堵塞、粗糙程度、纵坡坡度；划分泥石流的形成区、流通区和堆积区，圈绘整个沟谷的汇水面积。

（4）形成区的水源类型、水量、汇水条件、山坡坡度、岩土性质及风化松散程度，断裂、滑坡、崩塌、岩堆等不良地质现象的发育情况，可能形成泥石流固体物质的分布范围和储量。

（5）流通区的沟床纵坡坡度、跌水、急湾等特征；沟床两侧山坡坡度、稳定程度，沟床的冲淤变化和泥石流的痕迹。

（6）堆积区堆积扇的分布范围、表面形态、纵坡、植被、沟道变迁和冲淤情况；堆积物的性质、层次、厚度，一般粒径、最大粒径以及分布规律；堆积扇的形成历史、堆积速度和一次最大堆积量。

（7）历次泥石流的发生时间、频率、规模、形成过程、历时、流体性质、暴发前的降雨情况和暴发后产生的灾害情况。

（8）当地防治泥石流的措施和经验。

（9）矿山弃渣土堆场的位置、截排水措施、挡土措施、堆场稳定性等；矿山工程切坡、森林砍伐等人类活动情况。

（10）尾矿库防渗、防洪措施；尾矿库的坝基和坝体稳定性。

对于矿山泥石流调查，后两项是重点。

Ⅱ.工程地质测绘

对全流域及沟口以下可能受泥石流影响的地段，测绘与泥石流形成和活动有关的地质地貌要素，编制相应的地貌图与地质图，填绘纵剖面图与横剖面图。小流域平面图比例尺为 1：10 000 左右，分区平面图比例尺为 1：500~1：5 000；纵剖面图比例尺为 1：500~1：2 000；横剖面图比例尺为 1：200~1：500。测绘方法以沿沟谷追索、实测和填绘剖面为主。工程治理区实测剖面至少按一纵三横控制。对于可能形成矿山泥石流的不稳定堆场和尾矿库的测绘，要围绕其周边，尤其是"下游"区域展开。

Ⅲ.勘探与试验

勘探工程主要布置在泥石流堆积区和可能采取防治工程的地段。勘探工程以钻探为主，辅以物探和坑（槽）探等轻型山地工程。防治工程场址主勘探线钻孔的孔距应能控制沟槽起伏和基岩面，一般为 30~50 m。当松散堆积物很厚时，孔深应该是设计治理工程最大高度的 50%~150%；当基岩埋深浅时，孔深应到达基岩微风化层。物探工作可作为钻探的补充和验证，在施工条件差、难以布置或不必布置钻探工程的泥石流形成区，可布置 1~2 个物探剖面，对松散层的岩性、厚度、分层、基岩深度及起伏情况进行推断。结合钻探和物探，在重点地段布置一定深度的探坑或探槽，揭露泥石流在形成区、流通区、堆区的物质沉积规律和粒度级配变化，了解松散层岩性、结构、厚度和基岩岩性、结构、风化程度及节理裂隙发育状况。现场采集具有代表性的原状岩、土样品，获取岩土体物理力学参数。根据需要进行松散层地下水抽水试验或注水试验，并采取水样，进行水质分析和侵蚀性二氧化碳分析。

4）矿山岩溶塌陷调查

矿山岩溶塌陷调查与评价的主要内容如下。

（1）矿区内已有的地质、水文地质等资料，岩溶发育程度、分布规律及岩溶水环境条件。

（2）矿山疏干排水漏斗范围以及岩溶塌陷的发生时间、分布、形态、规模、密度等。

（3）地下水与地表水的水力联系及其动态变化。

（4）碳酸盐岩上覆第四系土体的类型、厚度及其工程地质性质。

（5）岩溶塌陷的诱发原因。

（6）地表工程设施等的破坏损失情况，当地防治塌陷的措施和经验。

（7）岩溶塌陷的形成条件、分布和发育特征、诱发因素、发生和发展趋势及危害程度。

（8）岩溶塌陷发育程度、危害程度及现状与发展趋势、防治措施。

5）采空塌陷调查

采空塌陷调查与评价的主要内容如下。

（1）矿层的种类、分布、层数、厚度、深度等特征，开采层顶板和底板的岩性、结构等。

（2）矿山开采历史、采深、采厚、开采方式、顶板管理方法、回采率、开发现状及规划等，以及采矿巷道的布置、形态、大小、埋藏深度等。

（3）采空区的空间展布和范围，以及塌落、密实程度、空隙和积水等。

（4）地表变形破坏特征，包括地表塌陷坑、伴生裂缝、台阶等的位置、形状、规模、深度、延伸方向，地表移动盆地特征及影响范围；其与采空区、开采边界、工作面推进方向等的关系。

（5）采空区附近的抽、排水情况及其对采空区稳定性的影响。

（6）采空塌陷的历史，原计算或预计塌陷量、现状塌陷量、剩余塌陷量等，对工程设施、农田等的危害和损失情况，以及当地防治塌陷的措施。

（7）采空塌陷形成的地质条件和采矿条件，地表移动变形特点，可能的塌陷范围及危害性。

（8）采空地面塌陷稳定性评价（采用开采条件分析法、采深采厚比法等），防治措施制订。

当井采矿山上覆有欠固结、半固结土层分布时，疏干排水还会导致地面沉降灾害，则需开展压缩层、疏干漏斗等调查与评价。

6）活动断裂调查

活动断裂调查的主要内容如下。

（1）场地地震资料和活动断裂的地质背景。

（2）活动断裂形成的地质环境条件（地形地貌、地层岩性等）。

（3）分布特征和分布范围，确定其具体位置、产状、规模和性质。

（4）断裂的活动状态，发展趋势预测。

（5）可能引发的地质灾害及其影响预测。

7)地裂缝调查

地裂缝调查的主要内容如下。

(1)单缝发育规模和特征以及群缝分布特征和分布范围。

(2)形成的地质环境条件(地形地貌、地层岩性、构造断裂等)。

(3)地裂缝的成因类型和诱发因素(地下水开采等)。

(4)发展趋势预测。

(5)现有防治措施和效果。

8)地面沉降调查

地面沉降调查主要调查由于常年抽吸地下水引起水位或水压下降而造成的地面沉降,不包括由于其他原因所造成的地面沉降,主要通过搜集资料、调查访问,查明地面沉降原因、现状和危害情况,主要调查内容如下。

(1)综合分析已有资料,查明第四纪沉积类型、地貌单元特征,特别要注意冲积、湖积和海相沉积的平原或盆地及古河道、洼地、河间地块等微地貌的分布以及第四系岩性、厚度和埋藏条件,特别要查明压缩层的分布。

(2)查明第四系含水层的水文地质特征、埋藏条件及水力联系;搜集历年地下水动态、开采量、开采层位和区域地下水位等值线图等资料。

(3)根据已有地面测量资料和建筑物实测资料,同时结合水文地质资料进行综合分析,初步圈定地面沉降范围和判定累计沉降量,并对地面沉降范围内已有建筑物损坏情况进行调查。

9)潜在不稳定斜坡调查

潜在不稳定斜坡调查主要调查建筑场地范围内可能发生滑坡、崩塌等潜在隐患的陡坡地段,调查的主要内容如下。

(1)地层岩性、产状,断裂、节理、裂隙发育特征,软弱夹层岩性、产状,风化残坡积层岩性、厚度。

(2)斜坡坡度、坡向、地层倾向与斜坡坡向的组合关系。

(3)斜坡周围,特别是斜坡上部暴雨、地表水渗入或地下水对斜坡的影响,人为工程活动对斜坡的破坏情况等。

(4)可能构成崩塌、滑坡的结构面的边界条件、坡体异常情况,斜坡发生崩塌、滑坡、泥石流等地质灾害的危险性及可能的影响范围。

有下列情况之一者,应视为可能失稳的斜坡:

(1)各种类型的崩滑体;

(2)斜坡岩体中有倾向坡外且倾角小于坡角的结构面存在;

(3)斜坡被两组或两组以上结构面切割,形成不稳定棱体,其底棱线倾向坡外,且倾

角小于斜坡坡角;

（4）斜坡后缘已产生拉裂缝;

（5）顺坡向卸荷裂隙发育的高陡斜坡;

（6）岸边裂隙发育、表层岩体已发生蠕动或变形的斜坡;

（7）坡足或坡基存在缓倾的软弱层;

（8）位于库岸或河岸水位变动带、渠道沿线或地下水溢出带附近,工程建成后可能经常处于浸湿状态的软质岩石或第四系沉积物组成的斜坡;

（9）其他根据地貌、地质特征分析或用图解法初步判定为可能失稳的斜坡。

2.2.2.4　土地调查

土地是地球陆地表面具有一定范围的地段,包含垂直于其上下的生物圈的所有属性,是由近地表气候、地貌、表层地质、水文、土壤、动植物以及过去和现在人类活动的结果相互作用而形成的物质系统,它是土壤的“载体”。此处所指的土地调查主要是根据土地管理部门土地现状调查、土地利用规划及地类划分成果（包括土地利用现状图、规划图等）,了解矿山占用土地情况,一般将土地利用现状图“套合”矿山工程布局,以此了解采矿区域内外,矿山挖损、压占、污染损毁的土地面积、地类以及各类型所占百分比,进而掌握通过矿山生态修复治理恢复的土地面积、地类以及各类型所占百分比,从而为自然资源管理部门进行矿业开发政策制定、生态修复、修复效益评估、矿山生态环境监管提供依据。

1. 土地分类调查

土地分类是基于特定目的,按一定的标准,对土地进行不同详细程度的概括、归并或细分,从而区分出性质不同、各具特点的土地类型的过程。其主要有土地类型分类、土地植被分类、土地利用分类、土地利用适宜性或土地潜力分类、土地规划用途分类、土地权属分类等。

2. 损毁土地调查

矿区土地调查可分为原状土地调查、已损毁土地调查和拟损毁土地调查。原状土地调查主要是指矿山开采活动进行前的土地利用现状调查,主要根据县、市土地利用现状与规划,结合矿山布局,生成《矿山土地利用现状图》,从而反映矿业活动所占面积与位置以及各地类面积与区块位置。已损毁土地调查一般为现状调查,是指矿山开采活动对土地现状造成损毁的地点、面积、地类、程度等。拟损毁土地调查是指根据矿区开采计划,预测将要损毁的土地的位置、类型与程度,为编制矿山总体修复设计或制订“边开采、边修复”方案提供依据。

1）损毁土地调查内容

土地损毁方式可分为挖损、塌陷、压占等，损毁特征调查内容基本相同，但侧重有所不同。

挖损土地调查内容包括：露天采场、取土场等的位置、权属、损毁时间和面积、平台宽度、边坡高度、边坡坡度、积水面积、积水最大深度、水质、植被生长情况、土壤特征、是否继续损毁及损毁类型等；地埋管线等的位置、权属、损毁时间、损毁长度和宽度、植被生长情况、土壤特征、是否继续损毁及损毁类型等。

塌陷土地调查内容包括：位置、权属、损毁时间和面积、塌陷最大深度、坡度、积水面积、积水最大深度、水质、塌陷坑直径、塌陷坑深度、土地利用状况、裂缝宽度、裂缝长度、裂缝水平分布、土壤特征、是否继续损毁及损毁类型等。

压占土地调查内容包括：位置、权属、损毁时间和面积、压占物类型、压占物高度、平台宽度、边坡高度、边坡坡度、植被生长情况、是否继续损毁及损毁类型等。

其他损毁土地调查内容包括：参照以上指标并结合自身特点选择相应的调查指标进行调查，其中污染土地调查应参考环境影响评价报告、环保验收结论等。

2）基础设施损毁调查

（1）道路设施损毁调查内容包括：已损毁道路的损毁时间、位置、宽度、长度、路面材料及损毁情况等。

（2）水利设施损毁调查内容包括：已损毁水利设施的损毁时间、位置、类型、长度及衬砌情况（线状，并标明衬砌材料）、数量（非线状）、损毁情况等。

（3）林网损毁调查内容包括：已损毁林网的损毁时间、位置、数量、类型、规格等。

（4）其他基础设施损毁调查内容包括：已损毁电力、通信设施等的损毁时间、位置、等级、数量等。

3）历史遗留工矿废弃地现状调查

依据第三次全国土地调查及年度变更调查成果，进行必要的补充调查，查明历史遗留工矿废弃地的自然条件、现状地类、分布、数量、权属、生态修复义务人情况及建设用地合法来源情况等。

4）调查方法

Ⅰ.资料收集

此过程主要收集矿山所在地的最新土地利用现状调查与规划资料，包括现状图、规划图。矿山周边存在湿地、公园、城市建成区、公益林、基本农田、重要水源地时，还需要收集相关规划资料和生态红线划定结果等。

Ⅱ.实地调查

由于收集的土地利用现状图和规划图精度所限，具体到一个矿山地类、损毁面积与程度等,还需要开展实地调查、平面测绘及剖面测量、采样等工作。

Ⅲ.遥感解译

遥感解译能获取矿山全域范围内的损毁土地利用现状、权属、面积等信息,在通行不便的高原及荒漠地区尤其适用。遥感解译还可用于获取积水面积、挖损面积等,对东部塌陷积水区域的识别也较为有效。当矿山面积较大、开采历史较长、原始地类不清时,也可将遥感解译作为土地调查的一种辅助手段。

Ⅳ.问询调查

询问当地居民及相关部门,获取土地权属、开采历史等情况。

2.2.2.5　土壤调查

土壤是在地球表面生物、气候、母质、地形、时间等因素综合作用下所形成的能够生长植物、具有生态环境调控功能、处于永恒变化中的疏松矿物质与有机质的混合物。简单来说,土壤就是地球表面能够生长植物的疏松表层。我国矿产资源丰富、类型多样、分布广泛,矿业活动和矿山生态修复所涉及的土壤类型基本包含所有的土壤类型。

矿山土壤调查是通过对矿区土壤分布地段的调查,平面及剖面采样分析,查明土壤类型、赋存规律、土壤质量以及土壤可剥离量。对于新建矿山,土壤现状调查重点是土壤类型、质量、可剥离量。对于生产矿山,除上述几个方面外,还需要调查已剥离表土的留存情况、保护措施以及矿山土壤破坏情况等。对于矿山生态修复中需外来土壤的,则需要调查外来土壤质量,尤其是其是否受到污染,严禁将污染土壤作为矿山生态修复时的覆土。

1.土壤分类调查

土壤基本按照《中国土壤分类与代码》(GB/T 17296—2009)进行分类。矿山生态修复原则上可采用此分类方法。

我国主要土壤类型可概括为红壤、棕壤、褐土、黑土、栗钙土、漠土、潮土(包括砂姜黑土)、灌淤土、水稻土、湿土(草甸、沼泽土)、盐碱土、岩性土和高山土等,主要类型土壤特点如下。

1)红壤系列

红壤系列是我国南方热带、亚热带地区的重要土壤资源,适合发展热带、亚热带经济作物和林木,作物一年可二熟乃至三熟、四熟,土壤生产潜力大。目前,尚有较大面积红壤土荒山、荒丘有待因地制宜地加以改造利用。我国自南向北有砖红壤、燥红土(稀树草原土)、赤红壤(砖红壤化红壤)、红壤和黄壤等类型。

2)棕壤系列

棕壤系列是我国东部湿润地区发育在森林下的土壤,由南至北包括黄棕壤、棕壤、暗棕壤和漂灰土等类型。

棕壤系列均为很重要的森林土壤资源。目前,我国分布有较大面积的棕壤天然林可供采伐利用,其为我国主要森林业生产基地。分布在丘陵平原上的黄棕壤和棕壤也有很高的农用价值,多数已开垦为农田和果园。

3)褐土系列

褐土系列包括褐土、黑垆土和灰褐土,这类土壤在中性或碱性环境中进行腐殖质的累积,石灰的淋溶和淀积作用较明显,残积-淀积黏化现象均有不同程度的表现。

4)潮土、灌淤土系列

潮土、灌淤土系列是我国重要的农耕土壤资源,包括潮土、灌淤土、绿洲土,这类土壤是在长期耕作施肥和灌溉的作用下形成的。在成土过程中,其获得了一系列新的属性,使土壤有机质累积,土壤质地及层次排列、盐分剖面分布都发生了很大变化。

5)水稻土系列

水稻土系列主要分布在秦岭—淮河一线以南,在长江中下游平原、珠三角、四川盆地和台湾西部平原分布最为集中。水稻土是耕种活动的产物,由各种地带性土壤、半水成土和水成土经水耕熟化培育而成,其是在季节性淹水灌溉耕作施肥等措施作用下,进行氧化还原交替反应、有机质的合成与分解,加上复盐基作用与盐基淋溶以及黏粒的分解、聚积与迁移、淋失,使原来的土壤特征发生不同程度的改变,使剖面发生分异,从而形成特有的土壤形态以及物理化学和生物特性。

水稻土大致可分为淹育、潴育及潜育 3 种类型。其中,淹育型发育层段浅薄,属初期发育的水稻土,底土仍见母土特性,如红壤仍有红色底层;潴育型发育完整,具有完整的剖面结构;潜育型是由潜育土或沼泽土发育而成的。

6)盐碱土系列

盐碱土系列分为盐土和碱土。我国盐碱土主要分布在西北、华北和东北平原的低地、湖边或山前冲积扇的下部边缘以及沿海地带。

7)岩性土系列

岩性土系列包括紫色土、石灰土、磷质石灰土、黄绵土(黄土性土)和风沙土,这类土壤性状仍保持成土母质特征。

8)高山土系列

高山土系列指青藏高原和与之类似海拔的高山垂直带最上部,在森林郁闭线以上或无林高山带的土壤。由于高山带上冻结与融化交替进行,土壤有机质腐殖化程度低,矿物质分解也很微弱,土层浅薄,粗骨性强,层次分异不明显,因而高山土作为独特的系列被划分出来。高山土系列有亚高山草甸土、高山草甸土、亚高山草原土、高山草原土、高山漠土和高山寒漠土等。

2. 土壤分布调查

土壤分布调查主要是调查矿山土壤类型随地理位置、地形高度而变化的规律,即土壤的水平分布和垂直分布规律,具体要进行成土因素的调查与研究,包括气候、地形、土壤母质、植物、水文地质、生产活动情况等;还要对土壤剖面形态进行观察和记录,采集代表性土样,并送有资质的实验室进行分析化验。

1)调查路线的确定

在进行矿区土壤资料收集、现场踏勘、人员访谈、信息整理及分析后,就可以根据调查区域面积和地形、地质、植被的复杂程度,确定一至数条调查路线,每条调查路线应通过不同的地形、植被和母岩分布区。

2)土壤剖面的设置与挖掘

对土壤剖面形态和性状特征进行详细的观察和描述是研究土壤形成、演化与环境因素的关系,以及了解土壤生态特性的重要手段,因此就要设置有代表性的土壤剖面进行观察。

Ⅰ. 土壤剖面类型

土壤剖面一般可分为主要剖面、检查剖面(对照剖面)和定界剖面。主要剖面也称为基本剖面,其是为全面研究土壤而设置的,一般要求选择在具有典型性、代表性的地方,剖面的深度是从自然地表向下直达母质或基岩的深度。检查剖面是为检查、修正基本剖面所确定的土壤主要特征的变化程度和稳定性而设置的,它比基本剖面要浅,但数量要多。定界剖面是为检查、修正土壤的边界而设置的,其深度一般小于 1 m 或者更浅,只要能观察出土壤的主要特征即可,其剖面数比上述两者更多。各剖面一般采用以下比例,即主要剖面:检查剖面:定界剖面为 1∶2∶5。

Ⅱ. 土壤剖面的选择和挖掘

土壤剖面的选择主要是对主要剖面进行的选择。其一方面要满足一定比例尺的工作量的要求,根据土壤、自然条件的复杂程度而定;另一方面要求每一种土壤类型均有其代表性的主要土壤剖面。在野外工作前,可根据地形图的比例尺和成土条件的复杂程度进行初步设计,在实地调查时再根据具体条件和土壤图的比例尺而定。

根据不同的研究目的,剖面设置也往往有所不同。在剖面位置选好后,就开始进行剖面的挖掘,挖掘的工具目前主要是铁铲,有些检查剖面或定界剖面的挖掘可借助土钻。对于主要剖面,也可以先挖到一定深度后再进行钻孔。土壤剖面一般宽 1 m、长 2 m,其深度则视土壤情况而定,一般为 1.0~1.5 m,如图 2.2-2 所示。但盐渍化土剖面可以深到地下水位,而粗粒土剖面可较浅,一般到基岩、风化壳,通常只有几十厘米。

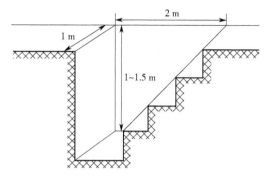

图 2.2-2　土壤剖面挖掘示意图

Ⅲ. 土壤剖面描述

按照土壤剖面的要求挖掘土坑后,将坑壁削平,然后用小刀或小铲修整新鲜的土壤剖面壁,从上往下观察各种结构单位的自然断口,研究土壤剖面的整体构造并划分土壤剖面的发生层次,并加以详细描述和记录。在描述土壤剖面前,应尽可能准确地记录剖面的地理位置。一个发育完整的土壤剖面从上至下常有的模式如下。

(1)O 层:枯落物层(未分解和半分解的植物凋落物)。

(2)A 层:腐殖质,又称表土层(含大量腐殖质)。

(3)E 层:淋溶层。

(4)B 层:淀积层,又称心土层(表层物质淋至此层淀积)。

(5)C 层:母质层(以风化岩石为主)。

(6)R 层:母岩层(未风化的坚硬岩石)。

土壤剖面形态特征描述的内容一般如下。

(1)颜色:色调、亮度、彩度。

(2)湿度:干、润、湿润、潮润、湿。

(3)质地:砂土、砂质壤土、壤土、粉砂壤土、黏壤土、壤黏土、黏土。

(4)土壤结构:块状、团块状、核状、粒状、圆顶柱状、棱柱状、片状、板状、页状、鳞片状、堡状、碎块。

(5)土壤松紧度:极松、松、散、紧、极紧。

(6)孔隙:细小孔隙、小孔隙、海绵状孔隙、蜂窝状孔隙、网眼状孔隙。

(7)植物根系:0 表示没有根系,1~4 表示少量根系,5~10 表示中量根系,>10 表示大量根系。

(8)土壤新生体:石灰质新生体、盐结皮、盐霜、铁锰淀积物、硅酸粉末。

(9)侵入体:砖块、石块、骨骼、煤块等外来物。

(10)石灰反应。

(11)pH 值。

（12）成土因素：气候、生物、母质、地形、时间。

Ⅳ. 土壤分布界线确定

综合研究路线调查提供的土壤分类系统，判断土壤类型分布的可能范围，以主要剖面为中心进行放射调查，沿途根据地形、母岩、植被等的变化对照剖面和定界剖面，将相同的定界剖面点连接起来，就是土壤分布界线。

3）样品采集

在描述和记录了土壤剖面以后，为了对土壤肥力性状及物理化学特点有全面深入的了解，还应分层采集土样进行定量分析。采集分析样品时，应自下而上逐层进行，无须采集整个发生层，通常只对各发生土层中部位置的土壤进行采集，将采集的土样放入样品袋内，并准备好标签（注明采集地点、层次、剖面号、采样深度、土层深度、采集日期和采集人等信息），标签同时附在样品袋的内外。如果采集的土壤样品量太多，可用四分法将多余的土壤弃去，一般1 kg左右的土样即足够物理、化学分析之用。四分法是将采集的土壤样品弄碎混合并铺成四方形，划分对角分成四等份，取其对角的两份，其余两份弃去，如果样品仍然很多，可再用四分法处理，直到满足所需数量为止，如图2.2-3所示。

第一步　　　　　　第二步　　　　　　第三步

图 2.2-3　四分法取样步骤

4）样品加工与送样

为防止样品之间相互污染，土壤样品的采集、运输、保管、晾晒、加工不能同时或在同一场地进行，用于某一土壤样品的布袋、加工工具不再用于其他样品。样品加工组收到样品后，把样品集中在安全、无外来污染的地方，及时晾晒，并做好样品加工准备。

5）组织土样化验

Ⅰ. 分析样本的选择

在选择剖面样本时，应保证每一种土壤都有可供分析的典型剖面；野外调查所采集的用于测定土壤肥力的农化分析样本，除个别有问题或代表性较差的应予以剔除外，全部送实验室分析。

Ⅱ. 分析项目的确定

为确定土壤类型而进行的分析，一般要进行土壤全量矿物、黏土矿物类型及组成、土壤腐殖质类型、主要诊断层和诊断特性项目等的分析。为确定土壤肥力状况而进行的分析,需要进行土壤物理性质、养分及交换性能和酸碱性等的分析。

矿山生态修复的土壤分析项目应根据《土壤环境质量 农用地土壤污染风险管控标准(试行)》(GB 15618—2018)的要求,再加上矿区可能的特有污染组分以及土壤配方施肥需要决定。必测项目一般有土壤容重、质地、砾石含量、pH 值、有机质、氨解氮、有效磷、速效钾、砷、汞、铜、锌、铅、镉、铬、镍等。

3. 土壤污染调查

对于矿山开采产生的"三废",如果处置不当,就会造成环境污染。污染物通过多种途径进入土壤,造成土壤的强酸污染、有机毒物污染与重金属污染。开展矿山土壤污染调查,查明污染范围和污染程度,进行人体健康风险评估,制订和实施污染修复措施,是矿山生态修复的一项重要工作。

矿山土壤污染类型、调查程序、调查要点及风险评估要点依据《建设用地土壤修复技术导则》(HJ 25.4—2019)执行。

2.2.2.6　生物调查

矿山开采活动会导致矿区生态环境碎片化,生物多样性遭到巨大损失,植被被清除,动物的栖息地被完全破坏,动物因受惊或生态环境被改变而逃离矿区,土壤中微生物赖以生存的环境被改变,微生物活性降低。矿山所在区域的生态系统在采矿活动前基本处于原生自发演替状态,采矿活动会使其发生次生异发演替,生物数量和种类减少,生态平衡遭到严重破坏。矿山生物多样性的恢复是矿山生态环境恢复的重要内容之一。

矿山生物调查在以往矿山生态环境调查中往往被忽视,但矿山生态修复实践表明,其调查成果是矿山生态修复设计的重要依据。

1. 植物调查

矿山开采对植被的影响往往是破坏性的。矿山开采对土地的损毁破坏,无论是挖损、塌陷损毁还是压占损毁,都不可避免地会对土地上生长的植物造成破坏,并造成地表植被覆盖率大幅度降低。植物是生态系统中最主要的生产者,在矿山生态修复中,无论是林草地修复、耕地修复,还是湿地修复、矿山公园修复,植被的恢复与重建都占据关键地位。在矿山生态修复全过程中,对矿山植物及植被进行调查,掌握当地植物群落的属性、特征及演替,都显得尤为重要。

矿山植物调查的主要内容包括矿山及周边地区的植被类型、分布、面积、覆盖率、生长情况等,有无国家重点保护的或稀有的、受危害的或作为资源的野生植物,当地的主要生态系统类型(森林、草原、沼泽、荒漠等)及现状,特别要调查当地的乡土物种、优势植物品种。对存在污染风险的金属矿山地区,还应有针对性地调查耐性植物和超富集植物的品种。

对已实施生态修复工程治理的部分矿区,应调查治理工程的时间、措施类型、植被生长、原始及残留植被及自然恢复植被等。

2. 动物调查

在矿山湿地生态修复中,在湿地生态环境中生存的脊椎动物和在某一湿地内占优势或数量很大的某些无脊椎动物,包括鸟类、两栖类、爬行类、兽类、鱼类以及贝类、虾类,也是生态系统的重要组成部分。

进行动物调查的时间应选择在动物活动较为频繁、易于观察的时间段。野外调查方法分为常规调查和专项调查。常规调查是指适合于大部分调查种类的直接计数法、样方调查法、样带调查法和样线调查法,对那些分布区狭窄而集中、习性特殊、数量稀少,且难以采用常规调查方法调查的动物种类,应进行专项调查。

3. 微生物调查

微生物一般指个体难以用肉眼观察到的一切微小生物,包括细菌、病毒、真菌和少数藻类等。与矿山生态修复相关的微生物主要是指矿山土壤微生物,在作物生长良好的土壤里,有大量放线菌、氮素分解菌、光合成菌,这些菌越多且其他杂菌的数量越少则越好。在微生物中,表层土壤微生物(细菌)数量和种类多,虽然其个体小,但生物活性强,且积极参与土壤物质转化,在土壤形成、肥力演变,植物养分有效化,土壤结构的形成、改良,有毒物质降解、净化等方面起着重要作用。

土壤微生物调查主要采用室内试验的方法,具体步骤主要包括样本的采集及处理、培养基的配制、浓度梯度菌液的制备及接种、优势菌的判定及分离纯化、菌种的分类鉴定等。土壤微生物调查的主要目的是了解微生物类群的分布,反映土壤环境,寻找对土壤调控能力强的根际微生物,从而为矿山生态修复提供新的途径。

2.2.2.7 "三废"调查

矿山"三废"主要指矿山建设和开采生产过程中产生的废气、废水和固体废弃物。

1. 废气调查

矿山废气主要是指开采过程中产生的大量粉尘和有毒物质,开采机器、运输工具等设备在运行过程中排放的大量有害气体,矿区的浓烟、燃料也会对大气构成污染。矿业活动产生的最主要的空气污染物有粉尘(TSP)以及有毒有害气体CO、SO_2和NO_x等。矿山废气调查的主要目的是了解以下3个方面的情况:①矿山废气排放是否达标,即污染源调查;②矿山开采生产过程中矿区大气环境质量;③生态修复后,矿山影响范围内的大气环境质量是否满足质量标准的要求。

2. 废水调查

矿山废水指的是在矿山范围内,从采掘生产地点、选矿厂、尾矿库、废石场、排土场等地点排出来的废水。废水按来源可分为矿井水、选矿废水和废石场淋滤水。矿山废水主要含有有机污染物、油类污染物、酸碱污染物和无机污染物,具有利用率低、排放量大、持续时间长、污染范围大、影响地区广、成分复杂和浓度极不稳定等特点。矿山废水的调查范围不仅包括废水的排放量、排放浓度及污染物,而且要进行达标调查评价;由于水体运动、污染物迁移和环境影响的复杂性,还要进行矿区地表水和地下水调查。

3. 固体废弃物调查

矿山固体废弃物主要包括露天矿剥离和坑内采矿产生的大量废石、采煤产生的煤矸石、选矿产生的尾矿和冶炼产生的矿渣等,还包括少量的生活垃圾和污泥。对固体废弃物的调查主要包括废弃物本身的物质组成调查,储存、处置场地的土地占用和污染性调查以及固体废弃物的综合利用情况调查。矿山开采设计一般对固形废弃物的种类、成分、数量、堆放方式、综合利用方式等均有叙述,可以作为参考。

2.2.2.8 地质环境条件分析

一切致灾地质作用都受地质环境因素综合作用的控制。地质环境条件分析是地质灾害危险性评估的基础,分析地质环境因素的特征与变化规律。地质环境因素主要包括以下内容。

(1)岩土体物性:岩土体类型、组分、结构、工程地质特征。

(2)地质构造:构造形态、分布、特征、组合形式和地壳稳定性。

(3)地形地貌:地貌形态、分布及地表特征。

(4)地下水特征:地下水类型,含水岩组分布,补给、径流和排泄条件,动态变化规律和水质、水量。

(5)地表水活动:径流规律、河床沟谷形态、纵坡、径流速度和流量等。

(6)地表植被:植被种类、覆盖率、退化状况等。

(7)气象:气温变化特征、降水时空分布规律与特征、蒸发和风暴等。

(8)人类工程经济活动形式与规模。

分析研究各地质环境因素对评估区主要致灾地质作用形成、发育所起的作用和性质,从而划分出主导地质环境因素、从属地质环境因素和激发因素,为预测评估提供依据。分析各地质环境因素的特点和相互作用的特点以及主导因素的作用,以各种致灾地质作用分布实际资料为依据,划分出各种致灾地质作用的易发区段,为确定评估重点区段提供依据。综合地质环境条件各因素的复杂程度,做出总体和分区段划分。

各种致灾地质作用受控于所有地质环境因素不等量的作用。主导地质环境因素是致灾地质作用形成的关键;从属地质环境因素总是以主导地质环境因素的作用为前提或是通过主导地质环境因素发挥作用的;激发因素是在致灾地质作用孕育成熟的条件下,因其作用而导致灾害发生。因此,在预测评估过程中,应首先分析某些地质环境因素可能发生的变化而出现的不稳定状态,评价地质灾害的发展趋势。

第3章 矿山地质环境评价

3.1 矿山地质环境影响评价

目前,行业内矿山地质环境评价主要参考的规范有《矿山地质环境调查评价规范》(DD 2014—2005)和《矿山地质环境保护与恢复治理方案编制规范》(DZ/T 0223—2011)。《矿山地质环境调查评价规范》中的地质环境影响评价侧重于现状矿山地质环境的影响程度,对地质环境问题进行评价。《矿山地质环境保护与恢复治理方案编制规范》中的地质环境影响评估侧重于矿山开采对地质环境的影响,可作为治理设计的依据。

在综合整理分析前人资料和地质环境要素调查的基础上,评价人员应通过深入研究与分析,采用一定的标准和方法评价矿业活动对地质环境的影响程度,对矿山地质环境问题进行评价,评价参考规范主要为《矿山地质环境调查评价规范》和《地质灾害危险性评估规范》。

矿山地质环境评价可分为地质灾害危险性评估、含水层破坏评价、地形地貌景观破坏评价、土地资源占用与破坏评价等单项评价及矿山地质环境影响综合评价。

3.1.1 矿山地质灾害危险性评估

3.1.1.1 地质灾害危险性评估的范围与内容

地质灾害危险性评估是在查明各种致灾地质作用的性质、规模和承灾对象的社会经济属性(承灾对象的价值、可移动性等)的基础上,从致灾体稳定性、致灾体和承灾对象遭遇的概率分析入手,对其潜在的危险性进行客观评估。

地质灾害是指包括自然因素或者人为活动引发的危害人民生命和财产安全的山体崩塌、滑坡、泥石流、地面塌陷、活动断裂、地裂缝、地面沉降等与地质作用有关的灾害。地质灾害易发区是指容易产生地质灾害的区域。地质灾害危险区是指可能发生地质灾害且可能造成较多人员伤亡和严重经济损失的地区。地质灾害危害程度是指地质灾害造成的人员伤亡、经济损失和生态环境破坏的程度。

1. 基本要求

(1)在地质灾害易发区内进行工程建设,必须在可行性研究阶段进行地质灾害危险性评估;在地质灾害易发区内进行城市总体规划、村庄和集镇规划,必须对规划区进行地质灾害危险性评估。

（2）地质灾害危险性评估必须对建设工程遭受地质灾害的可能性和该工程在建设中和建成后引发地质灾害的可能性做出评价,并提出具体的预防和治理措施。

（3）地质灾害危险性评估的灾种主要包括崩塌、滑坡、泥石流、地面塌陷（含岩溶塌陷和矿山采空塌陷）、活动断裂、地裂缝和地面沉降等。

（4）地质灾害危险性评估的主要内容是阐明工程建设区和规划区的地质环境条件的基本特征;对工程建设区和规划区各种地质灾害的危险性进行现状评估、预测评估和综合评估;提出防治地质灾害的措施和建议,并做出建设场地适宜性评估的结论。

（5）地质灾害危险性评估工作必须在充分搜集利用已有遥感影像、区域地质、矿产地质、水文地质、工程地质、环境地质和气象水文等资料的基础上,进行地面调查,必要时可适当进行物探、坑（槽）探和取样测试。

2. 地质灾害危险性评估范围

地质灾害危险性评估的范围不能局限于建设用地和规划用地面积内,应根据建设和规划项目的特点、地质环境条件和地质灾害的种类进行确定,具体要求如下。

（1）若危险性仅限于用地面积内,则按用地范围进行评估。

（2）崩塌、滑坡的评估范围应以第一斜坡带为限。

（3）泥石流必须以完整的沟道流域面积为评估范围。

（4）地面塌陷和地面沉降的评估范围应与初步推测的可能范围一致。

（5）地裂缝应与初步推测可能延展、影响的范围一致。

（6）当建设工程和规划区位于强震区,工程场地内分布有可以产生明显位错或构造性地裂的全新活动断裂或发震断裂时,评估范围应包括邻近地区活动断裂的一些特殊构造部位（不同方向的活动断裂的交会部位、活动断裂的拐弯段、强烈活动部位、端点及断裂上不平滑处等）。

（7）重要的线路工程建设项目评估范围一般应以相对线路两侧扩展 500~1 000 m 为限。

（8）在已进行地质灾害危险性评估的城市规划区范围内进行工程建设,建设工程处于已划定为危险性大至中等的区段,还应按建设工程项目的重要性与工程特点进行建设工程地质灾害危险性评估。

（9）区域性工程项目的评估范围,应根据区域地质环境条件和工程类型确定。

3. 地质灾害危险性评估内容

地质灾害危险性评估包括地质灾害危险性现状评估、地质灾害危险性预测评估和地质灾害危险性综合评估。

1）地质灾害危险性现状评估

基本查明评估区已发生的崩塌、滑坡、泥石流、地面塌陷（含岩溶塌陷和矿山采空塌陷）、地裂缝和地面沉降等灾害形成的地质环境条件、分布、类型、规模、变形活动特征、主要诱发因素与形成机制，对其稳定性进行初步评价，在此基础上对其危险性和对工程危害的范围、程度做出评估。

2）地质灾害危险性预测评估

对工程建设场地和可能危及工程建设安全的邻近地区，可能引发或加剧的和工程本身可能遭受的地质灾害的危险性做出评估。

地质灾害的发生是各种地质环境因素相互影响、不等量共同作用的结果。预测评估必须在对地质环境因素系统分析的基础上，判断在降水或人类活动因素等激发下，某一个或一个以上可调节的地质环境因素的变化，导致致灾体处于不稳定状态，预测评估地质灾害的范围、危险性和危害程度。

地质灾害危险性预测评估主要内容如下。

（1）对工程建设中和建成后可能引发或加剧崩塌、滑坡、泥石流、地面塌陷、地裂缝和不稳定的高陡边坡变形等的可能性、危险性和危害程度做出预测评估。

（2）对建设工程自身可能遭受的已存在的崩塌、滑坡、泥石流、地面塌陷、地裂缝、地面沉降等危害隐患和潜在不稳定斜坡变形的可能性、危险性和危害程度做出预测评估。

（3）对各种地质灾害的危险性预测评估可采用工程地质比拟法、成因历史分析法、层次分析法、数字统计法等定性、半定量的评估方法。

3）地质灾害危险性综合评估

依据地质灾害危险性现状评估和预测评估结果，充分考虑评估区的地质环境条件的差异和潜在地质灾害隐患点的分布、危险程度，确定判别区段危险性的量化指标，根据“区内相似，区际相异”的原则，采用定性、半定量分析法，进行工程建设区和规划区地质灾害危险性等级分区（段）；并依据地质灾害危险性、防治难度和防治效益，对建设场地的适宜性做出评估，提出防治地质灾害的措施和建议。

3.1.1.2　地质灾害危险性评估级别

按《地质灾害危险性评估规范》（DZ/T 0286—2015）确定地质灾害危险性评估等级，见表 3.1-1。

地质灾害危险性评估的分级，应根据地质环境条件复杂程度和建设项目的重要性划分为三级，见表 3.1-2 和表 3.1-3。在充分搜集和分析已有资料的基础上，编制评估工作大纲，明确任务，确定评估范围和级别，拟定地质灾害调查内容和重点、确定工作部署和工作量，提出质量监控措施和成果等。

表 3.1-1　地质灾害危险性评估分级

建设项目重要性	地质环境条件复杂程度		
	复杂	中等	简单
重要建设项目	一级	一级	二级
较重要建设项目	一级	二级	三级
一般建设项目	二级	三级	三级

表 3.1-2　地质环境条件复杂程度分类

条件	类别		
	复杂	中等	简单
区域地质背景	区域地质构造条件复杂,建设场地有全新世活动断裂,地震基本烈度大于Ⅷ度,地震动峰值加速度大于0.20g	区域地质构造条件较复杂,建设场地附近有全新世活动断裂,地震基本烈度为Ⅶ~Ⅷ度,地震动峰值加速度为(0.10~0.20)g	区域地质构造条件简单,建设场地附近无全新世活动断裂,地震基本烈度小于或等于Ⅵ度,地震动峰值加速度小于0.10g
地形地貌	地形复杂,相对高差大于200 m,地面坡度以大于25°为主,地貌类型多样	地形较简单,相对高差50~200 m,地面坡度以8°~25°为主,地貌类型较单一	地形简单,相对高差小于50 m,地面坡度小于8°,地貌类型单一
地层岩性和岩土工程地质性质	岩性岩相复杂多样,岩土体结构复杂,工程地质性质差	岩性岩相变化较大,岩土体结构较复杂,工程地质性质较差	岩性岩相变化小,岩土体结构较简单,工程地质性质良好
地质构造	地质构造复杂,褶皱断裂发育,岩体破碎	地质构造较复杂,有褶皱、断裂分布,岩体较破碎	地质构造较简单,无褶皱、断裂,裂隙发育
水文地质条件	有多层含水层,水位年际变化大于20 m,水文地质条件不良	有2~3层含水层,水位年际变化为5~20 m,水文地质条件较差	有单层含水层,水位年际变化小于5 m,水文地质条件良好
地质灾害及不良地质现象	发育强烈,危害较大	发育中等,危害中等	发育弱或不发育,危害小
人类活动对地质环境的影响	人类活动强烈,对地质环境的影响、破坏严重	人类活动较强烈,对地质环境的影响、破坏较严重	人类活动一般,对地质环境的影响、破坏小

注:每类条件中,地质环境条件复杂程度按"就高不就低"的原则,有一条符合条件即为该类复杂类型。

表 3.1-3　建设项目重要性分类

项目类型	项目类别
重要建设项目	城市和村镇规划区、放射性设施、军事和防空设施、核电、二级(含)以上公路、铁路、机场,大型水利工程、电力工程、港口码头、矿山、集中供水水源地、工业建筑(跨度>30 m)、民用建筑(高度>50 m)、垃圾处理场、水处理厂、油(气)管道和储油(气)库、学校、医院、剧院、体育场等
较重要建设项目	新建村庄、三级(含)以下公路,中型水利工程、电力工程、港口码头、矿山、集中供水水源地、工业建筑(跨度24~30 m)、民用建筑(高度24~50 m)、垃圾处理场、水处理厂等
一般建设项目	小型水利工程、电力工程、港口码头、矿山、集中供水水源地、工业建筑(跨度≤24 m)、民用建筑(高度≤24 m)、垃圾处理场、水处理厂等

3.1.1.3 地质灾害危险性评估的深度要求

（1）一级评估：应有充足的基础资料，进行充分论证；必须对评估区分布的各类地质灾害体的危险性和危害程度逐一进行现状评估；对建设场地和规划区范围内工程建设可能引发或加剧的和工程本身可能遭受的各类地质灾害的可能性和危害程度分别进行预测评估；依据现状评估和预测评估结果，综合评估建设场地和规划区地质灾害危险性程度，分区段划分出危险性等级，说明各区段主要地质灾害种类和危害程度，对建设场地适宜性做出评估，并提出有效防治地质灾害的措施和建议。

（2）二级评估：应有足够的基础资料，进行综合分析；必须对评估区分布的各类地质灾害的危险性和危害程度逐一进行初步现状评估；对建设场地范围和规划区内工程建设可能引发或加剧的和工程本身可能遭受的各类地质灾害的可能性和危害程度分别进行初步预测评估；在上述评估的基础上，综合评估其建设场地和规划区地质灾害危险性程度，分区段划分出危险性等级，说明各区段主要地质灾害种类和危害程度，对建设场地适宜性做出评估，并提出可行的防治地质灾害的措施和建议。

（3）三级评估：应对必要的基础资料进行分析，参照一级、二级评估要求的内容，做出概略评估。

3.1.1.4 地质灾害规模等级

地质灾害规模等级见表 3.1-4。

表 3.1-4 地质灾害规模等级

地质灾害规模	巨型	大型	中型	小型
崩塌体积 /×10⁴m³	≥100	10~100	1~10	<1
滑坡体积 /×10⁴m³	≥1 000	100~1 000	10~100	<10
泥石流体积 /×10⁴m³	≥50	20~50	2~20	<2
地面塌陷面积 /km²	≥10	1~10	0.1~1	<0.1
地裂缝长 /km 或影响宽度 /m	地裂缝长 >1 km，地面影响宽度 ≥20 m	地裂缝长 >1 km，地面影响宽度 10~20 m	地裂缝长 >1 km，地面影响宽度 3~10 m；或地裂缝长 ≤1 km，地面影响宽度 10~20 m	地裂缝长 >1 km，地面影响宽度 ≤3 m；或地裂缝长 ≤1 km，地面影响宽度 <10 m

3.1.1.5 地质灾害诱发因素分类

地质灾害诱发因素分类见表 3.1-5。

表 3.1-5　地质灾害诱发因素分类

分类	滑坡	崩塌	泥石流	岩溶塌陷	采空塌陷	地裂缝	地面沉降
自然因素	地震、降水、融雪、融冰、地下水位上升、河流侵蚀、新构造运动	地震、降水、融雪、融冰、温差变化、河流侵蚀、树木根劈	降水、融雪、融冰、堰塞湖溢流、地震	地下水位变化、地震、降水	地下水位变化、地震	地震、新构造运动	新构造运动
人为因素	开挖扰动、爆破、采矿、加载、抽排水	开挖扰动、爆破、机械震动、抽排水、加载	水库溢流或垮坝、弃渣加载、植被破坏	抽排水、开挖扰动、采矿、机械震动、加载	采矿、抽排水、开挖扰动、震动、加载	抽排水	抽排水、油气开采

3.1.1.6　地质灾害发育程度分级

1. 滑坡

滑坡的稳定性(发育程度)分级见表 3.1-6,滑块的变形阶段及特征见表 3.1-7。

表 3.1-6　滑坡的稳定性(发育程度)分级

判据	稳定性(发育程度)分级		
	稳定(弱发育)	欠稳定(中等发育)	不稳定(强发育)
发育特征	1. 滑坡前缘斜坡较缓,临空高差小,无地表径流流经和继续变形的迹象,岩土体干燥; 2. 滑体平均坡度小于 25°,坡面上无裂缝发展,其上建筑物、植被未有新的变形迹象; 3. 后缘壁上无擦痕和明显位移迹象,原有裂缝已被充填	1. 滑坡前缘临空,有间断季节性地表径流流经,岩土体较湿,斜坡坡度为 30°~45°; 2. 滑体平均坡度为 25°~40°,坡面上局部有小的裂缝,其上建筑物、植被无新的变形迹象; 3. 后缘壁上有不明显变形迹象,后缘有断续的小裂缝发育	1. 滑坡前缘临空,坡度较陡且常处于地表径流的冲刷之下,有发展趋势并有季节性泉水出露,岩土潮湿、饱水; 2. 滑体平均坡度大于 40°,坡面上有多条新发展的裂缝,其上建筑物、植被有新的变形迹象; 3. 后缘壁上可见擦痕或有明显位移迹象,后缘有裂缝发育
稳定系数 F_s	$F_s > F_{st}$	$1.00 < F_s \leqslant F_{st}$	$F_s \leqslant 1.00$

注:F_{st} 为滑坡稳定安全系数,根据滑坡防治工程等级及其对工程的影响综合确定。

表 3.1-7　滑坡的变形阶段及特征

变形阶段	滑动带(面)	滑坡前缘	滑坡后缘	滑坡两侧	滑坡体
弱变形阶段	主滑段滑动带(面)在蠕动变形,但滑体尚未沿滑动带位移	无明显变化,未发现新的泉点	地表建(构)筑物出现一条或数条与地形等高线大体平行的拉张裂缝,裂缝断续分布	无明显裂缝,边界不明显	无明显异常,偶见"醉树"

续表

变形阶段	滑动带(面)	滑坡前缘	滑坡后缘	滑坡两侧	滑坡体
强变形阶段	主滑段滑动带(面)已大部分形成,部分探井及钻孔发现滑动带有镜面、擦痕及搓揉现象,滑体局部沿滑动带位移	常有隆起,发育放射状裂缝或大体垂直等高线的压张裂缝,有时有局部坍塌现象或出现湿地或泉水溢出	地表或建(构)筑物拉张裂缝多而宽且贯通,外侧下错	出现雁行羽状剪裂缝	有裂缝及少量沉陷等异常现象,可见"醉汉林"
滑动阶段	滑动带已全面形成,滑带土特征明显且新鲜,绝大多数探井及钻孔发现滑动带有镜面、擦痕及搓揉现象,滑带土含水量较高	出现明显的剪出口并经常错出;剪出口附近湿地明显,有一个或多个泉点,有时形成滑坡舌、鼓张及放射状裂缝加剧,并常伴有坍塌	拉张裂缝与滑坡两侧羽状裂缝连通,常出现多个阶坎或地堑式沉陷带,滑坡壁常较明显	羽状裂缝与滑坡后缘拉张裂缝连通,滑坡周界明显	有差异运动形成的纵向裂缝;中、后部有水塘,不少树木成"醉汉林",滑坡体整体位移
停滑阶段	滑体不再沿滑动带位移,滑带土含水量降低,进入固结阶段	滑坡舌伸出,覆盖于原地表上或到达前方阻挡体而壅高,前缘湿地明显,鼓丘不再发展	裂缝不再增多、扩大,滑坡壁明显	羽状裂缝不再扩大、增多,甚至闭合	滑体变形不再发展,原始地形总体坡度显著变小,裂缝不再扩大、增多,甚至闭合

2.崩塌

崩塌(危岩)发育程度分级见表 3.1-8。

表 3.1-8　崩塌(危岩)发育程度分级

发育程度	发育特征
强	崩塌(危岩)处于欠稳定 - 不稳定状态,评估区或周边同类崩塌(危岩)分布多,大多已发生;崩塌(危岩)上方发育多条平行沟谷的张性裂隙,主控裂隙面上宽下窄,且下部外倾;裂隙内近期有碎石土流出或掉块,底部岩土体有压碎或压裂状;崩塌(危岩)体上方平行沟谷的裂隙明显
中等	崩塌(危岩)处于欠稳定状态,评估区或周边同类崩塌(危岩)分布较少,有个别发生;危岩体主控破裂面直立呈上宽下窄,上部充填杂土,生长灌木杂草,裂面内近期有掉块,崩塌(危岩)上方有细小裂隙分布
弱	崩塌(危岩)处于稳定状态,评估区或周边同类崩塌(危岩)分布但均无发生;危岩体破裂面直立,上部充填杂土,灌木年久茂盛,多年来裂面内无掉块;崩塌(危岩)上方无新裂隙分布

3.泥石流

泥石流发育程度可参照《矿山地质环境调查评价规范》(DD 2014—2005)或《地质灾害危险性评估规范》(DZ/T 0286—2015)确定。

1)《矿山地质环境调查评价规范》(DD 2014—2005)

采用指标加权法计算和评价泥石流隐患沟危险性大小,矿山泥石流单沟危险性评

价指标、权重及等级划分见表 3.1-9。具体计算公式为

$$F = \sum_{i=1}^{n} w_i x_i$$

式中　F——泥石流沟危险性；

　　　　n——评价指标数；

　　　　w_i——指标权重；

　　　　x_i——评价指标。

依据泥石流隐患发生的危险性及危害对象等,提出泥石流预防、治理及监测的对策建议。

表 3.1-9　矿山泥石流单沟危险性评价指标、权重及等级划分

泥石流发育因子	权值 w_i	危险度级别（分值 x_i）			
		危险度极高（0.9）	危险度高（0.7）	危险度中等（0.5）	危险度低（0.3）
24 h 最大降雨量 /mm	0.18	>100.0	50.0~100.0	25.0~50.0	<20.0
植被覆盖率 /%	0.05	<30.0	30.0~50.0	50.0~70.0	>70.0
汇水面积 /km²	0.15	>10.0	5.0~10.0	1.0~5.0	<1.0
纵坡降 /%	0.11	>40.0	28.0~40.0	15.0~28.0	<15.0
河流弯曲度	0.05	>1.4	1.3~1.4	1.2~1.3	<1.1
物源总量 / ×10⁴m³	0.15	>20.0	5.0~20.0	1.0~5.0	<1.0
矿渣岩性类型	0.12	泥岩、粉砂岩、千枚岩	石英片岩、硅质板岩	坚硬的变质岩、花岗岩及石灰岩	坚硬的变质岩、花岗岩及石灰岩
采矿废渣稳定性	0.1	无拦渣稳渣工程,不稳定	拦渣稳渣工程少,较稳定	拦渣稳渣工程较好,较稳定	有拦渣稳渣工程措施,稳定
沟谷堵塞程度 /%	0.09	70.0	50.0~70.0	20.0~50.0	<20.0
等级分值		>80	60~80	50~60	<50

2)《地质灾害危险性评估规范》(DZ/T 0286—2015)

泥石流发育程度分级见表 3.1-10,泥石流发育程度量化评分及评判等级标准见表 3.1-11,泥石流堵塞程度分级见表 3.1-12。

表 3.1-10　泥石流发育程度分级

发育程度	易发程度及特征
强	评估区位于泥石流冲淤范围内的沟中和沟口,中上游主沟和主要支沟纵坡大,松散物源丰富,堵塞成堰塞湖(水库)或水流不通畅,区域降雨强度大
中等	评估区局部位于泥石流冲淤范围内的沟上方两侧和距沟口较远的堆积区中下部,中上游主沟和主要支沟纵坡较大,松散物源较丰富,水流基本通畅,区域降雨强度中等

续表

发育程度	易发程度及特征
弱	评估区位于泥石流冲淤范围外历史最高泥位以上的沟上方两侧高处和距沟口较远的堆积区边部,中上游主沟和主要支沟纵坡小,松散物源少,水流畅通,区域降雨强度小

表 3.1-11　泥石流发育程度量化评分及评判等级标准

序号	影响因素	量级划分							
		强发育(A)	得分	中等发育(B)	得分	弱发育(C)	得分	不发育(D)	得分
1	崩塌、滑坡及水土流失(自然和人为活动)的严重程度	崩塌、滑坡等重力侵蚀严重,多层滑坡和大型崩塌,表土疏松,冲沟十分发育	21	崩塌、滑坡发育,多层滑坡和中小型崩塌,有零星植被覆盖,冲沟发育	16	有零星崩塌、滑坡和冲沟存在	12	无崩塌、滑坡、冲沟或发育轻微	1
2	泥沙沿程补给长度比	≥60%	16	30%~60%	12	10%~30%	8	<10%	1
3	沟口泥石流堆积活动程度	主河河形弯曲或堵塞,主流受挤压偏移	14	主河河形无较大变化,仅主流受迫偏移	11	主河河形无变化,主流在高水位时偏,低水位时不偏	7	主河河形无变化,主流不偏	1
4	河沟纵比降	≥21.3%	12	10.5%~21.3%	9	5.2%~10.5%	6	<5.2%	1
5	区域构造影响程度	强抬升区,6 级以上地震区,断层破碎带	9	抬升区,4~6 级地震区,有中小支断层	7	相对稳定区,4 级以下地震区,有小断层	5	沉降区,构造影响小或无影响	1
6	流域植被覆盖率	<10%	9	10%~30%	7	30%~60%	5	≥60%	1
7	河沟近期一次变幅 /m	≥2.0	8	1.0~2.0	6	0.2~1.0	4	<0.2	1
8	岩性影响	软岩、黄土	6	软硬相间	5	风化强烈和节理发育的硬岩	4	硬岩	1
9	沿沟松散物贮量 /(×10⁴ m³/km²)	≥10	6	5~10	5	1~5	4	<1	1
10	沟岸山坡坡度	≥32°	6	25°~32°	5	15°~25°	4	<15°	1

序号	影响因素	量级划分							
		强发育（A）	得分	中等发育（B）	得分	弱发育（C）	得分	不发育（D）	得分
11	产沙区沟槽横断面	V形谷、U形谷、谷中谷	5	宽U形谷	4	复式断面	3	平坦型	1
12	产沙区松散物平均厚度/m	≥10	5	5~10	4	1~5	3	<1	1
13	流域面积/km²	0.2~5	5	5~10	4	0.2以下，10~100	3	≥100	1
14	流域相对高差/m	≥500	4	300~500	3	100~300	3	<100	1
15	河沟堵塞程度	严重	4	中等	3	轻微	2	无	1
评判等级标准		综合得分		116~130		87~115		<86	
		发育程度等级		强发育		中等发育		弱发育	

表 3.1-12　泥石流堵塞程度分级

堵塞程度	特征
严重	沟槽弯曲，河段宽窄不均，卡口、陡坎多；大部分支沟交汇角度大，形成区集中；物质组成黏性大，稠度高，沟槽堵塞严重，阵流间隔时间长
中等	沟槽较顺直，沟段宽窄较均匀，陡坎、卡口不多；主支沟交角多小于60°，形成区不太集中；河床堵塞情况一般，流体多呈稠浆 - 稀粥状
轻微	沟槽顺直均匀，主支沟交汇角小，基本无卡口、陡坎，形成区分散；物质组成黏度小，阵流间隔时间短而少

4. 岩溶塌陷

岩溶塌陷发育程度分级见表 3.1-13。

表 3.1-13　岩溶塌陷发育程度分级

发育程度	发育特征
强	1. 以质纯厚层灰岩为主，地下存在中大型溶洞、土洞或有地下暗河通过； 2. 地面多处下陷、开裂，塌陷严重； 3. 地表建（构）筑物变形开裂明显； 4. 上覆松散层厚度小于30 m； 5. 地下水位变幅大

发育程度	发育特征
中等	1. 以次纯灰岩为主,地下存在小型溶洞、土洞等; 2. 地面塌陷、开裂明显; 3. 地表建(构)筑物变形、有开裂现象; 4. 上覆松散层厚度 30~80 m; 5. 地下水位变幅不大
弱	1. 灰岩质地不纯,地下溶洞、土洞等不发育; 2. 地面塌陷、开裂不明显; 3. 地表建(构)筑物无变形、开裂现象; 4. 上覆松散层厚度大于 80 m; 5. 地下水位变幅小

5. 采空塌陷

采空塌陷发育程度分级见表 3.1-14。

表 3.1-14　采空塌陷发育程度分级

发育程度	参考指标							发育特征
	地表移动变形值				开采深厚比	采空区及其影响带占建设场地面积百分比 /%	治理工程面积占建设场地面积百分比 /%	
	下沉量 /(mm/a)	倾斜 /(mm/m)	水平变形 /(mm/m)	地形曲率 /(mm/m²)				
强	>60	>6	>4	>0.3	<80	>10	>10	地表存在塌陷和裂缝;地表建(构)筑物变形开裂明显
中等	20~60	3~6	2~4	0.2~0.3	80~120	3~10	3~10	地表存在变形及地裂缝;地表建(构)筑物有开裂现象
弱	<20	<3	<2	<0.2	>120	<3	<3	地表无变形及地裂缝;地表建(构)筑物无开裂现象

6. 地裂缝

地裂缝发育程度分级见表 3.1-15。

表 3.1-15　地裂缝发育程度分级

发育程度	参考指标		发育特征
	平均活动速率 v/（mm/a）	地震震级 M	地裂缝发生的可能性及特征
强	$v>1.0$	$M \geqslant 7$	评估区有活动断裂通过,中或晚更新世以来有活动,全新世以来活动强烈,地面地裂缝发育并通过拟建工程区;地表开裂明显,可见陡坡、斜坡、微缓坡、塌陷坑等微地貌现象;房屋裂缝明显
中等	$0.1 \leqslant v \leqslant 1.0$	$6 \leqslant M <7$	评估区有活动断裂通过,中或晚更新世以来有活动,全新世以来活动较强烈,地面地裂缝中等发育,并从拟建工程区附近通过;地表有开裂现象,无微地貌显示;房屋有裂缝现象
弱	$v<0.1$	$M<6$	评估区有活动断裂通过,全新世以来有微弱活动,地面地裂缝不发育或距拟建工程区较远;地表有零星小裂缝,不明显;房屋未见裂缝

7. 地面沉降

地面沉降发育程度分级见表 3.1-16。

表 3.1-16　地面沉降发育程度分级

因素	发育程度		
	强	中等	弱
近 5 年平均沉降速率 /（mm/a）	$\geqslant 30$	10~30	$\leqslant 10$
累计沉降量 /mm	$\geqslant 800$	300~800	$\leqslant 300$

注:上述两项因素满足一项即可,并按由强至弱顺序确定。

3.1.1.7　地质灾害灾情与危害程度评价等级

地质灾害灾情与危害程度评价等级见表 3.1-17。

表 3.1-17　地质灾害灾情与危害程度评价等级

灾情和危害等级	特大级（特重）	重大级（重）	较大级（中）	一般级（轻）
死亡人数 / 人	>30	10~30	3~10	<3
受威胁人数 / 人	>1 000	100~1 000	10~100	<10
直接经济损失 / 万元	>1 000	500~1 000	100~500	<100

注:1. 灾情分级,即已发生的地质灾害分级,采用"死亡人数"或"直接经济损失"指标评价。分级名称采用特大级、重大级、较大级和一般级,取二者最大指标为该等级。

2. 危害程度,即对可能发生的地质灾害危害程度预测分级,采用"受威胁人数"或预测评估的"直接经济损失"指标评价。分级名称采用特重级、重级、中级和轻级,取二者最大指标为该等级。

3.1.1.8　地质灾害危险性分级

地质灾害危险性分级见表 3.1-18。

表 3.1-18　地质灾害危险性分级

危害程度	发育程度		
	强	中等	弱
大	危险性大	危险性大	危险性中等
中等	危险性大	危险性中等	危险性中等
小	危险性中等	危险性小	危险性小

3.1.1.9　地质灾害危险性评估成果

国土资源部在《关于加强地质灾害危险性评估工作的通知》(国土资发〔2004〕69号)中,对地质灾害危险性评估的成果提出以下要求:地质灾害危险性评估成果应包括地质灾害危险性评估报告书或说明书,并附评估区地质灾害分布图、地质灾害危险性综合分区评估图和有关的照片、地质地貌剖面图等。地质灾害危险性一、二级评估,要求提交地质灾害危险性评估报告书;三级评估应提交地质灾害危险性评估说明书。

3.1.2　含水层破坏评价

3.1.2.1　含水层结构破坏评价

依据调查区主要含水层的疏干程度,地下水位下降、泉水流量变化、地下水污染程度及对水源地供水的影响,综合评价含水层破坏的程度,其破坏影响程度分级见表 3.1-19。依据采矿方式、矿区含水层分布特征,分析含水层结构破坏范围。依据评价结果,提出含水层结构破坏的治理及检测的对策与建议。

3.1.2.2　地下水污染评价

依据矿业活动的特征污染物,结合矿区地下水功能分区,依据《地下水质量标准》(GB/T 14848—2017)相应的污染物限值标准(表 3.1-20),评价矿业活动对地下水的污染程度,或以矿业开发前或对照区地下水相应污染物的平均值对比评价矿业活动对地下水的影响程度。

地下水污染评价包括污染物检出率、超标率、单项污染指数、单项超标倍数、综合污染指数、污染物分担率;采用单项污染因子及综合污染评价方法评价地下水污染的种类、范围及程度。具体评价方法参照《地下水污染地质调查评价规范》(DD 2008—01)。

表 3.1-19　采矿活动对含水层破坏影响程度分级

严重	较严重	较轻
1. 矿床充水主要含水层结构破坏,产生导水通道; 2. 矿井正常涌水量大于 10 000 m³/d; 3. 区域地下水位下降; 4. 矿区周围主要含水层(带)水位大幅下降,或呈疏干状态,地表水体漏失严重; 5. 不同含水层(组)串通,水质恶化; 6. 影响集中水源地供水,矿区及周围生产、生活供水困难	1. 矿井正常涌水量 3 000~10 000 m³/d; 2. 区域地下水位下降; 3. 矿区及周围主要含水层(带)水位下降幅度较大,地下水呈半疏干状态; 4. 矿区及周围地表水体漏失较严重; 5. 影响矿区及周围部分生产生活供水	1. 矿井正常涌水量小于 3 000 m³/d; 2. 矿区及周围主要含水层水位下降幅度小; 3. 矿区及周围地表水体未漏失; 4. 未影响到矿区及周围生产生活供水

注:评估分级确定采取上一级别优先原则,只要有一条符合即为该级别。

表 3.1-20　地下水质量分类标准　　　　　　　　单位:mg/L

项目	I 类	II 类	III 类	IV 类	V 类
pH 值		6.5~8.5		5.5~6.5,8.5~9	<5.5,>9
Hg	≤ 0.000 05	≤ 0.000 5	≤ 0.001	≤ 0.001	>0.001
Pb	≤ 0.005	≤ 0.01	≤ 0.05	≤ 0.1	>0.1
Cd	≤ 0.000 1	≤ 0.001	≤ 0.01	≤ 0.01	>0.01
Cr^{6+}	≤ 0.005	≤ 0.01	≤ 0.05	≤ 0.1	>0.1
As	≤ 0.005	≤ 0.01	≤ 0.05	≤ 0.05	>0.05
Cu	≤ 0.01	≤ 0.05	≤ 1.0	≤ 1.5	>1.5
Zn	≤ 0.05	≤ 0.5	≤ 1.0	≤ 5.0	>5.0
Ni	≤ 0.005	≤ 0.05	≤ 0.05	≤ 0.1	>0.1

注:引自《地下水质量标准》(GB/T 14848—2017)。

　　依据矿区地表水功能区划,按照《地表水环境质量标准》(GB 3838—2002)相应的污染物限值标准(表 3.1-21),评价其断面污染等级,见表 3.1-22。地表水污染评价方法参照《农田土壤环境质量监测技术规范》(NY/T 395—2012)中 8.3.1 计算执行。

　　根据地下水含水层系统及补、经、排条件,结合历史资料,分析预测地下水污染的变化趋势。依据地下水污染及发展趋势,提出地下水污染预防、治理及监测的对策和建议。

表 3.1-21　地表水环境质量标准基本项目标准限值　　　　　　　　单位:mg/L

项目	I 类	II 类	III 类	IV 类	V 类
pH 值			6~9		
Hg ≤	0.000 05	0.000 05	0.000 1	0.001	0.001

项目	Ⅰ类	Ⅱ类	Ⅲ类	Ⅳ类	Ⅴ类
Pb ≤	0.01	0.01	0.05	0.05	0.1
Cd ≤	0.001	0.005	0.005	0.005	0.01
Cr^{6+} ≤	0.01	0.05	0.05	0.05	0.1
As ≤	0.05	0.05	0.05	0.1	0.1
Cu ≤	0.01	1.0	1.0	1.0	1.0
Zn ≤	0.05	1.0	1.0	2.0	2.0

注:引自《地表水环境质量标准》(GB 3838—2002)。

表 3.1-22　地表水、地下水综合污染评价分级

等级划定	综合污染指数 P_z	污染等级	污染水平
Ⅰ	$P_z \leqslant 0.7$	安全	清洁
Ⅱ	$0.7 < P_z \leqslant 1.0$	警戒线	尚清洁
Ⅲ	$1.0 < P_z \leqslant 2.0$	轻污染	轻度污染
Ⅳ	$2.0 < P_z \leqslant 3.0$	中污染	受到中度污染
Ⅴ	$P_z > 3.0$	重污染	污染相当严重

3.1.3　地形地貌景观破坏评价

地形地貌景观影响程度分级见表 3.1-23。

表 3.1-23　地形地貌景观影响程度分级

严重	较严重	较轻
1. 对原生的地形地貌景观影响和破坏程度大; 2. 对各类自然保护区、人文景观、风景旅游区、主要交通干线两侧可视范围内地形地貌景观影响严重; 3. 地形地貌景观破坏率大于 40%	1. 对原生的地形地貌景观影响和破坏程度较大; 2. 对各类自然保护区、人文景观、风景旅游区、主要交通干线两侧可视范围内地形地貌景观影响较严重; 3. 地形地貌景观破坏率为 20%~40%	1. 对原生的地形地貌景观影响和破坏程度小; 2. 对各类自然保护区、人文景观、风景旅游区、主要交通干线两侧可视范围内地形地貌景观影响较轻; 3. 地形地貌景观破坏率小于 20%

注:评估分级确定采取上一级别优先原则,只要有一条符合即为该级别。

地形地貌景观破坏率可依据下列公式计算:

$$地形地貌景观破坏率(\%) = \frac{\sum 地形地貌景观破坏面积}{\sum 矿权面积}$$

依据矿产资源开发利用规划,结合矿山地质环境现有的防治措施及成效,预测地形

地貌景观破坏的发展趋势。

依据评价结果,提出矿山地形地貌景观保护、治理恢复及监测的对策和建议。

3.1.4　土地资源占用与破坏评价

土地资源占用与破坏表现为露天开采剥离挖损土地,矿山固体废弃物占压土地,矿区地面塌陷(地裂缝)破坏土地,崩塌、滑坡、泥石流堆积区毁损土地,其可划分为严重、较严重和较轻三级,见表3.1-24。

$$调查区总的土地资源破坏率(\%) = \frac{\sum 土地资源破坏面积}{\sum 矿权面积}$$

$$调查区总的耕地破坏率(\%) = \frac{\sum 耕地破坏面积}{\sum 矿权面积}$$

$$调查区总的林地草地破坏率(\%) = \frac{\sum 林地草地破坏面积}{\sum 矿权面积}$$

根据露天采矿场面积变化、固体废弃物实际堆排量、地面塌陷(地裂缝)发展变化情况等,以及矿山各类废弃地的综合治理情况,预测土地破坏的发展趋势。

表3.1-24　矿山土地压占与破坏影响程度分级

严重	较严重	较轻
1. 占用与破坏基本农田; 2. 占用与破坏耕地大于2 hm²; 3. 占用与破坏林地或草地大于4 hm²; 4. 占用与破坏荒地或未开发利用地大于20 hm²	1. 占用与破坏耕地小于或等于2 hm²; 2. 占用与破坏林地或草地2~4 hm²; 3. 占用与破坏荒地或未开发利用地10~20 hm²	1. 占用与破坏林地或草地小于或等于2 hm²; 2. 占用与破坏荒地或未开发利用地小于或等于10 hm²

注:占用与破坏是指矿山采矿场 + 废石场 + 尾矿库 + 地质灾害破坏及占压土地面积的总和(hm²)。

3.1.5　恢复治理难易程度分析

矿山地质环境恢复治理难易程度分级见表3.1-25。

表3.1-25　矿山地质环境恢复治理难易程度分级

等级	难	中等	较易
标准	需要投入大的工程和花费大量的经费才可恢复治理,且治理周期长,如泥石流、采空区、水土污染治理等	需要投入较大的工程和经费才能使矿山地质环境得到好转,如滑坡、地面塌陷、尾砂库、废石堆、采场边坡治理等	通过简单的工程即可恢复矿山地质环境,如砖瓦黏土矿、砂石料矿的土地复垦或土地平整等

3.1.6　矿山地质环境影响综合评价

采用单因素层次分析法,将矿山地质灾害危害程度、含水层破坏程度、地形地貌景观破坏程度、土地资源占用与破坏程度及矿山地质环境恢复治理难易程度均作为一个单项因素进行评价,采用专家分项打分评判法综合评价单项因素的影响程度。其具体的评价模式可参考下式:

$$P = a_1 S_1 + a_2 S_2 + a_3 S_3 + a_4 S_4 + a_5 S_5$$

式中　P——矿山地质环境影响程度系数;

　　　S_1——地形地貌景观破坏程度专家评判值;

　　　S_2——矿山地质灾害危害程度专家评判值;

　　　S_3——含水层破坏程度专家评判值;

　　　S_4——土地资源占用与破坏程度专家评判值;

　　　S_5——矿山地质环境恢复治理难易程度专家评判值;

　　　a——权重,其中 a_1=0.4、a_2=0.3、a_3=0.1、a_4=0.1、a_5=0.1。

根据矿山地质环境影响程度系数确定评价分级。在单因素评分基础上,将各因素评分值进行叠加综合评判。矿山地质环境影响程度分为影响严重区($P \geqslant 8.0$)、影响较严重区($4.5 \leqslant P < 8.0$)、影响较轻区($P < 4.5$),见表 3.1-26。

表 3.1-26　评判因素赋值标准

评价因素	影响程度		
地形地貌景观破坏程度 S_1	严重	较严重	较轻
矿山地质灾害危害程度 S_2	重级	中级	轻级
含水层破坏程度 S_3	严重	较严重	较轻
土地资源占用与破坏程度 S_4	严重	较严重	较轻
矿山地质环境恢复治理难易程度 S_5	难	中等	较易
赋分	10	7	4

3.2　矿山地质环境影响评估

3.2.1　评估范围

矿山地质环境评估主要参考《矿山地质环境保护与恢复治理方案编制规范》(DZ/T 0223—2011),可作为治理设计的依据。

《矿山地质环境保护与恢复治理方案编制规范》(DZ/T 0223—2011)第 4.4 条规定

"矿山地质环境保护与恢复治理方案编制的区域范围包括开采区及采矿活动的影响区",第6.1条规定"矿山地质环境调查的范围应包括采矿登记范围和采矿活动可能影响到的范围",第7.1.1条规定"评估区范围应根据矿山地质环境调查结果分析确定"。

3.2.2　评估级别

《矿山地质环境保护与恢复治理方案编制规范》(DZ/T 0223—2011)第7.1.2条规定,矿山地质环境影响评估级别应根据评估区重要程度、矿山生产建设规模、矿山地质环境条件复杂程度综合确定,评估级别分为一级、二级、三级,见表3.2-1。

表3.2-1　矿山地质环境影响评估分级

评估区重要程度	矿山生产建设规模	矿山地质环境条件复杂程度		
		复杂	中等	简单
重要区	大型	一级	一级	一级
	中型	一级	一级	一级
	小型	一级	一级	二级
较重要区	大型	一级	一级	一级
	中型	一级	二级	二级
	小型	一级	二级	三级
一般区	大型	一级	二级	二级
	中型	一级	二级	三级
	小型	二级	三级	三级

《矿山地质环境保护与恢复治理方案编制规范》(DZ/T 0223—2011)第7.1.3条规定,评估区重要程度应根据区内居民集中居住情况、重要工程设施和自然保护区分布情况、重要水源地情况、土地类型等确定,划分为重要区、较重要区和一般区三级,见表3.2-2。

表3.2-2　评估区重要程度分级

重要区	较重要区	一般区
分布有500人以上的居民集中居住区	分布有200~500人的居民集中居住区	居民居住分散,居民集中居住区人口在200人以下
分布有高速公路、一级公路、铁路、中型以上水利、电力工程或其他重要建筑设施	分布有二级公路、小型水利、电力工程或其他较重要建筑设施	无重要交通要道或建筑设施
矿区紧邻国家级自然保护区(含地质公园、风景名胜等)或重要旅游景区(点)	紧邻省级、县级自然保护区或较重要旅游景区(点)	远离各级自然保护区及旅游景区(点)
有重要水源地	有较重要水源地	无较重要水源地
破坏耕地、园地	破坏林地、草地	破坏其他类型土地

注:评估区重要程度分级确定采取上一级别优先的原则,只要有一条符合即为该级别。

《矿山地质环境保护与恢复治理方案编制规范》(DZ/T 0223—2011)第 7.1.4 条规定,矿山地质环境条件复杂程度应根据区内水文地质、工程地质、地质构造、环境地质、开采情况、地形地貌确定,划分为复杂、中等、简单三级,见表 3.2-3。

表 3.2-3　露天开采矿山地质环境条件复杂程度分级

复　杂	中　等	简　单
采场矿层(体)位于地下水位以下,采场汇水面积大,采场进水边界条件复杂,与区域含水层或地表水联系密切,地下水补给、径流条件好,采场正常涌水量大于 10 000 m³/d;采矿活动和疏干排水容易导致区域主要含水层被破坏	采场矿层(体)局部位于地下水位以下,采场汇水面积较大,与区域含水层或地表水联系较密切,采场正常涌水量 3 000~10 000 m³/d;采矿活动和疏干排水比较容易导致矿区周围主要含水层被影响或破坏	采场矿层(体)位于地下水位以上,采场汇水面积小,与区域含水层或地表水联系不密切,采场正常涌水量小于 3 000 m³/d;采矿活动和疏干排水不易导致矿区周围主要含水层被影响或破坏
矿床围岩岩体结构以碎裂结构、散体结构为主,软弱结构面、不良工程地质层发育,存在饱水软弱岩层或松散软弱岩层,含水砂层多,分布广,残坡积层、基岩风化破碎带厚度大于 10 m,稳固性差,采场岩石边坡风化破碎或土层松软,边坡外倾软弱结构面或危岩发育,易导致边坡失稳	矿床围岩岩体结构以薄到厚层状结构为主,软弱结构面、不良工程地质层发育中等,存在饱水软弱岩层和含水砂层,残坡积层、基岩风化破碎带厚度 5~10 m,稳固性较差,采场边坡岩石风化较破碎,边坡存在外倾软弱结构面或危岩,局部可能产生边坡失稳	矿床围岩岩体结构以巨厚层状 -块状整体结构为主,软弱结构面、不良工程地质层不发育,残坡积层、基岩风化破碎带厚度小于 5 m,稳固性较好,采场边坡岩石完整到完整,土层薄,边坡基本不存在外倾软弱结构面或危岩,边坡较稳定
地质构造复杂,矿床围岩岩层倾角大于 55°,岩层产状变化大,断裂构造发育或有全新世活动断裂,导水断裂切割矿层(体)围岩、覆岩和主要含水层(带)或沟通地表水体,导水性强,对采场充水影响大	地质构造较复杂,矿床围岩岩层倾角 36°~55°,岩层产状变化较大,断裂构造较发育,切割矿层(体)围岩、覆岩和含水层(带),导水性差,对采场充水影响较大	地质构造较简单,矿床围岩岩层倾角小于 36°,岩层产状变化小,断裂构造不发育,断裂未切割矿层(体)围岩、覆岩,对采场充水影响小
现状条件下原生地质灾害发育,或矿山地质环境问题的类型多、危害大	现状条件下,矿山地质环境问题的类型较多、危害较大	现状条件下,矿山地质环境问题的类型少、危害小
采场面积及采坑深度大,边坡不稳定,易产生地质灾害	采场面积及采坑深度较大,边坡较不稳定,较易产生地质灾害	采场面积及采坑深度小,边坡较稳定,不易产生地质灾害
地貌单元类型多,微地貌形态复杂,地形起伏变化大,不利于自然排水,地形坡度一般大于 35°,相对高差大,高坡方向岩层倾向与采坑斜坡多为同向	地貌单元类型较多,微地貌形态较复杂,地形起伏变化中等,自然排水条件一般,地形坡度一般为 20°~35°,相对高差较大,高坡方向岩层倾向与采坑斜坡多为斜交	地貌单元类型单一,微地貌形态简单,地形较平缓,有利于自然排水,地形坡度一般小于 20°,相对高差较小,高坡方向岩层倾向与采坑斜坡多为反向坡

注:分级确定采取上一级别优先原则,只要有一条满足某一级别,应定为该级别。

《矿山地质环境保护与恢复治理方案编制规范》(DZ/T 0223—2011)第 7.1.5 条规定,矿山开采规模按矿种类别和年生产量分大型、中型、小型三类,见表 2.2-1。

3.2.3　评估任务与内容

（1）矿山地质环境评估包括现状评估和预测评估。

（2）现状评估应在资料收集及矿山地质环境调查的基础上，对评估区地质环境影响做出评估，影响程度评估分级见表3.2-4。

①分析评估区内地质灾害类型、规模、发生时间、表现特征、分布、诱发因素、危害对象与危害程度；分析与相邻矿山采矿活动的相互影响特征与程度。

②分析评估区内采矿活动对地下含水层的影响或破坏情况，包括含水层结构破坏、含水层疏干、地下水位下降、泉水流量减少、地下水位降落漏斗的分布范围、地下水水质变化、地下含水层破坏对生产生活用水水源的影响等。

③分析评估区内采矿活动对地形地貌景观、地质遗迹、人文景观等的影响和破坏情况。

④分析评估区内采矿活动对土地资源的影响和破坏情况。

表 3.2-4　矿山地质环境影响程度分级表

影响程度分级	地质灾害	含水层	地形地貌景观	土地资源
严重	1. 地质灾害规模大，发生的可能性大； 2. 影响到城市、乡镇、重要行政村、重要交通干线、重要工程设施及各类保护区安全； 3. 造成或可能造成直接经济损失大于500万元； 4. 受威胁人数大于100人	1. 矿床充水主要含水层结构破坏，产生导水通道； 2. 矿井正常涌水量大于10 000 m³/d； 3. 区域地下水位下降； 4. 矿区周围主要含水层（带）水位大幅下降，或呈疏干状态，地表水体漏失严重； 5. 不同含水层（组）串通，水质恶化，影响集中水源地供水，矿区及周围生产、生活供水困难	1. 对原生的地形地貌景观影响和破坏程度大； 2. 对各类自然保护区、人文景观、风景旅游区、城市周围、主要交通干线两侧可视范围内地形地貌景观影响严重	1. 占用与破坏基本农田； 2. 占用与破坏耕地大于 2 hm²，占用与破坏林地或草地大于4 hm²，占用与破坏荒地或未开发利用土地大于 20 hm²
较严重	1. 地质灾害规模中等，发生的可能性较大； 2. 影响到村庄、居民聚居区、一般交通线和较重要工程设施安全； 3. 造成或可能造成直接经济损失100~500万元； 4. 受威胁人数10~100人	1. 矿井正常涌水量 3 000~10 000 m³/d； 2. 矿区及周围主要含水层（带）水位下降幅度较大，地下水呈半疏干状态； 3. 矿区及周围地表水体漏失较严重，影响矿区及周围部分生产生活供水	1. 对原生的地形地貌景观影响和破坏程度较大； 2. 对各类自然保护区、人文景观、风景旅游区、城市周围、主要交通干线两侧可视范围内地形地貌景观影响较重	占用与破坏耕地小于或等于 2 hm²，占用与破坏林地或草地2~4 hm²，占用与破坏荒山或未开发利用土地 10~20 hm²

影响程度分级	地质灾害	含水层	地形地貌景观	土地资源
较轻	1. 地质灾害规模小,发生的可能性小; 2. 影响到分散性居民、一般性小规模建筑及设施; 3. 造成或可能造成直接经济损失小于100万元; 4. 受威胁人数小于10人	1. 矿井正常涌水量小于3 000 m³/d; 2. 矿区及周围主要含水层水位下降幅度小; 3. 矿区及周围地表水体未漏失,未影响到矿区及周围生产生活供水	1. 对原生的地形地貌景观影响和破坏程度小; 2. 对各类自然保护区、人文景观、风景旅游区、城市周围、主要交通干线两侧可视范围内地形地貌景观影响较轻	占用与破坏林地或草地小于或等于2 hm²,占用与破坏荒山或未开发利用土地小于或等于10 hm²

注:分级确定采取上一级别优先原则,只要有一项要素符合某一级别,就定为该级别。

(3)预测评估应在现状评估的基础上,根据矿产资源开发利用方案和采矿地质环境条件,分析预测采矿活动可能引发或加剧的地质环境问题及其危害,评估矿山建设和生产可能造成的矿山地质环境影响,影响程度评估分级见表 3.2-4。

①预测评估采矿活动可能引发或加剧的地质灾害,分析危害对象和危害程度。矿山建设和生产可能遭受地质灾害的危险性评估按照地质灾害危险性评估工作的有关规定执行。

②预测评估由采矿活动导致含水层的影响或破坏程度,包括含水层结构破坏、含水层疏干、地下水位下降、泉水流量减少、地下水位降落漏斗的分布范围、地下水水质变化、含水层破坏对生产生活用水水源的影响等。

③预测评估采矿活动对地形地貌景观、地质遗迹、人文景观等的影响和破坏程度。

④预测评估采矿活动对土地资源的影响或破坏的类型、规模和程度。

3.2.4 评估方法

矿山地质环境影响评估可采用工程类比法、层次分析法、加权比较法、相关分析法及模糊综合评判法等。

3.2.5 评估精度

一级评估以定量为主,做出矿山地质环境影响程度现状评估和预测评估。

二级评估以定量与定性结合,做出矿山地质环境影响程度现状评估和预测评估。

三级评估以定性为主,做出矿山地质环境影响程度现状评估和预测评估。

第4章 矿山地质环境治理设计

4.1 治理原则

以地质环境治理为重点，以环境效益和社会效益为核心，把矿山地质环境治理与改善生态环境结合起来，集中资金，重点投入，彻底改变矿山地质环境，最终使废弃矿区变废为宝，造福于民。其主要的实施原则如下。

1. 因地制宜原则

根据治理区所处地理位置及土地利用现状，并结合当地的社会经济情况，坚持"宜农则农、宜林则林、宜园则园、宜水则水"，合理确定地质环境治理改造的方向，进一步推进当地经济的可持续发展。

2. 生态原则

破损山体的形态、颜色与自然环境形成了强烈的反差，属于生态较为脆弱的地带，因此必须以恢复生态学的原理为依据，以乔木植物为主、草本植物为辅，实现树种本地化，恢复破损山体的自然生态。

3. 环境协调原则

所采取的工程措施要充分考虑与区域环境的协调性，与周边环境自然过渡，达到顺应自然、返璞归真、就地取材的效果，使园林绿化和自然山林和谐统一。

4. 安全性原则

治理工程的设计在消除安全隐患的同时，也不能产生新的安全隐患，并且要保证施工安全，采取合适的施工安全措施。

5. 技术可行性原则

治理工程的设计能否成立，在很大程度上取决于治理工程技术的可行性。技术可行性包括施工技术方法、施工技术水平、施工机械能力、施工设备、材料、施工条件、施工安全等诸多因素的可行性，对采坑的治理要优先选取先进、成熟的治理技术。

6. 经济合理性原则

经济上的合理性包括投资水平的承受能力和效益两个方面，治理工程要综合社会效益、环境效益对矿山地质环境进行治理，以达到最佳的效果。

4.2　治理模式

4.2.1　生态复绿模式

1. 单一复绿模式

单一复绿模式主要适用于重要交通干线两侧可视范围内场地面积较小且边坡稳定的矿山废弃地。针对此类矿山废弃地,可以通过建立生态环境保护区,运用生态复绿和修复山体"疮疤"等方法,利用现行比较成熟的植被恢复手段,对破损的山体进行修复,愈合采矿遗留的伤疤,使矿区的生态环境得到逐步恢复。

2. 农林渔牧复垦

农林渔牧复垦指依据宜农则农、宜林则林、宜渔则渔、宜牧则牧的原则,在一些生态破坏较轻微、环境污染较小的区域进行复垦,改造之后可进行农业、林业、渔业、牧业等综合利用。河南永城煤矿废弃地就是对深层塌陷区域进行复垦用于水产养殖,对浅层塌陷区域进行复垦用于种植,使有限的土地资源得以可持续利用。

1)农业用地模式

对于砖瓦用黏土、泥岩、石灰石矿等废弃露天矿山,位置偏僻的生活和办公场地,可以和土地平整相结合,将其复垦为耕地。农业用地模式一般适用于平原地区。矿区开采前,周围都是农田,开采后土地破坏不严重、土壤养分足、重金属污染少、地下水资源丰富的区域,只需经过简单的生态修复就能够恢复土地的耕种能力。复垦后的土地,可利用现代农业设施生产高质的农产品,建成以当地优势农作物为主,兼顾土特产种植和加工一体化的商品粮生产基地。

2)林(果)业用地模式

使用相关生态工程技术对废矿场、尾矿库进行生态修复,发展生态林果产业。施工过程应该采用人工镐刨的施工方法,既对生土母质的风化有利,改变土壤团粒的结构,提高土地生产力,也可避免采用爆破方式造成石块松动而形成裂缝进而引发漏水或滑坡。修复完成的矿区可栽种苹果、桃、板栗等,并栽种有关的树种进行护坡。在果树获得收益前,依靠农作物增加收入,以短养长,在获得生态效益的同时,也获得经济效益。当果树开始获得收益后,树下空闲的土地也可以种植绿肥作物,既可以固定吸收空气中的氮元素,提高土壤中氮素含有量,也可以收割后作为果树的生物肥,提高土壤肥力,还可以收割后用于喂养牲畜。果树进入盛果期后,一般情况下树下不再种植作物。

4.2.2 景观再造模式

景观再造模式主要适用于邻近城区或者风景区、人流量较大、有造景需求的矿山废弃地。这种模式就是在原有景观的基础上，挖掘新的旅游资源，进行合理的景观规划设计，使自然资源与历史文化资源优势转变为经济优势，在创造生态效益的同时，收获经济效益。根据矿山废弃地改造后主体功能的不同，场地大致可分为城市开放空间、矿业遗址旅游地、博物馆等类型。

矿山主题公园是景观开发利用的主要形式，主要是展示矿业遗迹景观，体现矿业发展过程中的内涵。2004年，国土资源部就启动了国家矿山公园建设项目。这一项目的启动可以有效地保护及科学利用矿业资源，弘扬矿业文化，加强环境保护和治理，促进矿山经济转型，推动矿山经济的可持续发展。湖北大冶铁矿闻名全国，然而在开采过程中产生了大量的废矿石，形成了大面积的采坑。近年来，大冶矿区采取形式多样的生态修复技术，走经济转型路线，把古老废弃的矿山改建成了矿山公园。

1. 城市开放空间

城市开放空间主要指供市民休闲的城市户外公共休闲空间，包括各类主题公园、矿山公园、自然山水园林、绿地等。如上海辰山植物园的矿坑花园，矿坑原址属百年人工采矿遗址，根据矿坑围护避险、生态修复要求，结合中国古代"桃花源"隐逸思想，利用现有的山水条件，设计瀑布、天堑、栈道、水帘洞等与自然地形密切结合的内容，深化人对自然的体悟，对现状山体的皴纹深度刻化，使其具有中国山水画的形态和意境。该矿坑花园突出修复式花园主题，是亚洲最大的矿坑花园。

2. 矿业遗址旅游地

矿山废弃地经过艺术手法的处理并具有全新的功能定位后，能形成全新的后工业景观旅游地，加上矿坑等遗址景观环境的再造，其与周边的自然风光衔接起来组成全新的矿业旅游景区，从而打造出极富吸引力的主题旅游资源，进一步带动资源枯竭型城市的经济发展。这种以旧矿区为核心的旅游项目在国内外有很多成功的先例，例如德国鲁尔区杜伊斯堡公园项目、南京方山国家地质公园项目等。

3. 博物馆

污染较小且具有较多废弃矿业遗存元素的矿山废弃地可以改造为博物馆。博物馆可分为室内博物馆与露天博物馆两种，这两种博物馆只是建筑空间形式不同，两者都体现了矿业遗产的历史纪念和学习教育两大价值。

4.2.3 建筑用地模式

在城镇周围经露天开采的、比较平整且坡度较平缓的废弃露天矿山，能够与土地的开发利用相结合,可以将其开发成商业住宅用地、工业园区用地等建设用地。唐山市开滦矿区生态修复采用建筑用地模式,项目实施后处理、掩盖了 6×10^5 m³ 的矸石,复垦采煤塌陷地 17.7 hm²,明显改善了当地的生态环境,为当地创造了很大的社会效益。

4.2.4　综合利用模式

综合利用模式适用于在重要城镇周边的、对周边生态环境有重大影响、矿区面积较大且具有开发利用价值的矿山。对于此类矿山废弃地,可以利用其地周边地区的生态优势和用地优势,通过延伸城市功能,进行综合整治,打造新兴的城市功能板块,带动周边地区发展。苏州旺山有开山采石留下的 10 个废弃矿坑,当地通过一系列生态修复和景观重塑设计,将废弃矿坑区成功打造成生态绿洲,被誉为“苏州最美山村”。

4.3　质量标准

根据地质环境治理与土地复垦目标,治理标准可分为林草地、耕地、湿地、建设用地及矿山公园五类。

4.3.1　林草地

矿山废弃地治理目标为林草地时,首先需要进行地形重塑,然后进行土壤重构和植被重建,以恢复适宜林草生长的生态环境。根据修复单元土壤的污染情况,修复可分为未污染生态的林草地修复和受污染生态的林草地修复。林草地生态修复工程质量标准、工作大纲主要针对未污染生态的林草地修复。对于处于丘陵山区的各类建筑石料、水泥灰岩等露采矿山的开采区生态修复,大多选择林草地修复模式。相对于矿山修复为耕地的情况来说,林草地对地形条件、土壤质量、配套设施、防洪排涝标准要求较低,但为了确保生态修复质量,仍须明确和细化基本指标,尽可能量化控制指标。

2013 年,国土资源部颁布《土地复垦质量控制标准》(TD/T 1036—2013),该标准明确提出了土地复垦质量控制的指标类型和基本指标,以附录 D “土地复垦质量控制标准” 为基础,结合矿山治理的特点,针对林草地、耕地、湿地、建设用地等几大模式,根据不同生态修复类型的需求,明确和细化各基本指标的区间值和参考标准;由此初步拟定了一系列矿山生态修复质量控制参考标准,其实质是对《土地复垦质量控制标准》(TD/T 1036—2013)的完善、细化和拓展,见表 4.3-1。

表 4.3-1　矿山林草地生态修复质量控制参考标准

治理目标	治理对象	基本指标		控制指标
林草地	矿山露采场坡、底盘	平台宕穴	长度 /m	0.5~1.0
			宽度 /m	0.5~1.0
			深度 /m	0.5~1.0
		配套设施	供水水源	满足养护期保苗用水
			灌溉设施	喷灌、滴灌系统,或有提水、浇水设备
			养护道路	满足养护车辆、设备、人员通行需求
			防洪设施	10~20 年一遇
			排涝设施	10~20 年一遇
		表土厚度 /cm		≥ 30
		心土厚度 /cm		≥ 20
		土壤容重 /(g/cm³)		≤ 1.5
		土壤类型		砂土至壤质黏土
		砾石含量 /%		≤ 20
		pH 值		5.0~8.5
		有机质含量 /%		≥ 1
		定植密度 /(株 / 公顷)		满足《造林技术规程》(GB/T 15776—2016)要求
		郁闭度(边坡、底盘)		≥ 0.30, ≥ 0.20
	排土场、废石堆	堆场坡度角 /(°)		26~36
		堆场废渣土密实度		中密
		堆场高度	≤ 10 m	一坡到顶
			≥ 10 m	建议每隔 5~8 m 分一台阶
		配套设施	供水水源	满足养护期保苗用水
			灌溉设施	喷灌、滴灌系统,或有提水、浇水设备
			养护道路	满足养护车辆、设备、人员通行需求
			挡土墙	满足堆场稳定性要求
			防洪设施	5~10 年一遇
			排涝设施	5~10 年一遇
		表土厚度 /cm	堆场表面已有强、全风化壳	≥ 30
			堆场为微或中风化	≥ 50
		土壤容重 /(g/cm³)		≤ 1.5
		土壤类型		砂土至壤质黏土
		砾石含量 /%		≤ 20
		pH 值		5.0~8.5
		有机质含量 /%		≥ 1
		定植密度 /(株 / 公顷)		满足《造林技术规程》(GB/T 15776—2016)要求
		郁闭度		≥ 0.20

治理目标	治理对象	基本指标		控制指标
林草地	矸石场	堆场坡度角 /(°)		≤ 36
		堆场废渣土密实度		中密
		堆场高度	≤ 10 m	一坡到顶
			≥ 10 m	建议每隔 5~8 m 分一台阶
		矸石含碳量 /%		<12
		矸石含硫量 /%		<1.5
		配套设施	供水水源	满足养护期保苗用水
			灌溉设施	喷灌、滴灌系统，或有提水、浇水设备
			养护道路	满足养护车辆、设备、人员通行需求
			挡土墙	满足堆场稳定性要求
			防洪设施	5~10 年一遇
			排涝设施	5~10 年一遇
		矸石表面隔离层厚度 /cm		≥ 20 的黏性土（进行碾压）
		表土厚度 /cm		≥ 30
		土壤容重 /(g/cm³)		≤ 1.5
		土壤类型		砂土至壤质黏土
		砾石含量 /%		≤ 20
		pH 值		5.0~8.5
		有机质含量 /%		≥ 1
		定植密度 /(株 / 公顷)		满足《造林技术规程》(GB/T 15776—2016)要求
		郁闭度		≥ 0.20

注：1. 对于坡度 ≤ 30°，全 - 强风化的采场边坡，可不覆土或少量覆土后，形成草地。

2. 露采场底盘选择旱地、园地等修复模式时，参照相关标准。

3. 将《土地复垦质量控制标准》(TD/T 1036—2013)中有效土层厚度 ≥ 30 cm 的要求，细分为表土 ≥ 30 cm、心土 ≥ 20 cm，目的在于考虑密实系数，以确保覆土厚度达到满足林木生长的要求以及保水保肥的需要。灌木林地厚度可以适当减小，草地有效土层厚度要 ≥ 20 cm，其他标准也可相应降低。

4. 西部干旱等生态脆弱区可适当降低标准。

5. 宕穴不易施工时，可改为蓄土槽，或利用植生袋挡土，形成蓄土槽；为减少覆土量，露采场底盘也可采取宕穴法，其规格参考平台区。

6. 指标类型中的土壤治理一栏，除厚度外，基本指标均指表土。

7. 防洪标准仅针对修复单元提出，最终值要根据修复区域所处的防洪保护区及相应的防护等级确定。

4.3.2 耕地

矿山废弃土地治理目标为耕地时，首先需要进行土地平整，并对平整后的土地进行土壤重构，配套建设田埂、田间道路、灌溉与排水设施等。

采空塌陷区中的浅 - 中深层塌陷(部分深层塌陷)的耕地修复质量重点是表土质量与厚度、田块标高设定与防洪排涝标准。水泥灰岩矿或建筑石料矿的最后一个开采平台，即底盘或平盘区修复为耕地时，影响修复质量的主要因素是坡度、能否自然排水、外来土壤质量等，只有修复区域具备保证灌溉的水源，且土壤重构后具备保水保墒能力时，才有可能修复为水田。矿山耕地生态修复质量控制参考标准见表 4.3-2。

表 4.3-2　矿山耕地生态修复质量控制参考标准

治理目标	治理对象	基本指标		控制指标
耕地	采空塌陷回填区、露采底盘区（旱地）	田面坡度 /(°)		≤ 20
		配套设施	灌溉设施	保证率 50% 左右
			防洪设施	10 年一遇
			排涝设施	5~10 年一遇
			道路	修建养护道路
			林网	建设防护林
		表土厚度 /cm		≥ 30
		心土厚度 /cm		≥ 20
		土壤容重 /(g/cm³)		≤ 1.4
		土壤类型		砂土、壤土至壤质黏土
		砾石含量 /%		≤ 5
		pH 值		5.0~8.5
		有机质含量 /%		≥ 1
		电导率 /(dS/m)		≤ 2
		农作物产量 /(kg/hm²)		三年后达到周边地区同等土地利用类型水平
	采空塌陷回填区、露采底盘区（水田）	田面坡度 /(°)		≤ 15
		平整度		田面高差 ± 5 cm 以内
		田块高差 /m		≤ 3
		潜水位埋深 /m		≥ 2
		配套设施	灌溉设施	保证率 70%~85%
			防洪设施	10~20 年一遇
			排涝设施	5~10 年一遇
			道路	视修复区块面积修建道路
			林网	视修复区块面积修建防护林
		耕作层厚度 /cm		≥ 20
		犁底层厚度 /cm		≥ 10
		心土层厚度 /cm		≥ 30
		土壤容重 /(g/cm³)		≤ 1.35
		土壤类型		砂土、壤土至壤质黏土
		砾石含量 /%		≤ 5
		pH 值		6.0~8.5
		有机质含量 /%		≥ 1.5
		电导率 /(dS/m)		≤ 2
		农作物产量 /(kg/hm²)		三年后达到周边地区同等土地利用类型水平

注：灌溉设施保证率干旱地区取小值，半干旱地区取中间值，湿润地区取大值。

4.3.3 湿地

平原、岗地高潜水位地区的井采煤矿、井采金属及非金属矿,开采在地表形成的塌陷区易成为常年积水区;露采矿山的凹陷开采区,当局地侵蚀基准面高于最低开采标高时,也易积水成塘。如果采取土石方回填塌陷地或凹地,修复为林草地,需要大量的外来土方,当不能提供足够的回填土石方时,可将积水区及周边治理为湿地。矿山湿地生态修复质量控制参考标准见表 4.3-3。

表 4.3-3 矿山湿地生态修复质量控制参考标准

治理目标	治理对象	基本指标	控制标准
湿地	采空塌陷积水区	塘(池)面积 /hm²	≥ 0.5
		塘(池)水深度 /m	2.5~3 m 可作为精养鱼塘
			>3 m 可作为粗养鱼塘或塌陷型水库
		水质	满足功能区和用途要求
		防洪设施	10~20 年一遇
		排涝设施	10 年一遇
		单位面积产量 /(kg/hm²)	3 年后达到当地平均水平
		水产品质量	满足食品卫生要求
	露采场积水区	汇水条件	开采境界内和相应汇水区大气降水可汇入坑塘
		坑塘面积 /ha	一般大于 0.5
		深度 /m	2.5~3 m,可作为精养鱼塘
			>3 m,可作为粗养鱼塘或凹陷型水库
		坑、塘区水文地质条件	有地下水和地表水常年补给;无沿断层、裂隙(溶隙)的渗漏;周边山体稳定
		蒸发与渗漏	补给量大于渗漏和蒸发量
		水质	满足功能区和用途要求
		防洪设施	10 年一遇
		排涝设施	10 年一遇
		单位面积产量 /(kg/hm²)	3 年后达到当地平均水平
		水产品质量	满足食品卫生要求

注:根据蓄水量判定水库等级,对应进行专项设计。采空塌陷区修复为湿地时的岸带稳定性评价根据具体工程地质条件而定,一般不需评价。

4.3.4 建设用地

1. 矿山建设用地生态修复原则

(1)与城市建设规划、土地利用规划符合性原则,矿山修复为建设用地时要与所在市（县）土地利用总体规划相符合，并纳入城市建设规划区。

（2）建设用地生态修复后要满足相关安全标准的原则，如塌陷区稳沉或残余沉降量满足建（构）筑物承载力和抗变形有关要求；周边边坡稳定，无崩塌、滑坡、泥石流隐患；建设场地无污染物或满足环境功能区要求。

（3）技术与经济可行性原则，进行技术与经济论证以及修复工程方案比选，采取技术可靠、经济节约的修复措施。

2. 矿山建设用地生态修复设计要求

1）查明条件、评估风险

需调查工程地质条件、开采技术条件、开采设计与现状、塌陷现状与预测、沉降规律与阶段、边坡稳定性等，并进行建设用地修复技术、经济可行性以及风险评估。

2）因地制宜、科学规划

本着方案技术可行、经济合理、环境风险可控的原则，在与城市用地规划相符合、相协调的前提下，确定建设用地的具体用途，如住宅、商业用地和工矿仓储用地，以及公园、绿地等公共管理与公共服务用地。

3）制订措施、确保安全

采煤塌陷区的稳沉与残余变形、地基持力层、附加荷载等情况复杂，历来是建设用地的禁地。采煤塌陷区能改造为建设用地的成功经验主要有两点：①采取适宜的基础形式，减少沉降量或将沉降量控制在容许值内；②增加上部结构整体刚度和抗变形能力。在露采底盘区，主要是按照边坡等级，做好防护设计。

在矿山建设用地修复中，露天开采底盘和采煤塌陷涉及的面积较大、修复技术难度较高，而工业广场修复为建设用地主要涉及建筑物拆除、场地整理等内容。

3. 露采底盘建设用地修复工程质量标准

（1）待修复场地应无滑坡、断层、岩溶等不良地质条件，主体建筑应设置于较好地基地段，并根据《建筑地基基础设计规范》（GB 50007—2011）确定建筑参数（地基承载力、变形和稳定性指标）。

（2）建筑的坡度允许值应根据当地经验，参照同类土、岩体的稳定性坡度值确定，坡度一般不超过20%。

（3）排水管网布置合理，建筑地基标高满足防洪排涝要求。

4.3.5　矿山公园

根据《国家矿山公园申报工作指南》及相关要求，国家矿山公园地质环境治理质量标准可参考表4.3-4。

表 4.3-5 国家矿山公园地质环境治理质量标准

治理目标	指标类型	基本指标	控制标准
国家矿山公园	矿业遗迹	矿业开发史籍	有重要矿床发现史、开发史及矿山沿革的记载和文献
		矿业生产遗址	大型矿山采场(矿坑、矿硐)、冶炼场、加工场、工艺作坊、窑址和其他矿业生产构筑物,废弃址,典型的矿山生态环境治理工程遗址等
		矿业活动遗迹	矿业生产(探矿、采矿、选矿、冶炼、加工、运输等)及生活活动遗存的器械、设备、工具、用具等,包括探坑(孔、井)、采掘、提升、通风、照明、排水供水、安全等方面的设施及生活用具等
		矿业制品	珍贵的矿产制品,矿石、矿物工艺品
		与矿业活动有关的人文景观	历史纪念建筑、住所、石窟、摩崖石刻、庙宇、矿政和商贸活动场所及其他具有鲜明地域特色的与矿业活动有关的人文景观
		矿产地质遗迹	典型矿床的地质剖面、地层构造遗迹、古生物遗迹、找矿标志物及提示矿物、地质地貌、水体景观,具有科学研究意义的矿山动力地质现象(地裂缝、地面塌陷、泥石流、滑坡、崩塌等)遗迹
	公园建设	范围及权属	公园范围内土地权属明晰,开展了勘界工作
		矿业活动	园内无探矿采矿权,采煤塌陷区已相对稳沉
		园区、功能区	划分合理、要素齐全
		博物馆	有以普及矿山采矿及环境保护知识为主、面积相应的博物馆及馆藏
		研究与规划	对矿业遗迹进行了系统研究,编制了矿山公园的规划,并与相关规划衔接
		机构与人员	有相对独立的管理机构和专业管理人才 3~5 人
	基本条件		国际、国内著名的矿山或独具特色的矿山
			拥有一处以上稀有的或多处重要的矿业遗迹
			区位优越,自然与人文景观优美
			基础设施完善,具有吸引大量游客的潜在能力
	水土环境		符合土地利用规划,修复各地类符合相对应的质量标准
			消除矿山地质灾害或实现安全防护,水土指标满足环境功能区要求

4.4 生态修复技术体系

4.4.1 排土场生态修复

1. 岩土排弃次序

合理安排岩土排弃次序,将有利于植被恢复的岩土排放在上部。

《金属非金属矿山安全规程》(GB 16423—2006)第 5.7.19 条规定:排土场底层排弃大块岩石,以便形成渗流通道。

2001 年和 2004 年的《煤矿安全规程》第 632 条规定:高台阶、多台阶排土场应在最下层排弃中硬以上岩石。

《有色金属矿山排土场设计规范》（GB 50421—2007）第 7.0.3 条规定：合理安排排土顺序，应将大块石堆置在最底层以稳定基底或把大块石堆在最低一个台阶。

2. 岩土排弃要求

采矿剥离物在排弃前应进行放射性和危险性物质鉴别。

（1）含放射性成分渣土的排弃应符合《放射性废物管理规定》（GB 14500—2002）的相关要求。

（2）经鉴别属于危险废物的应按照《危险废物焚烧污染控制标准》（GB 18484—2020）、《危险废物贮存污染控制标准》（GB 18597—2003）和《危险废物填埋污染控制标准》（GB 18598—2019）的要求进行处置。

（3）其他类型的剥离物排弃要求应符合《一般工业固体废物贮存和填埋污染控制标准》（GB 18599—2020）的相关要求。

《放射性废物管理规定》（GB 14500—2002）对放射性废物的收集、处理、运输、贮存及处置等各个环节在设计和运行方面提出了管理目标和基本要求，放射性排弃物须按上述规定执行。

对于危险废物的处置，我国已经形成相对完善的技术标准，包括《危险废物焚烧污染控制标准》（GB 18484—2020）、《危险废物贮存污染控制标准》（GB 18597—2003）和《危险废物填埋污染控制标准》（GB 18598—2019），分别对危险废物的焚烧、贮存和填埋处置提出了具体目标要求，危险性排弃物可参照上述标准执行。

除危险性废物和放射性废物外，采矿剥离物均为一般工业固体废弃物，其排弃处置的技术与管理要求应符合《一般工业固体废物贮存和填埋污染控制标准》（GB 18599—2020）。

3. 排土场水土保持与稳定性要求

依山而建的排土场，坡度大于 1∶5 时，应将地基削成阶梯状。当排土场原地面范围内有出水点时，必须在排土前在沟底修筑疏水暗沟、疏水涵洞等将水疏出。

《金属非金属矿山安全规程》（GB 16423—2006）第 5.7.2 条规定：依山而建的排土场，坡度大于 1∶5 且山坡有植被或第四系软弱层时，应将最终境界 100 m 内的植被或第四系软弱层全部清除，将地基削成阶梯状。

对上述规定，有两个方面需要补充：①除植被或第四系软弱层需要清除外，内排土场上如存在风化的松散物料，需要把这些松散物料清除掉；②有的排土场基底第四系软弱层较厚，大面积清除难度大，可在植被全部清理后，对软岩层只进行条带式清理，在清理后的条带中回填块石，形成抗滑带，切断基底的连续滑面。排土场如图 4.4-1 所示。

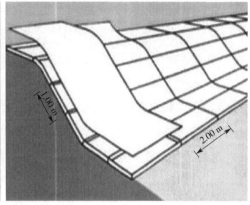

图 4.4-1 排土场(组图)

排土场必须设置完整的排水系统。位于沟谷的排土场应设置截流、防洪和排水设施,避免影响山洪排泄、淤塞农田,而加剧水土流失和诱发地质灾害。对于具有丰富水源的排土场或有大量松散物质排放的陡坡场地,以及其他有可能出现滑坡、坍塌的排土场,必须采取适宜的坡脚防护或拦渣工程。

排土场的排水措施包括:在排土场上方修建截水沟,拦截场外地表水;在排土场内地表修筑排水系统,将排土场地表水流引出场外;在排土场基底建设排水暗沟,将排土场基底的地下水疏导出来。

边坡防护措施包括修建挡墙、削坡开级、工程护坡建设、植物护坡建设、坡面固定和滑坡防治等。在排土场使用过程中及植被恢复初期,均需要设置拦挡设施,防止或控制泥沙流入矿区下游河道。

4. 排土场植被恢复

排土场总高度大于 10 m 时应进行削坡开级,每一级台阶高度不超过 5~8 m,台阶宽度应在 2 m 以上,台阶边坡坡度小于 35°,以形成有利于植被恢复的地表条件。

《生产建设项目水土保持技术标准》(GB 50433—2018)对边坡防护进行了具体规定。结合实际操作经验,排土场高度一般超过 10 m 时,其稳定性不能保证且易发生水土流失。排土场削坡开级后,台阶高度一般为 5 m,但实际情况是大部分矿山用地范围有限,台阶高度可放宽至 5~8 m。

充分利用工程前收集的表土覆盖于排土场表层,覆盖土层厚度应根据植被恢复类型和场地用途确定。恢复为农业植被,覆土厚度应在 50 cm 以上;恢复为林灌草等生态或景观用地,可根据土源情况进行适当厚度的覆土。

干旱风沙区排土场在不具备植被恢复条件时,可利用砂石等材料及时进行覆盖,防止排土场风蚀,减轻风沙危害。

排土场恢复后,植被覆盖率不得低于当地同类土地植被覆盖率,植被类型要与原有植被类型相同或相似,并与周边自然环境和景观相协调。不得使用外来有害植物物种进行排土场植被恢复。已采用外来植物物种进行植被恢复造成危害的,应采取人工铲除、生物防治、化学防治等措施及时清理。

《土地复垦技术标准(试行)》(UDC-TD)从农作物和其他植被适宜生长的角度,规定了覆盖土壤 pH 值为 5.5~8.5,含盐量不大于 0.3%。排土场用于农业、林业、牧业的最小覆土厚度分别为 0.5 m 以上、0.3 m 以上和 0.2 m 以上。

5. 排土场恢复再利用

生态恢复后的排土场应因地制宜地转为农业、林业、牧业、建筑等类型用地,具体恢复工程实施参照《土地复垦技术标准(试行)》(UDC-TD)等相应标准执行。《土地复垦技术标准(试行)》(UDC-TD)针对排土场复垦后的用地类型提出了工程标准要求。

(1)用于农业用地时,覆土后场地平整,地面坡度一般不超过 5°;用作水田用地时,坡度一般不超过 2°~3°。

(2)用于林业用地时,采取坑栽,坑内放少许客土或人工土;边坡缓坡在 35° 以下可以用于一般林木种植,15°~20° 可用于果园(含桑)和其他经济林。

(3)用于牧业用地时,边坡坡度不大于 30°;内排台阶稳定后,覆土 0.2 m 以上;场地大的复垦区应有作业通道;依饮水半径合理布置饮水点。

(4)用于建筑用地时,场地需经过至少 3 年的自然沉实或植被稳定措施,也可根据建设需要进行人工处置等方法稳定场地,经测试场地满足稳定性要求后,方可用于建筑;边坡坡度允许值根据当地经验,参照同类土(岩)体的稳定坡度值确定,一般坡度值不超过 20%;经试验及计算确定的场地地基承载力、变性指标和稳定性指标满足设计要求时,可用作持力层,不满足设计要求时,依据岩土性能、场地条件等提出地基处理方法,可采用分层压实或其他方法处理。排土场生态修复如图 4.4-2 所示。

抚顺西舍场排土场恢复的农田　　　　　　抚顺西舍场排土场生态恢复工程沙盘

图 4.4-2 排土场生态修复(组图)

<table>
<tr><td>马鞍山姑山铁矿排土场围堰</td><td>金矿开采排岩场废石逐步被利用</td></tr>
</table>

图 4.4-2　排土场生态修复（续）（组图）

4.4.2　露天采场生态修复

1. 场地整治与覆土

露天采场的场地整治和覆土方法根据场地坡度确定。水平地和 15° 以下缓坡地可采用物料充填、底板耕松、挖高垫低等方法；15° 以上陡坡地可采用挖穴填土、砌筑植生盆（槽）填土、喷混、阶梯整形覆土、安放植物袋、石壁挂笼填土等方法，如图 4.4-3 所示。

图 4.4-3　露天采场生态修复 1（组图）

2. 露天采场植被恢复

边坡治理后应保持稳定，非干旱地区露天采场边坡应恢复植被，边坡恢复措施及设计应符合《生产建设项目水土保持技术标准》（GB 50433—2018）的相关要求。位于交通干线两侧、城镇居民区周边、景区景点等可视范围内的采石宕口及裸露岩石，应采取挂网喷播、种植藤本植物等生物措施进行恢复，并使恢复后的宕口与周围景观相协调，如图 4.4-4 所示。

图 4.4-4　露天采场生态修复 2（组图）

3.露天采场恢复与利用

露天采场作为内排土场时,场地整治、覆土及恢复参考 4.4.1 节。露天采场不作为内排土场时,按以下要求执行。

（1）当采矿剥离物含有毒有害或放射性成分时,按照 4.4.9 节的要求执行。

（2）平原地区的露天采空区一般应在平整、回填后进行生态恢复,并与周边地表景观相协调,位于山区的露天采空区可保持平台和边坡。

（3）回填应做到地面平整,充分利用工程前收集的表土和采空区风化物覆盖表层,并做好水土保持与防风固沙措施。

（4）恢复后的露天采场进行土地资源再利用时,在坡度、土层厚度、稳定性、土壤环境安全性等方面应满足相关用地要求。

已恢复露天采场如图 4.4-5 所示。

浙江江山石灰石矿山复绿开发房地产　　　　　　山西西山煤电集团万柏林生态园

图 4.4-5　露天采场生态修复 3（组图）

广西平果铝公司露采坑恢复为菜地　　　　　　　　广西平果铝公司露采坑工程平整

图 4.4-5　露天采场生态修复 3（续）（组图）

4.4.3　尾矿库生态修复

1. 尾矿库安全稳定性要求

尾矿库的排水、围挡、防渗、稳定等应参照《尾矿库安全技术规程》（AQ 2006—2005）执行。

2. 覆土及植被恢复

尾矿库闭库后，坝体和坝内应根据尾矿性质和恢复目的进行不同厚度的覆土，因地制宜地进行植被恢复和综合利用。不具备覆土条件的尾矿库，可进行无覆土植被恢复。位于干旱风沙区、不具备植被恢复条件的尾矿库，应覆盖砂石等材料。尾矿库恢复后用于农业生产的，应对尾砂进行安全性检测与评估，根据评估结果确定农业利用方式。

3. 尾矿库再利用生态恢复

尾矿库进行回采再利用或经批准闭库的尾矿库重新启用时，应通过环境影响评价，制订实施尾矿库再利用规划和恢复治理方案。再利用结束的尾矿库根据要求进行生态恢复。尾矿库生态修复如图 4.4-6 所示。

江西大余钨矿废水拦砂坝 1　　　　　　　　　江西大余钨矿废水拦砂坝 2

图 4.4-6　尾矿库生态修复（组图）

江西大余钨矿废水拦砂坝 3　　　　　　　　　　本溪南芬铁矿尾矿库植被恢复

铜陵尾矿库城市建设用地　　　　　　　　　　山东尾矿库植被恢复与水保措施

图 4.4-6　尾矿库生态修复(续)(组图)

4.4.4　矿区道路生态修复

　　矿区专用道路用地应严格控制占地面积和范围,开挖路基及取弃土工程均应根据道路施工进度有计划地进行表土剥离并保存表土,必要时应设置截排水沟、挡土墙等相应保护措施。矿区专用道路取弃土工程结束后,应及时回填、整平、压实取弃土场,并利用堆存的表土进行植被和景观恢复。矿区专用道路使用期间,有条件的地区应对道路两侧进行绿化。道路绿化应以乡土树(草)种为主,选择适应性强、防尘效果好、护坡功能强的植物物种。矿区道路建设施工结束后,临时占地应及时恢复,并与原有地貌和景观相协调。矿区道路生态修复如图 4.4-7 所示。

图 4.4-7　矿区道路生态修复

4.4.5　矿山工业场地生态修复

矿山工业场地不再使用的厂房、堆料场、沉砂设施、垃圾池、管线等各项建(构)筑物和基础设施应全部拆除,并进行景观和植被恢复;转为商住等其他用途的,应开展污染场地调查、风险评估与修复治理。矿山工业场地生态修复如图 4.4-8 所示。

图 4.4-8　矿山工业场地生态修复

4.4.6　地下开采矿山生态修复

地下开采矿山闭矿后应将井口封堵完整,采取遮挡和防护措施,并设立警示牌。地下开采矿山洞口封堵如图 4.4-9 所示。

图 4.4-9　地下开采矿山洞口封堵

4.4.7　沉陷区生态修复

矿山企业应采取有效措施,避免或减少地面沉陷和地表扰动。沉陷区恢复治理应综合考虑景观恢复、生态功能恢复及水土流失控制,根据沉陷区稳定性采取生态环境恢复治理措施,可按照《土地复垦技术标准(试行)》(UDC-TD)相关要求恢复沉陷区的土地用途和生态功能。沉陷区稳定后两年内,恢复治理率应达到 60% 以上;尚未稳定的沉陷区应采取有效防护措施,防止造成进一步生态破坏和环境污染。《清洁生产标准 煤炭采选业》(HJ 446—2008)规定了煤矿塌陷地恢复治理率应达到 60% 以上(国内基本水平)。

修复工程应因地制宜地采用固体材料、膏体材料、高水材料等安全无害充填材料和充填工艺技术,有效控制地表沉陷,固体材料、膏体(似膏体)材料、高水(超高水)材料的充填率应分别达到 70%、85% 和 90% 以上。沉陷区生态修复如图 4.4-10 和图 4.4-11所示。

图 4.4-10　浙江武义县茭道镇杨家大井废弃矿沉陷区生态修复(组图)

图 4.4-11　河南焦作煤业公司沉陷区生态修复(组图)

4.4.8　矸石场生态修复

1. 矸石的综合利用

在矸石不对土壤、地下水造成污染的前提下,通过生产建筑材料、筑路、充填(包括建筑充填、低洼地和荒地充填、矿井采空区充填)等方式充分利用矸石,以减少矸石露天堆放量。在平原区,矸石应被综合利用或进行井下充填,禁止露天占地堆放;在满足相关规定的条件下,可开展矸石发电项目。矸石综合利用如图 4.4-12 所示。

筑路材料　　　　　　　　　　　　矸石制砖

矸石发电
图 4.4-12　矸石综合利用(组图)

2. 矸石的堆放

矸石堆放与处置应安全稳定,符合《一般工业固体废物贮存和填埋污染控制标准》(GB 18599—2020)要求。禁止矸石堆的有毒有害液体和废物进入河流和地下水体。堆存矸石时,应设计稳定的边坡角度,并分层覆土压实,防止出现自燃和爆炸。一般每层矸石堆存厚度不超过 2 m,覆土厚度不低于 0.5 m。

3. 矸石场生态恢复

矸石场闭场后,应进行场地平整和覆土处理,依据景观相似性原则选择植物物种进行绿化或景观恢复。矸石场生态恢复示例如图 4.4-13 所示。

图 4.4-13　山西阳泉煤业矸石场治理与土地复垦(组图)

4.4.9　矿山污染生态修复

对于污染场地的修复,首先应切断污染源,防止污染物渗漏和扩散,去除污染物,恢复场地生态功能,保证安全再利用。矿山污染生态修复流程如图 4.4-14 所示。

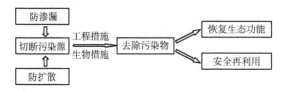

图 4.4-14　矿山污染生态修复流程

污染场地应采取设置屏障等措施控制受污染的土壤、淤泥、沉积物、非水相液体和固体废物等进一步迁移,阻止污染物与动植物的直接接触。此处所说屏障主要包括地表屏障和地下屏障。地表屏障主要是指地表覆盖层,包括单层覆盖与多层覆盖系统,其主要目的是减少流入污染区域的地表水,阻止动植物与污染物直接接触,防止人和动物进入污染区域。地下屏障一般水平或竖直建于地下,用于阻隔污染物。地下屏障主要包括螺旋钻孔桩、泥浆墙或泥浆槽、连锁冲压桩、板桩墙、注射墙和注射帘等。对于易于积水的污染场地,应采用防渗膜、土工膜、土工布、土工格栅等做好防渗漏措施,根据污染场地天然基础层的地质情况分别采用天然材料衬层、复合衬层或双人工衬层作为其防渗层,必要时还应设置集排水系统,有效防止污水渗漏和扩散,从而避免污染土壤、地表水与地下水环境。矿山污染生态修复如图 4.4-15 所示。

图 4.4-15　矿山污染生态修复(组图)

污染场地应因地制宜地采用物理、化学、生物、热处理等技术进行生态修复。有毒有害污染物和放射性污染物的处置应符合《危险废物焚烧污染控制标准》(GB 18484—2020)、《危险废物贮存污染控制标准》(GB 18597—2023)、《危险废物填埋污染控制标准》(GB 18598—2019)和《反射性废物管理规定》(GB 14500—2002)等标准要求。酸碱污染场地应采用水覆盖法、湿地法、碱性物料回填法等进行场地修复,使修复后的土壤 pH 值达到 5.5~8.5。场地内废矿物油的利用与处置应符合《废矿物油回收利用污染控制技术规范》(HJ 607—2011)要求。污染场地恢复治理应达到相关标准要求,并经环保部门组织验收后,可转为农业、林业、牧业、渔业、建设等用地。

4.5　开采边坡治理技术

矿山地质环境治理的难点在于开采边坡治理,以下主要介绍开采边坡治理技术及治理措施。

4.5.1　主要复绿技术

目前,国内外边坡复绿技术种类繁多,为了更好地开展边坡复绿技术及其复绿效果的调查和评价研究工作,在调查梳理国内外边坡复绿技术的基础上,结合我国边坡特点和工程形式,本书总体上将边坡复绿技术分为 9 种:覆土种植技术、喷播复绿技术、类壤土基质绿化技术、生态袋(毯)复绿技术、坑(槽)式复绿技术、孔(穴)式复绿技术、台阶(坡率)式复绿技术、悬挂式复绿技术及复合式复绿技术。其中一些复绿技术又可根据工艺类型等分为若干种具体的复绿技术。

4.5.1.1　覆土种植技术

覆土种植技术是一种直接在边坡上覆盖耕植土并种植植被的技术,可以撒播草种或树种,也可以直接种植成苗。该技术施工工艺简单、成本低、植被选择多样且成活率高,适用于坡度较缓的边坡,如图4.5-1所示。

图4.5-1　覆土种植技术

4.5.1.2　喷播复绿技术

喷播复绿技术是利用喷射机将搅拌均匀的混合材料喷射到边坡上的一种复绿技术,如图4.5-2所示。该技术具有适用范围广、施工效率高、绿化效果较快、植被覆盖率高等优点,不适用于坡度大于55°的边坡,植被多以草灌木为主,不适合乔木的生长,且养护费较高。按照施工工艺不同,该技术又可细分为挂网喷播法、普通喷播法、液压喷播法以及厚层基材喷播法等。不管名称如何,该技术的核心都是基质的配置,针对不同的岩性和植被,基质组成也不同。

图4.5-2　喷播复绿技术施工图(组图)

1. 挂网喷播法

挂网喷播法是利用特制喷混机械将土壤、有机质、保水剂、黏合剂和种子等混合后喷射到岩面上,在岩壁表面形成喷播层,营造一个既能让植物生长发育而种植基质又不被冲刷的稳定结构,保证草种迅速发芽和生长,一般喷播厚度为 10~20 cm。该技术目前已比较成熟,具有成本适中、出苗快、整齐、均匀、视觉效果好等优点,适用于坡度较陡的岩质边坡。

2. 普通喷播法

普通喷播法与挂网喷播法原理相同,区别是无须在坡面上挂网,成本较低,适用于坡度较缓的边坡。

3. 液压喷播法

液压喷播法是利用流体原理把优选出的草种、肥料、纤维覆盖物、黏合剂、保水剂、着色剂等与水按一定比例混合成喷浆,通过液压喷播设备直接喷射到待播区域土壤上的一种新的植草方法。该技术具有播种均匀、效率高、适合不同立地条件、科技含量高等优点,主要缺点是成本高、许多喷浆材料大多依靠进口。

4. 厚层基材喷播法

厚层基材喷播法是采用混凝土喷浆机把基材与植被种子的混合物按照设计厚度均匀喷射到坡面上的边坡绿化方法。该技术的优点是护坡整体稳定性好,缺点是不适宜坡度大于 50° 的高陡及光滑岩质边坡,对坡面平整度要求高,工程造价较高。

厚层基材分层喷播法是在网格喷播法的基础上应运而生的。与网格喷播法相比,该方法是将基材分三层喷射,每一层的基材物质结构均不同,因而整体基材较厚。具体来说,三层基材物质结构从底层到表层分别为种植土、多孔混凝土、木质纤维及植物种子。总体来看,厚层基材分层喷播法与网格喷播法非常相似,只是其牢固程度更高,持续时间也更长,但它仍不能作为一种持久复绿的方法。

4.5.1.3　类壤土基质绿化技术

类壤土基质绿化技术的核心是利用工程学与植物学原理,通过仿生技术快速模拟出自然界中适合植物生长的高性能壤土基质结构。该技术模拟的土层结构主要有两层,分别是腐殖质层(全风化层)和淋溶层(强风化层)。该结构稳定,具有丰富的腐殖质、矿物质、空气、水和有机物等。这些物质以固态、气态和液态的形式存在于土壤基质中,并且互相联系、互相制约,为植物提供必需的生长条件,给高陡边坡上的植物生长提供最有利的立地条件,兼具生物防护作用。该技术具有重塑土层结构、控制乔灌木生长比例、有效控制侵蚀、地形适应性好、持水性和渗水性优良、100% 生物可降解以及技术成熟、成本适中、出苗快、效果好等优点,如图 4.5-3 所示。

图 4.5-3　类壤土基质绿化技术图

4.5.1.4　生态袋（毯）复绿技术

　　生态袋（毯）复绿技术是将植物种子和土壤基质等按一定比例播撒在袋子、无纺布、孔网等中,从而形成一种特制产品。该技术施工效率高、复绿见效快、受施工季节限制少、性能稳定,缺点是成本较高。其适用于各类坡度较陡的边坡,按施工工艺不同又分为生态袋、植生袋、生态毯、三维植被网、草皮铺植等,如图 4.5-4 所示。

生态袋　　　　　　　　　　　　　植生袋

生态毯　　　　　　　　　　　　　三维植被网

图 4.5-4　生态袋（毯）复绿技术图（组图）

1. 生态袋

生态袋技术是指将包含种植土和植物种子的生态袋分层错缝码砌于坡面,通过其内植物种子的生长覆盖从而达到复绿效果的一种生态护坡技术,可结合加筋技术提高其护坡功能。生态袋由聚丙烯(PP)或聚酯纤维(PET)双面熨烫针刺无纺布加工而成。生态袋只透水不透土,对植物友善,植物能通过袋体自由生长,植物根系进入工程基础土壤中,使袋体与主体坡面间形成再次稳固作用,时间越长,越牢固,从而更进一步实现了建造稳定性永久边坡的目的,降低了边坡防护的维护费用,实现了生态防护与恢复。理论上,生态袋由于其自身内锁结构以及加筋网片的张拉,可适用于任意坡度的边坡工程。而实际工程中,生态袋通常用于坡比为 1∶1~1∶0.75 的边坡,只在较低的边坡护坡工程中有近乎垂直的应用。

2. 植生袋

植生袋技术与生态袋技术原理相同,区别是袋子形态不同,在具体施工时垂向布置,并结合锚杆固定提供护坡功能。其优缺点与生态袋类似。

3. 生态毯(植生带)

生态毯是将植物种子按一定比例均匀地播撒在两层无纺布中间,然后将尼龙防护网、植物纤维、绿化物料等密植在一起而形成一种特制的产品。进行边坡绿化时,只需将生态毯覆盖在边坡表面,适量喷水即可长出草坪或其他灌木。该技术的优点是精确定量、性能稳定、出苗齐、成坪快、自然解体、腐烂后化为肥料、施工操作简便;缺点是不适用于坡度较高的边坡,对材料要求较高,成本较高。

4. 三维植被网

三维植被网是以热塑性树脂为原料,采用科学配方,经挤出、拉伸、焊接、收缩等一系列工艺制成的两层或多层表面呈凸凹不平网袋状结构的孔网。三维植被网可使植物根系、网、泥土三者形成一个牢固的整体,从而起到固土蓄水的作用,有效地防止水土流失。该技术具有见效快、施工季节受限少、固土性能好、边坡植被保湿效果好等优点;缺点是施工及苗期管理难度大,工程造价较高。

5. 草皮铺植

草皮铺植技术是较常用的一种护坡技术,它是将培育的生长优良、健壮的草坪,用平板或起草坪机铲起,运至需要绿化的坡面,并按照一定的大小规格重新铺植,从而使坡面迅速形成草坪的护坡绿化技术。该技术具有成坪时间短、护坡见效快、施工季节受限少等优点,缺点是前期管理难度大。

4.5.1.5　坑(槽)式复绿技术

坑(槽)式复绿技术是利用较大的边坡原始微地形或通过人工爆破、刻槽等手段在边坡上创造可供植物生长的空间并覆土种植的技术。该技术施工效率高、植物选型丰富且成活率高,但施工存在安全风险,适用于不同坡度的边坡。其按施工工艺不同又分为鱼鳞坑法、燕窝巢法、刻槽法和植生槽法,如图 4.5-5 所示。

鱼鳞坑法　　　　　　　　　　　　　　　刻槽法

图 4.5-5　坑(槽)式复绿技术图

1. 鱼鳞坑法

鱼鳞坑法是利用陡壁上较大的石缝,经小面积定向爆破形成鱼鳞状洞穴,然后在洞穴中放入栽种了植物的填土竹筐。该方法的优点是苗木成活率较高、植物选型丰富;缺点是施工部位局限性较大、植被覆盖率较低、对于高陡边坡施工难度大、工程造价较高。

2. 燕窝巢法

燕窝巢法是采用爆破、开凿等手段在石壁上开挖一定规格的巢穴,然后在巢穴中填加客土,并种植适宜的植物。该方法的优点是绿化效果快、成活率高、养护简单等;缺点是施工难度大、成本高、易造成人员伤亡,而且爆破产生的废石堆面临清理问题。

3. 刻槽法

刻槽法是在较陡立的岩质边坡上,按一定高度、宽度和深度刻槽,然后在内覆土及种植植物,以提高高陡边坡岩面绿化效果。该方法的优点是施工机械化程度高、效率高,可充分利用地形地貌进行合理布置;缺点是不适用于坡度大于 70° 的岩质高陡边坡,对边坡要求高,施工难度大,对爆破施工的技术要求较高,施工风险大,成本较高。

4. 植生槽法

植生槽法是利用石壁的微地形,将石壁上的凹陷处通过人工修整成水平种植槽,然后在槽内种植攀缘性强的藤本植物。

4.5.1.6　孔(穴)式复绿技术

孔(穴)式复绿技术是利用边坡缝隙或钻机打孔人为创造植物生长空间,并填入基质或覆土种植植物。该技术植物选型丰富、成活率高且持久性好、成本低,可用于坡度大于 70° 的高陡岩质边坡,缺点是复绿见效稍慢。按施工工艺不同其又分为裂隙营养杯法、见缝插针法和裂缝填塞肥土法,如图 4.5-6 所示。

裂隙营养杯法

见缝插针法

裂缝填塞肥土法

图 4.5-6 孔(穴)式复绿技术图(组图)

1. 裂隙营养杯法("容器苗"法)

裂隙营养杯法是用电钻在石壁的裂隙处打一定直径和深度的洞,再将直径相同的装满营养基质的塑料多孔杯插入圆洞中,然后在洞内播撒种子或栽种小苗。该方法适用于干旱地区,有利于植物根系扎入石缝中。

2. 见缝插针法

见缝插针法是利用石壁缝隙、不规则的小平台及凹凸微地形等,必要时可进行适当的人工修整,从而见缝插针地回填土并种植适宜的植物。

3. 裂缝填塞肥土法

裂缝填塞肥土法是利用细嘴泵向石壁上较大的裂缝中注入混有种子的基质,从而实现岩壁绿化。

4.5.1.7　台阶(坡率)式复绿技术

台阶(坡率)式复绿技术是通过调整、控制边坡坡率和采取爆破等措施改造边坡形态并覆土种植植物的一种复绿技术。该技术植被选型丰富且成活率高、复绿效果好,但不适用于高陡岩质边坡,费用较高,且具有一定局限性。其按施工工艺不同又分为续坡法和梯级台阶法,如图 4.5-7 所示。

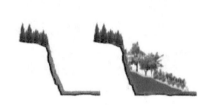

续坡法剖面示意图及效果图

梯级台阶法施工图及效果图

图 4.5-7　台阶(坡率)或复绿技术图(组图)

1. 续坡法

续坡法是对于有足够腹地的破损山体,通过回填渣土和种植土的方式营造能保证边坡安全的一种复绿方法。该方法施工效率高、植物选型丰富且成活率高,但施工成本较高,且具有一定的局限性。

2. 梯级台阶法(削坡平台法)

梯级台阶法利用边坡上原有平台或采用逐级爆破的方法将岩壁掌子面改造成阶梯形,再在台阶外侧砌墙,填加客土、肥料,并植树种草。该方法施工难度大、费用高,有一定的局限性。

4.5.1.8　悬挂式复绿技术

悬挂式复绿技术是利用支架或钢筋笼创造植物生长空间,并覆土种植,使植物悬挂在边坡上的一种复绿技术。该技术可适用于坡度大于 70° 的岩质高陡边坡,且施工效率高,但养护管理要求高,复绿效果不持久,且成本高。按施工工艺不同,其又分为飘台法和石壁挂笼法等,如图 4.5-8 所示。

飘台法　　　　　　　　　　　　　　　　　　　　石壁挂笼法

图 4.5-8　悬挂式复绿技术图(组图)

1. 飘台法

飘台法是在石壁上打孔灌浆,用钢架支起一个个飘台,并在飘台中填土种植适宜的植物。该方法主要适用于陡峭岩壁。

2. 石壁挂笼法

石壁挂笼法是将行李箱般大小的钢筋笼安装在石壁上,并在笼内填加客土种植适宜的植物。该方法主要适用于陡峭的、无法进行爆破的岩壁。

4.5.1.9　复合式复绿技术

复合式复绿技术是指通过栽植藤本植物、设置格构等方法与上述方法结合,或者至少上述两种复绿技术相结合的复绿技术。该技术具有适用范围广、复绿效果快、稳定性好等优点,缺点是多数复合式复绿技术施工复杂、成本较高。一些典型复合式复绿技术有藤本垂直复绿技术、格构植草复绿技术、钢筋框格悬梁复绿技术、骨架护坡复绿技术、格宾网箱复绿技术、生态袋(带格构)与挂网喷播复合技术,如图 4.5-9 所示。

1. 藤本垂直复绿技术

本技术利用藤本植物的攀缘特性,进行边坡的垂直绿化,将藤本植物与覆土种植、生态袋、坑(槽)法、孔(穴)法及悬挂法等复绿技术相结合,提高复绿效果。

2. 格构植草绿化技术

该方法先在边坡上建造格构,然后在格构内填土并种植适宜的植物,既实现边坡绿化,又起到了稳定边坡坡体的作用。该技术适用于坡度较陡、坡体岩土均匀且较坚硬边坡,不适合坡度大于 55° 的边坡。该技术的优点是用现浇混凝土板进行加固,布置灵活,格构形式多样,截面调整方便,与坡面密贴,可随坡就势等。

3. 钢筋框格悬梁法

该方法是用锚杆将一定规格的悬梁和框格连接成整体,并固定在边坡上,然后向悬梁框格内填加客土、种子及肥料等材料。

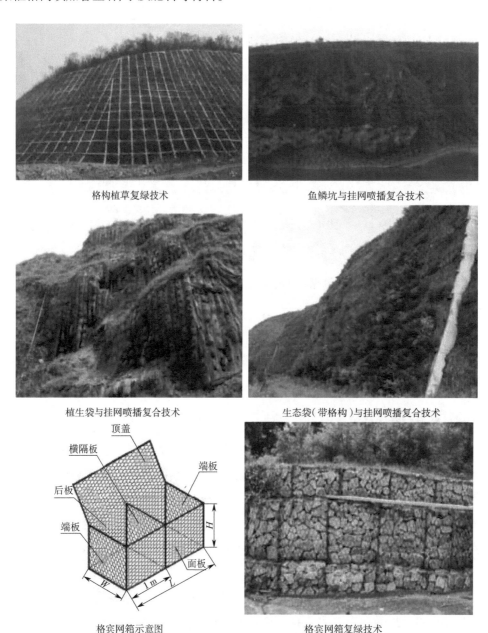

格构植草复绿技术　　　　　　　　鱼鳞坑与挂网喷播复合技术

植生袋与挂网喷播复合技术　　　生态袋(带格构)与挂网喷播复合技术

格宾网箱示意图　　　　　　　　格宾网箱复绿技术

图 4.5-9　复合式复绿技术图(组图)

4. 骨架护坡复绿技术

骨架护坡复绿技术是在浆砌片石或钢筋混凝土框架护坡的区域,结合铺植草皮、三维植被网、土工格栅、喷播植草、栽植苗木等方法进行边坡植被恢复。该技术适用于坡度较陡、浅层稳定性较差的岩质边坡,并可通过整治增强边坡的稳定性,缺点是施工难度大、周期长、成本高。

5. 格宾网箱复绿技术

格宾网箱复绿技术是将植物种子和基质按照一定比例充填在特制格宾网箱中的一种复绿技术。格宾网箱是由低碳钢丝经机器编制而成的双绞合六边形金属网格组合而成的工程构件。该技术适用于坡度大于 70° 的边坡,且实施效率高、稳定性好、复绿效果美观,缺点是不适用于坡度较陡的边坡,且成本较高。

4.5.2　复绿效果调查方法

4.5.2.1　植被覆盖度研究

1. 植被覆盖度含义

广义的植被覆盖度通常是指森林面积与土地总面积之比,一般用百分数表示。其中,森林面积还包括灌木林面积、农田林网树占地面积以及四旁树木的覆盖面积。森林覆盖度是反映森林资源和绿化水平的重要指标。

边坡植被覆盖度是指边坡上植被面积与边坡总面积之比,一般用百分数表示。实际调查时,植被覆盖度应指边坡上植被垂直投影面积与该边坡总面积之比。植被覆盖度是衡量边坡复绿效果的重要指标。植被覆盖度越高,表明植被对裸露边坡的遮挡效果越好,对生态环境的改善和景观的营造越好。当然,若考虑景观效果,需要在边坡上留白时,则需客观考虑植被覆盖度。此外,植被覆盖度也能从一定角度反映植物多样性以及边坡生态系统的营造。乔木、灌木、草本及藤本植物的协同生长有利于边坡上生态系统的建立,也有利于植被覆盖度的提高。因此,在开展边坡复绿效果调查时,应注重边坡植被覆盖度的调查。

2. 植被覆盖度调查

1)调查设备与材料

（1）测量设备:钢卷尺、皮尺、米尺、测绳等。

（2）文具材料:铅笔、橡皮、小刀、绘图纸等。

（3）其他工具:记录板、记录表等。

2）调查方法

Ⅰ．样方法

调查样地可以是方形或圆形，一般选用方形样地，即为样方法。

（1）样方选取。植被调查样方大小采用植物群落最小面积法确定，且需要事先进行试验。

应用最小面积法时，对于草本群落，一般最初选用 10 cm × 10 cm 的面积，对于森林群落，一般最初选用 5 m × 5 m 或者更大的面积；首先登记这一面积内所有的植物种类，然后按照一定顺序扩大样地边长，每扩大一次，登记新增加的植物种类。扩大样地的方式如图 4.5-10（a）所示；随着样地面积的增大，植物种类数目逐渐增加，在一定的样地面积上，植物种类数目基本保持稳定，如图 4.5-10（b）所示。植物种类数目不再有明显增加时的样地面积称为群落的表现面积，也称最小面积。

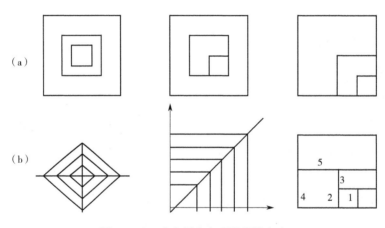

图 4.5-10　确定样方表现面积的方法

（a）方式一；（b）方式二

一般情况下，植物多样性调查所采用样方大小如下：乔木层为 10 m × 10 m~40 m × 50 m，灌木层为 4 m × 4 m~10 m × 10 m，草本层为 1 m × 1 m~3 m × 3.3 m。植物多样性调查所采用样方数量如下：乔木层为 2 个，灌木层为 3 个，草本层为 5 个。

但是，由于一些边坡地质条件和整治方法的特殊性（坡度陡、坡面凹凸不平、台阶修筑导致样地不连续等），无法按上述标准设置样方大小和数量。因此，在开展边坡复绿效果调查时，样方的大小和数量应根据实际边坡情况确定。

（2）植被覆盖度调查。选择具有代表性的植物群落统计标准样地内乔木、灌木、草本、藤本各类植物的投影盖度，即植物枝叶所覆盖的地面面积。

Ⅱ．无人机拍摄法

对于一些特殊边坡，如坡高且陡、存在稳定性隐患等，可考虑使用无人机对边坡进行全方位拍摄，并记录拍摄角度、距离等信息。

3）数据处理

（1）对于样方法,分析标准样方中的盖度,利用公式"植被覆盖度 = 总盖度 / 标准样方面积"计算各样方的植被覆盖度,这里的总盖度并不是标准样方中所有植被盖度总和,要考虑各植被盖度之间的重合,并取所有样方植被覆盖度的平均值作为该边坡的植被覆盖度。

（2）采用无人机拍摄法,在室内对拍摄数据进行解译分析。注意,要考虑拍摄时无人机和边坡的方位关系以及和边坡之间的距离。

4.5.2.2　植物多样性研究

1. 植物多样性的含义

生物多样性变化是群落演替进程中一个重要的指标,退化生态系统的恢复和重建应从保护和恢复生物多样性入手。生态系统的恢复要重视自然演替,人工措施可以作为必要的辅助,但不能取代自然演替。在退化生态系统的恢复过程中,要尽可能地增加生态系统的生物多样性,尤其是关键物种不能缺少,这样才能使生态系统的演替趋向于稳定的顶极状态。

生物多样性代表了一个地区的生态系统是否健康以及它的发展方向。物种多样性（或者说物种的数量）是衡量植被恢复优劣的常用指标之一,当然这个指标要谨慎使用,物种数量并不一定与生态系统的健康状况成正比。繁殖能力强、适应干扰的本地物种或外来物种能以更快的速度占据破碎化生态环境中的空地并迅速繁衍;而一些抗干扰能力弱的本地物种因不能适应变化了的生态环境而逐渐退化。能快速占据破碎化生态环境的物种通常是短生草本植物或灌木,它们的入侵不仅会增加生态环境的破碎化程度,而且可能导致群落优势种群乃至整个景观的基质发生变化。

植物多样性是生态系统中生物多样性的基础,其原因就在于植物多样性可以为其他的多样化生物提供食物来源、时空上异质的生态位等。因此,植物多样性是衡量边坡复绿效果的重要指标。在开展边坡复绿效果调查时,要注重调查边坡的植物多样性。

2. 植物多样性调查

1）调查设备与材料

（1）测量设备:钢卷尺、皮尺、米尺、测绳等。

（2）文具材料:铅笔、橡皮、小刀、绘图纸等。

（3）其他工具:剪刀、修枝剪、记录板、记录表等。

2）调查方法

调查方法采用样方法。

Ⅰ. 样方选取

植被调查样方大小采用植物群落最小面积法确定,且需要事先进行试验。同样,由于一些边坡地质条件和整治方法的特殊性(坡度陡、坡面凹凸不平、台阶修筑导致样地不连续等),无法按标准设置样方大小和数量。因此,在开展边坡复绿效果调查时,样方的大小和数量应根据实际边坡情况确定。样地概况需能基本代表群落的基本特征,如植被种类组成、群落结构、层片、外形及数量特征等。植被多样性调查记录参照表4.5-1。

表 4.5-1　植被多样性调查记录表

编号_____位置_____坐标_____高程_____面积_____天气_____

生态类型	种名	代号(图例)	多度	密度	盖度	频度	优势度	重要值	生长状况	优势种	备注

调查人_____日期_____

Ⅱ. 植物多样性调查

综合考虑生物多样性等调查指标的要求,选择具有代表性的植物群落调查其植物多样性、群落的优势种和建群种,分别统计标准样方内乔木、灌木、草本、藤本各层植物种类及个体数。调查时,对于乔木树种进行每木检测,记录树种、胸径、树高及株数;对于灌木树种,记录株数、高度和盖度;对于草本种类,记录株数、盖度和平均高。

3)数据处理

根据调查数据,通过计算获取以下指标来反映边坡复绿效果。

Ⅰ. 多度

一个物种在某一样地内出现的个体数量称为多度。多度多随着时间和空间而改变。若在一些情况下很难精确计算一个物种的多度或者时间不允许这样做,则可以采用目视评估方法。常采用的多度等级为稀少(scarce)、少见(infrequent)、常见(frequent)、多(abundant)、很多(very abundant)。

Ⅱ. 密度

密度与多度接近,但指单位面积内某种植物的平均数量。

Ⅲ. 盖度

盖度指某种植物在群落中覆盖的程度。盖度有两种表达方式:一是投影盖度,二是基部盖度。

投影盖度指植物枝叶所覆盖的地面面积,以覆盖地面的百分比表示。其反映的是植物所实际占有的水平空间,即它利用太阳光进行光合作用的同化面积,一般采用目测估算,也可以采用仪器测量。

基部盖度指植物基部着生的面积。基部盖度一般通过测量基径然后计算获得。

在草本群落中,投影盖度往往随着不同年份降水的多少而有很大差别,基部盖度则比较稳定。

Ⅳ. 频度

各种植物在群落内不同部分的出现率称为频度。频度的计算方法为在群落内不同部位取一定数目的小样地(小样方或小样圆),有某种植物出现的小样地的数目占所有小样地数目的百分比即为这种植物的频度。小样地的面积根据实际情况确定,对于草本群落,通常取 100 cm²。频度可以说明个体数量及其分布。频度越大,表明个体数量越多且分布均匀,则该物种在群落中所起的作用越大。

Ⅴ. 优势度

优势度指一个物种在其所处的群落内所起的作用和所处的地位,如在该群落物质循环中的作用、对其他物种的影响等。优势度一般很难测量。多度大、盖度也大的物种,其优势度大;多度不大而盖度又小的物种,其优势度一般较小;但多度小而盖度大的物种所起的作用可能也大,如森林群落中的优势乔木就是如此。

估计优势度有多种方法,有的学者将多度和盖度结合起来估算优势度,如 Braun-Blanquet(布朗 - 布朗凯)分类法拟订了以下等级表,用于划分优势度。

(1)+:稀少或者非常稀少,盖度非常小。

(2)1:很多,但覆盖的面积小。

(3)2:大量或至少覆盖 5% 的面积。

(4)3:任何个体数目,覆盖 25%~50% 的面积。

(5)4:任何个体数目,覆盖 50%~75% 的面积。

(6)5:覆盖面积超过 75%。

以上方法主观性较大,但简单易行。

另一种方法是重量法,即把所有植物收集起来按物种或生活型进行称重,根据它们之间的质量对比关系确定优势度。这种方法比较烦琐,而且一般只能提供植物地上部分的质量。

Ⅵ. 生长状况

通过目测植物根、茎、叶等部分以及病虫害等情况,判断植物生长状况,如好、一般、差等。

Ⅶ. 优势种

一个群落中优势度明显较其他物种高的一个或多个物种称为优势种。优势种提供了群落中基本的物质量。在森林群落中,乔木树种一般为优势种。优势种中的最优势者,即盖度最大、质量最大、多度也大的植物种,称为建群种。建群种是群落的创造者和建设者,其占有最大的空间,对群落的物质循环影响最大,并最大限度地影响和控制群落的其他物种,对改变环境所起的作用也最大。优势种以外的盖度和多度都较小的植物种称为附属种,其对群落环境的影响较小。一般来说,优势种更能有效地利用群落的环境资源,而附属种能够利用优势种利用后余下的部分环境资源。

4.5.3　复绿方法效应分析

4.5.3.1　覆土种植技术

1.适用范围

该技术在各地区均可应用,土质和岩质边坡均可应用,但坡度应较缓,小于25°,常用于边坡复绿,土地平整后覆上一定厚度的土壤并种植植物。

2.优缺点

该技术优点是适用区域广,施工机械化程度高,施工季节受限少,植被选型丰富;缺点是仅适用于坡度较缓的边坡。

3.效果分析

该技术植被选型丰富,因此可根据需求栽植乔木、灌木、草本、藤本等不同类型和规格的植物;绿化效果快,成林效果明显,植物成活率高且生长持久,与周边环境协调性好。

4.技术要点及指标

该技术施工工序为坡面平整、回填客土、排水设施施工、植被栽植、养护管理。其中,覆土厚度、覆土基质以及植物选择是重要的技术指标。覆土厚度应根据所选的植被类型而定,一般覆土厚度为乔木80~100 cm,灌木40~80 cm,草本及藤本30~40 cm。覆土基质应依据或参考相关规范,如园林设计相关规范中各城市园林栽植土质量标准对树坛土理化指标值的基本要求等。植物选择应以地区优势物种为主,并结合景观要求选择合适物种。

4.5.3.2　喷播复绿技术

喷播复绿技术可细分为多种类型,下面简要介绍挂网喷播、普通喷播、液压喷播以及厚层基材喷播等典型喷播技术的适用条件、技术特点以及复绿效果。

1.挂网喷播

该技术可用于各地区,一般用于较陡的岩质边坡,适宜的常用坡度一般不大于55°。

其技术特点是适用范围较广,机械化程度高,施工效率高,不宜用于坡度大于65°的高陡及光滑岩质边坡,对坡面平整度要求高,成本适中,后期养护需求高。

在绿化效果方面,其出苗快、整齐、均匀,视觉效果好;灌木、草本植物形成的多层次景观有助于和周围自然环境融合,但对于岩质坡面,由于土层较薄,不适用于大规格的乔木、灌木的生长,会影响坡面植物群落的自然整体效果。

2. 普通喷播

该技术可用于各地区,一般用于坡度不大于 45° 的各种类型边坡,且边坡稳定性较好。

其技术特点是施工效率高、稳定性较好,不适用于高陡岩质及贫瘠硬土质边坡,坡面抗侵蚀能力差,成本较低,后期养护需求高。

在绿化效果方面,其出苗快、整齐、均匀,视觉效果好。与挂网喷播相比,由于坡度较缓,对于土质及风化强烈、节理发育、岩性破碎的边坡,可通过加厚土层,种植大规格的乔木、灌木增加坡面植物群落的自然整体效果。

3. 液压喷播

该技术可用于各地区,一般用于土质边坡及较缓的岩质边坡,适宜的常用坡率为 1∶1.5~1∶2.0,当坡率超过 1∶1.25 时应结合其他方法使用,每级坡高不超过 10 m,边坡自身必须稳定。

其技术特点是机械化程度高、技术要求高、施工效率高、成坪快、覆盖度大,人工操作难度大,质量控制难度大,特别是对种子及基材的配比要求较高,对坡面表层及坡度要求较高,成本较低,后期养护需求高。

在绿化效果方面,其绿化效果较快,有较好的整体感,对土质边坡,草本植物、灌木生长较旺盛,总体效果较好,对岩质边坡,由于土层薄,植物品种较单一,缺少较大规格的乔木、灌木物种,与治理区周边的环境协调性不足。

4. 厚层基材喷播

该技术可用于各地区,一般用于坡度不大于 50° 的各种类型边坡,且边坡稳定性较好。

其技术特点是适用范围较广,护坡整体稳定性好,不宜用于坡度大于 50° 高陡及光滑岩质边坡,对坡面平整度要求高,工程造价较高,后期养护需求高。

在绿化效果方面,其固坡迅速,基材抗侵蚀性强,能迅速恢复自然植被,边坡防护与生态治理效果非常明显。

几种典型喷播复绿技术特点汇总见表 4.5-2。

表 4.5-2　几种典型喷播复绿技术特点汇总

技术类型	适用边坡条件	技术特点	绿化效果
挂网喷播	较陡的岩质边坡,坡度不大于 55°	适用范围较广,机械化程度高,施工效率高;不宜用于坡度大于 65° 高陡及光滑岩质边坡,对坡面平整度要求高;成本适中	出苗快、整齐、均匀,视觉效果好;多层次景观,与周围环境融合较好;不适用于大规格的乔木、灌木

技术类型	适用边坡条件	技术特点	绿化效果
普通喷播	坡度不大于45°的各种类型边坡,且边坡稳定性较好	施工效率高,稳定性较好;不适用于高陡岩质及贫瘠硬土质边坡,坡面抗侵蚀能力差;成本较低	出苗快、整齐、均匀,视觉效果好;可通过增加覆土厚度,种植大规格的乔木、灌木,增加复绿效果
液压喷播	土质边坡及较缓的岩质边坡;常用坡率为1∶1.5~1∶2.0	机械化程度高,施工效率高;施工质量难控制;成本较低	绿化效果较快,有较好的整体感
厚层基材喷播	坡度不大于50°的各种类型边坡;边坡稳定性较好	适用范围较广,护坡整体稳定性好;不宜用于坡度大于50°高陡及光滑岩质边坡,对坡面平整度要求高;工程造价较高	固坡迅速,基材抗侵蚀性强,能迅速恢复自然植被,效果非常明显

综上所述,喷播技术具有以下特点。

(1)该技术可用于各地区,适用于土质和岩质边坡,一般适用于坡度小于55°的边坡,边坡稳定性需较好。

(2)该技术的优点是机械化程度高、施工效率高、护坡整体稳定性好;缺点是对坡面平整度要求高,植物选型多以草本为主,不适合大规格乔木、灌木,后期养护需求高。

(3)该技术出苗快、整齐、均匀,视觉效果好,绿化效果快;对于土质边坡,草本、灌木生长旺盛,总体效果好;对于岩质边坡,缺少大规格的乔木、灌木,影响坡面植物群落的自然整体效果。

(4)该技术施工工序一般为坡面清理、配制混合基质、挂网、喷混合材料、养护管理。其中,混合基质的成分、配比、喷射厚度等是重要的技术指标,这些技术指标应结合地区气候条件、植物种类等确定。

4.5.3.3　类壤土基质绿化技术

1.适用范围

该技术在各地区均可应用,适用于土质和岩质边坡,主要适用于坡度不大于80°的各种类型边坡,且边坡稳定性好。

2.优缺点

该技术的优点是应用范围广泛,可用于较陡的岩质边坡,机械化程度高,施工效率高,护坡整体稳定性好,在干旱、半干旱区域能够显著提高植物的越冬率和返青率,可以控制乔木、灌木生长比例,植物生长以乔木、灌木为主,养护需求不高,后期可免养护;缺点是对坡面平整度要求高。

3.效果分析

该技术出苗快、整齐、均匀,视觉效果好;乔木、灌木、草本植物形成的多层次景观有助于和周围自然环境融合,固坡迅速,基材抗侵蚀性强,能迅速恢复自然植被,边坡防护与生态治理效果非常明显。

4. 技术要点及指标

该技术施工工序为种子定向培养筛选、清理坡面、局部挂网、混拌基材、加入类壤土基质剂、喷播(底基层、表层)、养护管理。其中,类壤土基质的成分、配比、喷射厚度等是重要的技术指标。喷射厚度一般为表层 5~7 cm、底基层 7~8 cm。表层基质成分为本山植壤土、泥炭、秸秆纤维、木屑、缓释肥、微量元素、木纤维、类壤土基质剂(表层)、种子等;底基层基质成分为本山植壤土、泥炭、矿物质、固化剂、黏胶、秸秆纤维、木屑、微量元素、缓释肥、类壤土基质剂(底基层)等。具体技术指标应结合地区气候条件、植物种类等确定。

4.5.3.4 生态袋(毯)复绿技术

生态袋(毯)复绿技术可分为多种,下面简要介绍生态袋、生态毯以及三维植被网的适用条件、技术特点以及复绿效果。

1. 生态袋

该技术可用于各地区,适用于土质和岩质边坡,一般适用于坡度较陡的边坡,对于坡度大于 70° 的岩质边坡同样适用。

其技术特点是施工效率高,具有固坡作用,对材料要求高,不适用于较高的边坡,成本较高。

在绿化效果方面,其草种出苗率高,植草效果好,复绿效果较快,草本与灌木搭配具有一定的层次感。

2. 生态毯

该技术可用于各地区,主要适用于坡率小于 1:1 的土质边坡,且边坡稳定性需较好。

其技术特点是具有良好的保水性和植生保护性,能有效防止水土流失,施工效率高,具有明显的生态功能,同时又具有一定的防护功能,不适用于坡度大于 45° 的边坡,成本较低,后期养护需求高。

在绿化效果方面,其建植成坪快,复绿见效快,植草效果好,不适宜乔木、灌木等。

3. 三维植被网

该技术可用于各地区,一般适用于各类土质边坡及强风化岩石低缓边坡,常用坡率为 1:1.5,一般不超过 1:1.25,坡率大于 1:1.10 时需慎用,边坡不宜过高,一般坡高不超过 10 m,且边坡自身稳定性要好。

其技术特点是护坡功能见效较快,施工季节受限少,固土性能优良,增强边坡稳定性,边坡植被保湿效果好,施工质量控制及苗期管理难度大,成本较高。

在绿化效果方面,其复绿效果见效快,初期植被覆盖率较高,通过乔木、灌木的混播与扦插,成林效果明显,与周边环境的协调性较好。

几种典型生态袋(毯)复绿技术特点汇总见表 4.5-3。

表 4.5-3　几种典型生态袋(毯)复绿技术特点汇总

技术类型	适用边坡条件	技术特点	绿化效果
生态袋	土质和岩质边坡;坡度可大于 70°	施工效率高,具有固坡作用;对材料要求高,不适用高边坡;成本较高	草种出苗率高,植草效果好,复绿效果较快;草本、灌木搭配效果好
生态毯	多用于土质边坡;边坡坡率小于 1:1;边坡稳定性需较好	能有效防止水土流失,施工效率高;具有明显生态功能和一定防护功能;不适用于坡度大于 45° 的边坡;成本较低,后期养护需求高	建植成坪快,复绿见效快;植草效果好
三维植被网	各类土质边坡及强风化岩石低缓边坡;常用坡率 1:1.5,一般不超过 1:1.25;边坡不宜过高且自身需稳定	护坡功能见效较快,施工季节受限少;固土性能优良,边坡植被保湿效果好;施工质量控制及苗期管理难度大;成本较高	绿化效果较快,初期植被覆盖率较高;乔木、灌木混播,成林效果明显,与周边环境的协调性较好

综上所述,生态袋(毯)复绿技术具有以下特点。

(1)该技术可用于各地区,土质和岩质边坡均适用,既可用于坡度小于 45° 的边坡,又可用于坡度大于 70° 的边坡,但边坡不宜过高,一般需低于 10 m。

(2)该技术的优点是施工效率高,复绿见效快,施工季节受限少,性能稳定,具有明显的生态功能和一定护坡功能;缺点是成本较高,后期养护需求较高,乔本植物选择偏少。

(3)该技术植草效果好,草种出苗率高,绿化效果快,与周边环境的协调性较好。

(4)该技术主要施工工序为坡面整理、生态袋(毯)或植被网制备、坡面铺设、养护管理。其中,生态袋(毯)和植被网中的基质成分和配比是重要的技术指标,这些指标需结合地区气候条件以及植物选型确定。

4.5.3.5　坑(槽)式复绿技术

坑(槽)式复绿技术包括多种,下面简要介绍鱼鳞坑和刻槽两种复绿技术的适用条件、技术特点以及复绿效果。

1.鱼鳞坑

该技术可用于各地区,土质和岩质边坡均适用,一般适用于坡面现状复杂、岩体裂隙较多、岩质疏松及沟槽面积较大、有局部平缓区域的边坡,边坡坡度不宜过大,或者有平台的高陡边坡也适用。

其技术特点是苗木成活率较高,植物选型丰富,施工部位局限性较大,植被覆盖率较低,岩质高陡边坡施工难度大,成本随边坡特征而异。

在绿化效果方面,其多种类、多规格苗木可构建层次较为丰富的植物群落,绿化效果长久稳定,其他区域点缀以花草,绿化景观观赏度较高。

2. 刻槽

该技术可用于各地区,多用于岩质边坡,一般适用于坡度小于 70° 的高边坡,要求边坡稳定性好,岩体多为厚层、巨厚层状,完整性较好。

其技术特点是机械化程度高,施工效率高,可充分利用坡面地形地貌进行合理布置,对边坡稳定性要求高,施工难度大,对爆破施工的技术要求较高,施工风险大,成本较高。

在绿化效果方面,其开凿种植槽绿化种植,呈带状分布,形式单一,恢复与周边自然环境相协调的景观面貌周期较长,景观层次感不强,人工痕迹明显,但植物选型丰富,绿化效果长久稳定。

两种典型坑(槽)式复绿技术特点汇总见表 4.5-4。

表 4.5-4　两种典型坑(槽)式复绿技术特点汇总

技术类型	适用边坡条件	技术特点	绿化效果
刻槽	多用于岩质边坡;坡度小于 70°;边坡稳定性需好	机械化程度高,施工效率高;可根据坡面特征合理布置;对边坡整体性和稳定性要求高;施工难度和风险大;成本较高	植被带状分布,形式单一;景观层次感不强;人工痕迹明显;植物选型丰富,绿化效果长久稳定
鱼鳞坑	土质和岩质边坡均可;适用于坡面复杂、岩体裂隙较多、沟槽平台等微地形发育的边坡	苗木成活率较高,植物选型丰富;施工部位局限性较大,对于岩质高陡边坡施工难度大;成本因边坡特征而异	植物群落丰富,绿化效果长久稳定;绿化景观观赏度较高;但种植区域局限性大

综上所述,坑(槽)式复绿技术具有以下特点。

(1)该技术可用于各地区,土质和岩质边坡均适用,适用于坡度小于 70° 的高边坡,边坡稳定性需好。

(2)该技术的优点是机械化程度高,施工效率高,苗木成活率高,植物选型丰富,可根据坡面特征合理布置;缺点是施工难度较大,风险较高,人工痕迹明显。

(3)该技术植被群落丰富,乔木、灌木、草本及藤本植物长势好,绿化效果长久稳定,景观观赏度较高,人工痕迹明显,绿化效果见效较慢。

(4)该技术施工工序一般为坡面整理、坑(槽)开挖、覆土栽植、养护管理。其中,坑(槽)的面积、宽度以及深度是重要的技术指标,这些指标需结合边坡稳定性、植被选型等确定。

4.5.3.6　孔(穴)式复绿技术

孔(穴)式复绿技术包括多种,下面简要介绍裂隙营养杯法、见缝插针和裂缝填塞肥土法的适用条件、技术特点以及复绿效果。

1.裂隙营养杯法

该技术可用于各地区,适用于岩质边坡,可适用于坡度大于 70° 的高陡岩质边坡。

其技术特点是机械化程度高,施工效率高,植被选型丰富,养护管理要求高,苗木前期培育要求高,成本低。

在绿化效果方面,其植物选型丰富,植被搭配多样,绿化效果见效慢。

2.见缝插针和裂缝填塞肥土法

该技术可用于各地区,适用于岩质边坡,可适用于坡度较大的高陡边坡和裂隙较发育的边坡。

其技术特点是操作简单,施工效率高,植物选择单一,对岩壁要求高,成本低,多作为其他复绿技术的辅助措施。

在绿化效果方面,其植物成活率受边坡特征影响,复绿效果见效慢。

几种典型孔(穴)式复绿技术特点汇总见表 4.5-5。

表 4.5-5　几种典型孔(穴)式复绿技术特点汇总

技术类型	适用边坡条件	技术特点	绿化效果
裂隙营养杯法	多用于高陡岩质边坡;坡度可大于 70°;边坡稳定性需好	机械化程度高,施工效率高;植物选型丰富;养护管理需求高;苗木前期培育要求高;成本低	植被搭配多样,绿化效果见效慢
见缝插针和裂缝填塞肥土法	多用于高陡岩质边坡;坡度可大于 70°;多作为辅助复绿技术	操作简单,施工效率高,植物选择单一,对岩壁要求高	植物成活率受边坡特征影响,复绿效果见效慢

综上所述,孔(穴)式复绿技术具有以下特点。

(1)该技术可用于各地区,多适用于高陡岩质边坡,坡度可大于 70°,边坡岩体稳定性需好。

(2)该技术的优点是机械化程度高,施工效率高,植被选型丰富,成活率较高,养护管理要求不高,后期可不需要养护,成本低;缺点是苗木前期培养要求高,绿化效果见效慢。

(3)该技术乔木、灌木、藤本植物搭配丰富,景观可塑性强,待后期草本植物生长,边坡上可形成良性的生态系统,绿化效果见效慢。

（4）该技术一般施工工序是苗木培育、坡面清理、边坡成孔、带土苗木栽植、短期养护。其中,边坡的体裂隙率、边坡成孔过程中的孔直径、深度以及带土栽植过程苗木栽植深度等是重要的技术指标。这些指标需依据生态地质学相关理论、几何地区气候、边坡特征、植物选型等确定。此外,如对景观要求较高,可考虑植物搭配和植物种类选取,还需考虑景观要求以及植物生长习性等。

4.5.3.7 台阶(坡率)式复绿技术

台阶(坡率)式复绿技术主要包括续坡法和梯级台阶法,下面简要介绍这两种方法的适用条件、技术特点以及复绿效果。

1. 续坡法

该技术可用于各地区,土质和岩质边坡均适用,适用于坡度大于 70° 的较陡边坡,但边坡高度不宜过高。

其技术特点是应用广泛,机械化程度高,施工效率高,植物选型丰富,成活率高,受场地内腹地大小限制,成本适中。

在绿化效果方面,其乔木、灌木、草本、藤本等植物搭配多样,景观层次性高;复绿效果见效时间可根据需求而定;复绿效果长久稳定。

2. 梯级台阶法

该技术可用于各地区,土质和岩质边坡均适用,多适用于坡度小于 45° 的岩质边坡,边坡稳定性要好。

其技术特点是机械化程度高,施工效率高,植物选型丰富,成活率高,工程量大,施工难度和风险大,成本适中。

在绿化效果方面,其乔木、灌木、草本、藤本等植物搭配多样,景观层次性高;复绿效果见效时间可根据需求而定,复绿效果长久稳定。

两种典型台阶(坡率)式复绿技术特点汇总见表 4.5-6。

表 4.5-6 两种典型台阶(坡率)式复绿技术特点汇总

技术类型	适用边坡条件	技术特点	绿化效果
续坡法	土质和岩质边坡适用;坡度不宜过高	机械化程度高,施工效率高;植物选型丰富,成活率高;受场地内腹地大小限制;成本适中	植物搭配多样,景观层次性高;绿化效果好且长久稳定
梯级台阶法	土质和岩质边坡适用;坡度小于 45°;边坡稳定性要好	机械化程度高,施工效率高;植物选型丰富,成活率高;工程量大,施工难度和风险大;成本适中	植物搭配多样,景观层次性高;绿化效果好且长久稳定

综上所述,台阶(坡率)式复绿技术具有以下特点。

（1）该技术可用于各地区，土质和岩质均适用，多适用于坡度小于45°的边坡，边坡稳定性要好。

（2）该技术的优点是机械化程度高，施工效率高，植物选型丰富，成活率高；缺点是工程量较大，受场地大小限制，存在施工风险。

（3）该技术乔木、灌木、草本及藤本植物搭配多样，景观层次性好，效果美观且长久稳定。

（4）该技术施工工序一般为坡面排险、台阶开挖（围墙防护）或坡底续坡、覆土栽植、前期养护。其中，台阶宽度和高度设置以及续坡的坡角是重要的技术指标。台阶宽度和高度应结合边坡特征、经济成本等确定最优值。续坡坡角应结合边坡高度、腹地大小，并参考《建筑边坡工程技术规范》（GB 50330—2013）相关规定确定，见表4.5-7。

表 4.5-7　建筑岩质边坡坡度允许值一览表

边坡岩体类型	风化程度	边坡坡度允许值		
		$H<8$ m	8 m $\leqslant H<15$ m	15 m $\leqslant H<25$ m
Ⅰ类	微风化	1∶0.00~1∶0.10	1∶0.10~1∶0.15	1∶0.15~1∶0.25
	中等风化	1∶0.10~1∶0.15	1∶0.15~1∶0.25	1∶0.25~1∶0.35
Ⅱ类	微风化	1∶0.10~1∶0.15	1∶0.15~1∶0.25	1∶0.25~1∶0.35
	中等风化	1∶0.15~1∶0.25	1∶0.25~1∶0.35	1∶0.35~1∶0.50
Ⅲ类	微风化	1∶0.25~1∶0.35	1∶0.35~1∶0.50	
	中等风化	1∶0.35~1∶0.50	1∶0.50~1∶0.75	
Ⅳ类	微风化	1∶0.50~1∶0.75	1∶0.75~1∶1.00	
	中等风化	1∶0.75~1∶1.00		

注：1. H 为边坡高度。

　　2. 下列边坡的坡度允许值应通过稳定性分析计算确定：Ⅰ类有外倾软弱结构面的边坡；Ⅱ类岩质较软的边坡；Ⅲ类坡顶边缘附近有较大荷载的边坡；Ⅳ类坡高超过本表范围的边坡。

4.5.3.8　悬挂式复绿技术

悬挂式复绿技术主要包括飘台法和石笼挂壁法两种，下面简要介绍这两种复绿技术的适用条件、技术特点以及复绿效果。

1. 飘台法

该技术可用于各地区，多适用于石质边坡，也可适用于坡度大于70°的高陡岩质边坡，边坡稳定性必须好。

其技术特点是机械化程度高，施工效率高，植物选型丰富，多以草本为主；施工难度大，风险高；成本适中，养护管理要求高。

在绿化效果方面，其植物以草本为主，可多种植物搭配，绿化效果见效快；植物较分散,景观效果一般。

2. 石笼挂壁法

该技术可用于各地区,主要适用于不能爆破的岩质边坡,可适用于坡度大于 70° 的较陡边坡。

其技术特点是施工简单、效率高,草本植物选择较丰富;施工难度大,风险高;成本适中,养护管理要求高。

在绿化效果方面,其植物以草本为主,可适量选择灌木,植物较分散,景观效果一般。

两种典型悬挂式复绿技术特点汇总见表 4.5-8。

表 4.5-8　两种典型悬挂式复绿技术特点汇总

技术类型	适用边坡条件	技术特点	绿化效果
飘台法	岩质高陡边坡;边坡稳定性需好	机械化程度高,施工效率高,草本植物选型丰富;养护管理要求高;成本适中	复绿效果见效快;草本植物搭配多样,景观多样;植物分散,效果一般
石笼挂壁法	岩质高陡边坡;边坡稳定性需好	机械化程度高,施工效率高,草本植物选型丰富,可适量选取灌木;养护管理要求高;成本适中	草本植物搭配多样,景观多样;植物分散,效果一般

综上所述,悬挂式复绿技术具有以下特点。

(1)该技术可用于各地区,多适用于岩质边坡,可适用于坡度大于 70° 的高陡边坡,边坡稳定性需好。

(2)该技术的优点是机械化程度高,施工效率高,草本植物选型丰富;缺点是养护管理要求高,若要绿化持久,必须人工定期更换植物。

(3)该技术复绿效果见效快,可用多种草本植物搭配,也可适当选择灌木,景观效果多样,但植物栽植分散,总体景观效果一般。

(4)该技术一般施工工序为坡面清理、边坡支架设置、平台(石笼)设置、覆土栽植、养护管理。其中,支架设置的稳定性指标、平台和石笼规格及其内部基质成分是重要技术指标。这些指标应结合边坡特征、植物选型及景观要求等确定。

4.5.3.9　复合式复绿技术

复合式复绿技术种类繁多,包括藤本垂直复绿技术、格构植草复绿技术、钢筋框格悬梁复绿技术、骨架护坡复绿技术、格宾网箱复绿技术、生态袋(带格构)与挂网喷播复合技术等。下面简要介绍格构植草复绿技术和生态袋(带格构)与挂网喷播复合技术两种目前常用的复合复绿技术的适用条件、技术特点以及复绿效果。

1. 格构植草复绿技术

该技术可用于各地区,土质和岩质边坡均适用,多适用于岩土均匀且较坚硬的边坡,坡度一般需小于 55°。

其技术特点是现浇混凝土(钢筋混凝土或素凝土)固坡,布置灵活,格构形式多样,与坡面密贴,可随坡就势。

在绿化效果方面,格构形状有方形、菱形、人字形等多种形式,绿化效果美观。

2. 生态袋(带格构)与挂网喷播复合技术

该技术可用于各地区,土质和岩质边坡均适用,适用于坡度大于 70° 的岩质边坡,但边坡不宜过高。

其技术特点是施工复杂,固坡好,稳定性好,对材料要求高,成本高,养护要求高。

在绿化效果方面,草本和灌木搭配,绿化效果见效快,易受雨水冲刷,影响绿化效果。

两种典型复合式复绿技术特点汇总见表 4.5-9。

表 4.5-9　两种典型复合式复绿技术特点汇总

技术类型	适用边坡条件	技术特点	绿化效果
格构植草复绿技术	土质和岩质边坡;坡度小于 55°	现浇混凝土固坡;布置灵活,格构形状多样;与坡面密贴,可随坡就势;成本适中	格构形式多样;绿化效果美观;植物选型单一
生态袋与挂网喷播复合技术	土质与岩质边坡;可用于大于 70° 边坡	施工复杂,稳定性好;对材料要求高;成本高,养护要求高	草本和灌木搭配,绿化效果见效快;易受雨水冲刷,影响绿化效果

综上所述,复合式复绿技术具有以下特点。

(1)该技术适用性广,土质和岩质边坡均适用,既可用于较缓边坡,也可用于坡度大于 70° 的陡边坡。根据边坡类型,可自由选择复合复绿技术,但对于高边坡有一定的局限性。

(2)该技术的优点是适用性广,施工效率高,施工形式多样,植被选型丰富,养护管理灵活多变;缺点是大多复合技术施工复杂,部分施工难度大,成本高。

(3)该技术乔木、灌木、草本及藤本植物搭配,有助于增进与周边环境的融合,还可根据需要融入景观效果,景观可塑性强。

(4)该技术一般施工工序繁多复杂,在施工过程中不仅要达到每种复绿技术的要求,还要考虑不同复绿技术之间的协调性。

4.5.4 植被覆盖度及多样性结果分析

本节在详细分析各种复绿技术效应的基础上,对各种复绿技术的植物覆盖度和多样性结果进行分析。

1. 覆土种植技术

覆土种植技术大多应用于平地或者坡度小于 25° 的较缓边坡。覆土厚度和基质可以根据植物种类确定。因此,该技术的植物立地条件充分且植物选型丰富。乔木、灌木、草本植物以及藤本植物可以根据景观要求随意搭配,不同种类、不同规格的植物搭配可形成立体的、层次分明的景观格局,因此,该技术的植被覆盖度高。从成本等方面考虑,该技术栽植植物规格小,植物成活率高,一定时间后即会达到很高的植被覆盖度,最高可达 100%。多种植物的搭配更易形成稳定的生态系统。植物的多度、密度、盖度及频度等指标逐渐增大,植物生长状况保持良好且稳定,植物多样性也越来越明显。

2. 喷播复绿技术

一般的喷播复绿技术多应用于坡度小于 55° 的土质或者岩质边坡。覆土基质的厚度一般在 10 cm 左右,也可根据景观要求加大覆土厚度,但考虑到技术成本,覆土厚度多在 20 cm 以内。因此,在该技术条件下,植物的立地条件有限且选型单一,多以草本植物为主,仅有少数灌木。有限的立地条件致使植物生长的地下生态环境受到限制。在水分和肥分方面,厚度有限的基质的保水保肥能力一般,基质内的水肥仅可供植物一定时间内使用。更重要的是,在温湿度方面,厚度有限的基质受外界大气温度影响剧烈,基质内温湿度变化剧烈,非常不利于草本植物生长。此外,边坡上喷附的基质易被降水冲刷,在实际工程的调查中经常可见被冲刷的基质大量堆积在坡角,如图 4.5-11 所示。剧烈变化的温湿度及雨水的冲刷也不利于边坡上微生物群落的形成。特别是对于岩质边坡,植物根系无法扎入岩体内部,也易被冲刷。因此,一般喷播复绿技术的植被覆盖度在施工完成初期可达到 100%,但经过一段时间,植被覆盖度逐渐减少,在 1~2 年内如不进行补种,植被覆盖度即减少为 50% 或更低。对于单一的植物物种,考虑上述原因,可知该技术的植物多样性不好。而对于一些土质边坡,挂网喷播技术可能复绿效果明显。土质边坡可为植物提供长久的立地条件,在前期边坡基质的辅助下,植物根系可扎入边坡土层内,同时也可形成微生物群落,更有利于植物生长,一段时间后,植物覆盖度可保持一定高的水平,甚至可达到 100%。

图 4.5-11　济南某挂网喷播复绿工程边坡冲刷现象(组图)

3. 类壤土基质绿化技术

类壤土基质绿化技术适用于坡度不大于 80° 的各种类型边坡,覆土基质厚度一般为表层 5~7 cm、底基层 7~8 cm。该技术可以形成理想的土壤结构,前期结合选取合适的植物种类,确保后期植物群落的乔灌木比例,可以恢复自然地貌。该技术模拟的土层结构主要有两层:一是腐殖质层(全风化层),该层具有壤土结构特性,含有丰富的腐殖质、矿物质、空气、水、有机物等,适宜植物生长;二是淋溶层(强风化层)。该技术形成的底基层可以被看成一种柔性加筋锚固材料,能够提高土体的内聚力和内摩擦角,改善原土体的力学性质,形成高强度的抗冲刷能力,使基质更好地黏附于边坡基岩上,在干旱、半干旱区域能够显著提高植物的越冬率和返青率。

该技术工艺通过底基层和表层分层喷播,可以尽可能模拟自然的强风化层、全风化层,使破损的坡面能永久性复绿,实现生物防护作用,植物自然生长,一年后无须人工管理。后期试验数据表明,去除人工养护后,植被覆盖度稳定在 90% 以上,且由于动物及风力作用,落叶、枯草、灰尘等作为土壤营养源泉,结合土壤酶等微生物的作用,使物种多样性更加丰富,形成的植物生态系统更加稳定。

4. 生态袋(毯)复绿技术

生态袋复绿技术多应用于较陡的土质和岩质边坡,生态袋(植生袋)的宽度多为20~40 m,可为植物生长提供较充足的水分和肥分。因此,在该技术条件下,植物立地条件较好,可选择草本和灌木植物。一定厚度的生态袋可保证植物生长的地下生态环境条件,为植物生长提供较充足的水分和肥分。同时,生态袋内的温湿度变化不剧烈,也较有利于植物的稳定生长。对于土质边坡,植物根系可扎入边坡土层内部,其地境条件更加稳定,更有利于植物的长久稳定生长,植物覆盖度较高,可达到 80% 以上。草本和灌木的搭配以及有利的地境条件,也有利于植物多样性的发展。但对于岩质边坡,或是采取特殊固坡工艺的边坡,植物根系特别是草本植物,无法扎入岩体内部,其生态环境条件无法持久稳定,致使其初期植被覆盖度较高,但一定时间后,植被覆盖度减小,植物多样性也随之变差。例如济南某边坡植生袋复绿工程,因采用混凝土固坡,植物根系特别是灌木的根系无法扎入边坡内部,其植被覆盖度中等,一般在 50%~80%,植物多样性也适中,如图 4.5-12 所示。

图 4.5-12　济南某边坡植生袋复绿工程图

5. 坑(槽)式复绿技术

坑(槽)式复绿技术多应用于坡度小于 70° 的岩质或土质边坡,坑(槽)内土层厚度大。因此,在该技术条件下,植物的立地条件较好且选型丰富。坑(槽)内充填有厚度较大的土壤,可为植物生长提供良好的地境条件、充足的水分和肥分、稳定的温湿度以及必要的微生物群落,保证植物的长久稳定生长。但是坑的点状分布和种植槽的层状分布使植物集中度不高,因此该技术的植被覆盖度并不高。而良好的地境条件,使乔木、灌木、草本和藤本植物良性生长,易形成稳定的生态系统,有利于植物多样性的发展。

6. 孔(穴)式复绿技术

孔(穴)式复绿技术多应用于坡度较大的岩质高陡边坡。其应用生态地质学理论,植物具有充分的立地条件,同时植物选型丰富。对于岩质高陡边坡的生态治理应该尊重自然规律,依赖植物自身的生长力,利用岩质高陡边坡的微地貌条件,在人为因素下尽可能地寻找甚至创造植物生长必需的土壤条件(改变微地形),最终因地制宜地建立起与自然相协调的稳定的植物群落,完成岩质高陡边坡的生态地境重建。孔(穴)式复绿技术短期内边坡的植被覆盖度较低,一定时间后,植物多样性会越来越高。

7. 台阶式复绿技术

台阶式复绿技术多应用于坡度小于 45° 的土质和岩质边坡。由于平台上土层较厚,在该技术条件下,植物的立地条件良好且选型丰富。较大的土层厚度保证了植物生长的地下生态环境。特别是续坡法,其土壤条件好,植物生长所需的水肥、温湿度、微生物群落都得到了良好的保证。但对于平台,由于层状的植被栽植格局,使植被覆盖度并不高。而良好的植物立地条件、充分的土壤层厚度使植物选型丰富,乔木、灌木、草本以及藤本植物可良性生长,易形成良好的生态系统。一定时间后,植物多样性会越来越明显。

8. 悬挂式复绿技术

悬挂式复绿技术多用于坡度较大的岩质边坡,边坡上的植物受飘台或石笼中的土壤数量和基质的影响。在该技术条件下,植物的立地条件有限,植物选型也不丰富。有限的土壤和立地空间大大限制了植物地下生态环境的发展,同时点状分布的栽植形式以及植物与岩体的分离大大限制了植物的长久生长。因此,该技术的植被覆盖度较低,植物多样性发展不好。

9. 复合式复绿技术

复合式复绿技术可用于不同坡度、不同类型的边坡,植物的立地条件通过各种复绿复合形式来塑造,植物生长的地境条件可通过各种形式来保证。例如,在生态袋和挂网喷播复合复绿技术,生态袋为植物生长提供了良好的立地条件,格构保证了生态袋的稳定性,挂网喷播又进一步保证了植物生长的地境条件。因此,该技术的植被覆盖度可以很高,植物多样性也较好。但是一些复合式复绿技术也会受到其他因素的影响,进而影响植被覆盖度和植物多样性。例如,济南某边坡植生袋与挂网喷播复合复绿技术,因受到雨水冲刷而造成植被覆盖度大大降低,如图4.5-13所示。

图 4.5-13　济南某边坡植生袋与挂网喷播复合复绿工程边坡受冲刷现象(组图)

4.5.5　复绿技术的优势对比

通过上述对复绿技术效应、植被覆盖度和植物多样性的分析,对各种复绿技术进行总结,见表 4.5-10。

表 4.5-10　9 种边坡复绿技术对比一览表

序号	复绿技术	适用条件	优缺点	绿化效果	植被覆盖度及植物多样性
1	覆土种植技术	土质和岩质边坡;坡度 <25°	优点:适用区域广,机械化程度高,施工季节受限少,植被选型丰富; 缺点:仅适用于较缓的边坡	植被选型丰富,绿化效果快,成林效果明显,植物成活率高且生长持久,与周边环境协调性好	植被覆盖度高;植物多样性好
2	喷播复绿技术	土质和岩质边坡;喷播坡度 <55°;边坡稳定性较好	优点:机械化程度高,施工效率高,护坡整体稳定性好; 缺点:对坡面平整度要求高,一般喷播技术的植物选型多以草本为主,后期养护需求高	出苗快、整齐、均匀,视觉效果好,绿化效果快;一般喷播缺少大规格的乔灌木,影响坡面植物群落的自然整体效果	一般喷播技术短期植被覆盖度高,长时间植被覆盖度降低;植物多样性一般
3	类壤土基质绿化技术	土质和岩质边坡;坡度 <80°;可用于高陡边坡;边坡稳定性需好	优点:机械化程度高,施工效率高,护坡整体稳定性好,乔木、灌木生长良好,植被选型丰富,养护需求不高,后期可免养护; 缺点:对坡面平整度要求高	出苗快、整齐、均匀,视觉效果好,绿化效果快;乔灌木搭配丰富,边坡上可形成良性的生态系统	植物覆盖度高;植物多样性好
4	生态袋(毯)复绿技术	土质和岩质边坡;缓坡陡坡均可;可用于坡度 >70° 的陡坡;边坡不宜过高	优点:施工效率高,复绿见效快,施工季节受限少,性能稳定; 缺点:成本较高,后期养护需求较高,不宜用于高边坡	植草效果好,草种出苗率高,绿化效果快,与周边环境的协调性较好	植物覆盖度较高;植物多样性适中
5	坑(槽)式复绿技术	土质和岩质边坡;坡度 <70°;边坡稳定性较好	优点:施工机械化程度高,效率高,苗木成活率高,植物选型丰富,可根据坡面特征合理布置; 缺点:施工难度较大,风险较高,人工痕迹明显	植被群落丰富,绿化效果长久稳定,见效较慢	植被覆盖度不高;植物多样性好
6	孔(穴)式复绿技术	土质和岩质边坡;可用于坡度 >70° 高陡岩质边坡;岩体稳定性要好	优点:机械化程度高,施工效率高,植被选型丰富,养护管理要求不高,成本低; 缺点:苗木前期培养要求高,绿化见效慢	乔木、灌木、藤本搭配丰富,景观可塑性强	短期内植被覆盖度不高;植物多样性好

序号	复绿技术	适用条件	优缺点	绿化效果	植物覆盖度及多样性
7	台阶式复绿技术	土质和岩质边坡;坡度<55°;对于坡度较陡的边坡需削坡	优点:机械化程度高,施工效率高,植物选型丰富,成活率高;缺点:工程量较大,受场地大小限制	乔木、灌木、草本及藤本植物搭配多样,景观层次性好,效果美观且长久稳定	植被覆盖度中等;植物多样性好
8	悬挂式复绿技术	岩质边坡;多适用于坡度>70°的高陡边坡;边坡稳定性要好	优点:机械化程度高,施工效率高;缺点:养护管理要求高,若要绿化持久,必须人工定期更换植物	复绿效果见效快,可用多种草本植物搭配,也可适当选择灌木,景观效果多样	植被覆盖度低;植物多样性差
9	复合式复绿技术	土质和岩质边坡;缓坡陡坡均可;边坡不宜过高	优点:适用性广,施工形式多样,可按需求组合,植被选型丰富;缺点:施工复杂,部分施工难度大,成本高	乔木、灌木、草本及藤本植物搭配,有助于增进与周边环境的融合,还可根据需要融入景观效果,景观可塑性强	植被覆盖度高;植物多样性较好

下面分别从适用条件、优缺点、绿化效果以及植被覆盖度和植物多样性对各种复绿技术的优势进行分析。

1. 适用条件

从适用条件来看,9种复绿技术均适用于岩质边坡,不同的是对于坡度和坡高的要求。在坡度上,参照《坡面绿化施工方法》,边坡可分为3个等级:① <40°;② 40°~70°;③ >70°,各种复绿技术简要分类见表4.5-11。在高度上,边坡按照目前常见高度,大致可分为三个等级:① <20 m;② 20~50 m;③ >50 m。各种复绿技术简要分类见表4.5-12。

表 4.5-11　各种复绿技术按边坡坡度分类一览表

适用坡度	<40°	40°~70°	>70°
复绿技术	覆土种植技术 喷播复绿技术 类壤土基质绿化技术 生态袋复绿技术 坑(槽)式复绿技术 孔(穴)式复绿技术 台阶式复绿技术 复合式复绿技术	喷播复绿技术 类壤土基质绿化技术 生态袋复绿技术 坑(槽)式复绿技术 孔(穴)式复绿技术 台阶式复绿技术 悬挂式复绿技术 复合式复绿技术	类壤土基质绿化技术 生态袋复绿技术 孔(穴)式复绿技术 悬挂式复绿技术 复合式复绿技术

表 4.5-12　各种复绿技术按边坡高度分类一览表

适用高度	<20 m	20~50 m	>50 m
复绿技术	覆土种植技术 喷播复绿技术 类壤土基质绿化技术 生态袋复绿技术 坑（槽）式复绿技术 孔（穴）式复绿技术 台阶式复绿技术 复合式复绿技术	喷播复绿技术 类壤土基质绿化技术 坑（槽）式复绿技术 孔（穴）式复绿技术 台阶式复绿技术 悬挂式复绿技术 复合式复绿技术	类壤土基质绿化技术 坑（槽）式复绿技术 孔（穴）式复绿技术 悬挂式复绿技术 复合式复绿技术

可见,对于坡度较缓的低边坡,除悬挂式复绿技术外,各类复绿技术均适用;对于坡度中等的中高边坡,覆土种植技术、生态袋复绿技术均有一定的限制性;而对于高陡岩质边坡,仅有类壤土基质绿化技术、坑(槽)式复绿技术、孔(穴)式复绿技术、悬挂式复绿技术以及复合式复绿技术具备适用条件。

2. 优缺点

各技术的优缺点主要是从施工、植物选型、养护管理以及成本等角度分析。从施工角度,覆土种植技术、喷播复绿技术和类壤土基质绿化技术机械化程度高且施工效率高;坑(槽)式复绿技术、孔(穴)式复绿技术以及台阶式复绿技术机械化程度也较高,但施工工序较复杂。其中,坑(槽)式复绿技术施工难度较大且有一定风险;台阶式复绿技术工程量较大;生态袋复绿技术和悬挂式复绿技术施工效率高;复合式复绿技术施工工序复杂,难度较大。

从植物选型角度,喷播复绿技术、生态袋复绿技术和悬挂式复绿技术的植物选型较单一,主要以草本植物为主,配合少量灌木;覆土种植技术、类壤土基质绿化技术、坑(槽)式复绿技术、孔(穴)式复绿技术、台阶式复绿技术以及复合式复绿技术的植物选型较丰富,乔木、灌木、草本及藤本植物搭配多样。

从养护管理角度,喷播复绿技术、生态袋复绿技术以及悬挂式复绿技术对养护管理要求较高;覆土种植技术、类壤土基质绿化技术、坑(槽)式复绿技术、孔(穴)式复绿技术、台阶式复绿技术以及复合式复绿技术对养护管理要求不高。前期养护后,后期可逐渐不需要养护,植物自身可稳定长久生长。

从成本角度,生态袋复绿技术、坑(槽)式复绿技术、台阶式复绿技术以及复合式复绿技术成本较高,特别是部分复合式复绿技术的成本在 1 000 元 /m² 以上;喷播复绿技术、类壤土基质绿化技术和悬挂式复绿技术成本适中,可根据景观需求而适当变化;覆土种植技术和孔(穴)式复绿技术成本较低,其中覆土种植技术成本根据景观要求变化空间较大。

3.绿化效果

在绿化效果方面,各技术主要从复绿效果见效时间、整体景观效果以及效果持久性等方面考虑。

从复绿效果见效时间看,覆土种植技术、喷播复绿技术、类壤土基质绿化技术、悬挂式复绿技术以及复合式复绿技术的复绿效果见效快;生态袋复绿技术、坑(槽)式复绿技术、孔(穴)式复绿技术、台阶式复绿技术的复绿效果见效较慢。

从整体景观效果看,除台阶式复绿技术、悬挂式复绿技术外,其他复绿技术的整体效果均较好。台阶式复绿技术和悬挂式复绿技术因施工形式限制,植物景观不集中,坑(槽)式复绿技术中的种植槽技术也存在类似问题。

从效果持久性看,覆土种植技术、类壤土基质绿化技术、坑(槽)式复绿技术、孔(穴)式复绿技术、台阶式复绿技术的复绿效果持久,多种植物协同生长有助于形成良性的生态系统;喷播复绿技术及悬挂式复绿技术养护管理需求高,复绿效果不持久。

4.植被覆盖度和植物多样性

在植被覆盖度方面,喷播复绿技术和复合式复绿技术短期内植被覆盖度较高;台阶式复绿技术和悬挂式复绿技术的植被覆盖度不高;其他复绿技术短期内植被覆盖度不高,但长时间后,植被覆盖度会增高。

在植物多样性方面,喷播复绿技术、生态袋复绿技术和悬挂式复绿技术的植物选型单一,多以草本植物为主,有少量灌木,植物多样性不好;其他复绿技术因植物选型丰富,长时间后,易形成良性的生态系统,植物多样性越来越明显。

综上所述,对各种复绿技术的优势总结如下。

(1)覆土种植技术:机械化程度高,施工效率高,植物选型丰富,成活率高,养护管理要求不高,复绿长期效果好,持久稳定。

(2)喷播复绿技术:机械化程度高,施工效率高,成本适中,短期复绿效果好。

(3)类壤土基质绿化技术:机械化程度高,施工效率高,成本适中,植物选型丰富,后期可不需要养护,复绿长期效果好,持久稳定,可用于高陡岩质边坡。

(4)生态袋复绿技术:施工效率高,植草效果好,景观整齐,视觉效果好。

(5)坑(槽)式复绿技术:植物选型丰富,成活率高,养护管理要求不高,可用于高陡边坡。

(6)孔(穴)式复绿技术:植物选型丰富,养护管理要求不高,成本低,短期复绿效果差,可用于高陡岩质边坡。

(7)台阶式复绿技术:机械化程度较高,植物选型丰富,成活率高,养护管理要求不高。

(8)悬挂式复绿技术:机械化程度高,施工效率高,复绿效果见效快,根据景观要求植物更新替换快。

（9）复合式复绿技术：适用范围广，植物选型丰富，复绿效果好，可用于高陡岩质边坡。

4.6　治理措施

生态演替理论是采石场和其他受损生态系统进行生态恢复的理论基础。植被恢复是退化生态系统中生态恢复的首要工作，所有的自然生态系统的恢复和重建总是以植被的恢复为前提。从生态演替理论来说，只要不是在极端的条件下，经过一定的时间，没有人为的破坏，植被总会按照自然的演替规律而恢复，但通常这个过程很漫长，有时会比人们所预期的时间要长得多，一般需要 50~100 年的自然演替时间才能使采矿废弃地恢复到令人满意的植被覆盖度。因此，根据采石场恢复的目标，以生态演替理论为指导，利用人工手段促进植被在短期内恢复是十分必要的。

矿山地质环境治理设计的目的是消除地质灾害、恢复地形地貌景观、复垦土地及恢复生态环境。其设计内容主要包括表土清运、开挖整平、台阶式削坡、采坑回填、种植槽施工、建筑物拆除、排水沟施工、挡土墙砌筑、绿化用地整理、土壤重构、植被重建、警示牌和项目说明牌设置以及进行养护等。绿化用地整理、土壤重构、植被重建及养护与土地复垦工程设计一致。

4.6.1　表土剥离与堆存

排土场、采石场、尾矿库、矿区专用道路等各类场地在建设前，应对表土进行剥离。剥离的表层土壤应及时回填，当不能立即铺覆到整治好的场地上时，应选择适宜的场地进行堆存，并采取有效的围挡和覆盖措施，防止扬尘和水土流失。

进行表土收集时应注意，为保持土壤结构、避免土壤板结，应避免在雨季剥离、搬运和堆存表土；表土堆存时应防止牧群、机器和车辆的进入，防止粉尘、盐碱的覆盖；保证土壤的微生物活性、土壤结构和土壤养分，确保将来复垦时收集的表土的质量满足复垦需求。

对耕作土壤的采集，表土剥离厚度一般情况下不少于 30 cm。对自然土壤的采集，表土剥离厚度一般情况下不少于 20 cm。高寒区表土剥离应保留好草皮层，剥离厚度不少于 20 cm。若原地表土壤贫瘠或物理化学性状差，则可以剥离。耕作土壤的表土层厚度一般为 20~30 cm，包括耕作层（厚 15~20 cm）和犁底层（厚 5~10 cm）。

《山东省土地复垦管理办法》规定：建设占用耕地，需将所占耕地地表耕作层剥离，用于土地复垦。耕作层剥离的深度一般不少于 30 cm。从我国典型矿区优质耕地表土剥离实践来看,表土剥离厚度为原有表土的厚度,其数值在 19~50 cm,一般为 30 cm 左右。因此,对优质耕地的表土剥离,剥离的厚度应为表土实际厚度,一般情况下不少于30 cm。

《土地复垦技术标准(试行)》(UDC-TD)中的"采挖废弃土地复垦技术标准"提出,种植树、草时的最小覆土厚度,除易风化废石堆场在风化层厚度超过 0.1 m 情况下可不覆土外,从种植植物所需的覆土厚度范围考虑,土壤最小剥离厚度可在 0.2~0.5 m 之间选择。

美国的露天采矿环境保护标准中的《永久计划实施标准》规定:所有表土均应从即将受扰地区单独剥离,如表土层厚度小于 6 英寸(1 英寸 =2.54 cm),矿主可将表土和其下紧挨的松散物剥离,将混合物作为表土。

如土壤最小剥离厚度为 20 cm,即一般情况下,对矿区所有将受到破坏地区的自然土壤的表土层单独剥离;如果表土层厚度小于 20 cm,则对表土层及其下紧挨的心土层一起构成的至少 20 cm 厚的土层进行单独剥离。表土剥离及堆存场如图 4.6-1 所示。

图 4.6-1　表土剥离及堆存场(组图)

4.6.2　台阶式削坡

对于高度大、坡度陡、绿化难度大的岩质边坡,可进行台阶式削坡,消除坡顶及坡面的崩塌等地质灾害隐患,使边坡变缓且形成台阶,满足复绿施工需要,保证治理效果的长期稳定,提高治理效果的整体美观性。

台阶式削坡的坡高、坡度及台阶宽度应满足《边坡工程勘察规范》(YS/T 5230—2019)、《建筑边坡工程技术规范》(GB 50330—2013),同时考虑边坡地质条件及拟种植乔木高度及间距,并充分利用开采面已有平台。台阶式削坡示意图如图 4.6-2 所示,效果图如图 4.6-3 所示。

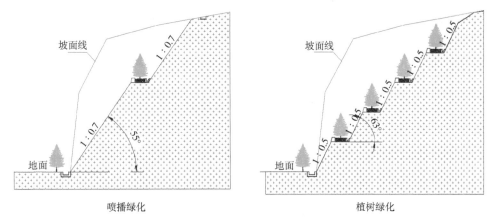

图 4.6-2　台阶式削坡示意图(组图)

图 4.6-3　台阶式削坡绿化效果图

削坡后对坡面进行整理,如果存在危岩体,应进行危岩体清理或封闭注浆处理,确保坡面平整、顺直,不产生新的危岩体。削坡产生的石料优先用于种植槽施工、开采底盘治理等,多余石料可由县级人民政府纳入公共资源交易平台,需外运的渣石土应合理安排运输车的行走路线。

4.6.3　危岩体清理

对于坡度大、局部直立、山体悬空、裂隙发育、岩体较破碎的开采边坡,可采用人工风镐的方式清理坡面危石,保证原山体坡面无险石,清理的危石可就近回填到治理区附近土石方回填区域。

4.6.4　采坑回填

对于较小的采坑可进行回填,对于高度较小的边坡可进行续坡回填,续坡回填坡度为 18°~20°,且回填时应注意以下事项。

（1）基底上的树墩及主根应拔除,坑穴应清除积水、淤泥和杂物等,并分层回填夯实。

（2）废石分层充填,每 50 cm 为一层,并分层压实,压实系数为 0.93,且采用机械充填,机械碾压,回填完毕后总沉降量不大于 3%。

（3）确定土方运输车辆的行走路线,且事先进行检查,必要时进行加固加宽等准备工作,同时要编制施工方案。

（4）填土前,应对填方基底和已完工隐蔽工程进行检查和中间验收,并进行记录。

（5）碎块草皮和有机质含量大于 8% 的土不得用于底层压实渣土的填方。

（6）底层渣土铺土厚度一般为 0.5 m,使用振动平碾碾压宜先静压、后振压,碾压遍数应由现场试验确定,一般为 6~8 遍,碾压车行驶速度小于 2 km/h。

（7）石渣回填时,相邻工段应尽量平衡上料,两工段接头处要逐层交错压实,不准留有界沟。如进度不一,当铺筑相差两层以上时,接头处按不陡于 1∶3 的坡度进行搭接。

（8）碾压时,轮（夯）迹应相互搭接,防止漏压或漏夯。当长宽比较大时,填土应分段进行。每层接缝处应做成斜坡形,碾迹重叠 0.5~1.0 m,上下层错缝距离不小于 1 m。

（9）在机械施工碾压不到的填土部位,应配合人工推土填充,再用蛙式或柴油打夯机分层夯打压实。

（10）雨期施工的填方工程,应连续进行并尽快完成,且工作面不宜过大,分层分段逐片进行;重要或特殊的土方回填,应尽量在雨季前完成。要防止地面水流入基坑和地坪内,以免边坡塌方或基土遭到破坏。

4.6.5　挡土墙施工

地形条件变化、台阶式削坡的平台外侧可设置挡土墙,若治理区块石丰富,可采用浆砌石挡土墙,且需对挡土墙稳定性进行验算。

挡土墙修筑时应注意以下事项。

（1）挡土墙基坑采用人工或机械开挖以及人工整修,且随挖随砌。该施工应避开雨季,保证槽壁平整坚实,基底平顺,无积水。

（2）挡土墙基坑回填采用砂石黏土填料,在结构物达到规定强度后分层回填,采用打夯机夯实并达到规定的压实标准。施工时保证砌体坚实牢固,按规定施作沉降缝,保证勾缝平顺、无脱落;泄水孔坡度向外,并使用直径 80 mm 的 PVC 管,且其进水口应设置反滤材料;沉降缝整齐垂直,上下贯通。

（3)浆砌毛石挡土墙采用坚硬不易风化的毛石挤浆法砌筑,毛石选用干净、强度不低于 MU30、块径不小于 30 cm、中部厚度不小于 20 cm 的石料,且采用拌和机拌制砂浆、人工挂线挤浆砌筑、人工勾缝、草袋覆盖、洒水养护等。施工时墙面保持平整,各部位尺寸符合设计要求,砂浆饱满,勾缝均匀,灰缝宽度、错缝符合规范要求,并按设计预留泄水孔。为了防止沙土等堵塞管孔,在安装泄水管时宜用卵砾石作为反滤层,且反滤层要跟随泄水孔制作。

（4)所需机械及工具包括挖掘机、自卸汽车、手推车、蛙式打夯机、大锤、手锤、撬棍、泥桶、绳子、抬杠、钢卷尺、线坠、粉笔、托线板、脚手板、磅秤、铁锹、木抹子等。

（5)材料技术要求。

①水泥:进仓时要有质量证明文件;按品种、强度、出厂日期、生产厂家等进行检查验收,分别堆放,先到先用;袋装水泥堆叠高度不宜超过 10 包;不宜露天堆放,如露天堆放,应下有防潮垫板,上有防风雨篷布;使用期不宜超过出厂日期三个月,超期应先行检验其强度。

②砂子:宜采用中砂,砂的质量要求包括密度应大于 2.5 g/m³,松散体积密度应大于 1 400 kg/m³,空隙率应小于 45%,含泥量不超过 5%;用肉眼观察,不宜含有草根、树叶、树枝、塑料品、煤块、矿渣等杂物。

③毛石:采用爆破削坡产生的碎石,应挑选质地坚实、无风化剥落和裂纹的块石,中部厚度不宜小于 200 mm;石材表面的泥垢、水锈等杂质在砌筑前应清除干净。

④砂浆:进场前需做检测试验,保证砂浆等级和强度符合设计要求的强度(M10 水泥砂浆);拌制砂浆用水泥、砂应符合上述技术要求,用水应采用不含有害物质的洁净水;拌制时应严格按照水泥、砂的质量配合比配制。

（6)工艺流程:测量放线→土方开挖→挡土墙砌筑→挡土墙勾缝→混凝土压顶。

（7)其他施工技术要求。

①基坑开挖前,用石灰粉撒出基坑的开挖边线,并在邻近位置打入水平桩,在水平桩上标记开挖深度。开挖时,根据基槽地下水位情况处理基槽,如未明显出现地下水,将基槽按设计要求尺寸平整夯实即可;如预见地下水位较高将涌入基槽,可沿基坑两边分别加宽开挖 300 mm,作为预留施工工作面和集水井排水明沟布设位置。

②挡土墙基坑开挖采用挖掘机开挖,并沿等高线自上而下分层、分段依次进行。每段基坑开挖采取沿等高线自上而下分层开挖,每层挖深约 1 m,分层开挖至要求深度。机械开挖至设计基底标高以上 200 mm,再由人工根据预留高差进行加深和平整,以达到设计基底深度。

③刚完成施工的工地,容易受到地表水的作用而发生部分施工面被破坏,如规模较

大,则从基础稳定上查找原因进行修补;如挡土墙小规模表面损毁,则应迅速进行修补,以免导致破坏规模的扩大。

4.6.6　排水沟施工

为使暴雨季节边坡径流顺利排出,应在边坡坡脚位置布设排水沟,可采用梯形断面或矩形断面(图4.6-4),且需对排水沟过流量进行验算。

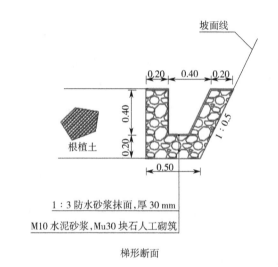

梯形断面

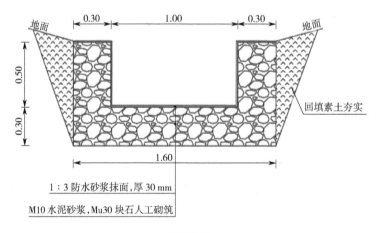

矩形断面

图4.6-4　排水沟断面图(单位:m)

排水沟修筑应注意以下事项。

1. 工艺流程

测量放线→清理岩面→沟槽开挖→验槽→块石砌筑→砂浆抹面、勾缝→洒水养护→交工验收。

2. 施工要求

1）施工放样

根据施工方案图纸设计，采用拉尺法进行排水沟线形测设，并结合实地地形和排水需要，标定沟槽开采线，并对排水沟线形进行适当调整，以保证排水沟线形的直顺。

2）清理岩面

开挖沟槽前，应沿排水沟走向清理周围浮石，消除坡面浮石滑落带来安全隐患的风险。

3）沟槽开挖

（1）沟槽开挖采用手风钻分段由上而下进行，边坡开挖临时边坡坡度一般为1:0.5，可根据具体的微地貌进行适当的调整。

（2）沟槽开挖石方可用于场地平整。

（3）采用手风钻开挖时，每侧的工作边不应小于 10 cm，严格控制排水沟沟底高程，以保证水流通畅，防止淤积和冲刷破坏。

（4）排水沟的平纵转角处应为半径不小于 5 m 的圆曲线。

（5）经监理检查后，方可进行块石的砌筑，排水沟衬砌两侧应进行必要的回填和夯实，保证边坡稳定。

4）块石砌筑

（1）砌筑所用砂浆材料（水泥、砂、水）应符合施工规范规定，砂浆应符合设计标号，且必须搅拌均匀，一次拌料应在其凝结前使用完毕。浆砌块石必须使用外观各向尺寸不小于 10 cm，且最少有一个平整面的石块。

（2）坐浆砌筑：所有石块应坐于新拌合砂浆上，砌第一层石块时，基底要坐浆，石块大面向外，选择比较方正的石块砌在各伸缩缝处或排水沟上沿，以保证排水沟线形。根据石块自然形状交错放置，尽量使石块间缝隙最小，然后再将砂浆填在空隙中，根据各缝隙形状和大小选择放入合适的小石块，并用小锤轻击，使小石块全部挤入缝隙中。禁止先放小石块后灌浆的方法。

（3）砂浆拌合：严格按配合比计量，搅拌要均匀，砂浆从拌合到使用完毕不能超过 2 小时；砂浆必须放在料桶或铁板上，不允许直接倒在地上。

（4）块石在砌筑前，应浇水湿润，在每班砌筑前，也应对下层砌体浇水湿润。

（5）不能在已砌好的砌体上盖石料，或从高处往砌体上扔石块、砂浆等，以免扰动下层砌体。

（6）沉降缝每 15 m 设置一道，待砌体有一定强度后，再全断面填塞沥青麻絮。沉降缝应垂直，施工时要防止沉降缝板前后扭曲变形，严格控制每节段的尺寸，沉降缝两侧块石不要相互接触，以免沉降缝失效。

（7）沟槽勾缝采用凸缝，缝宽 2.5 cm，勾缝前要事先剔缝，将灰缝剔深 20~30 mm，墙面用水喷洒湿润，不整齐处应修整。勾缝砂浆宜用 1∶1~1∶1.5 水泥砂浆，标号为 10 号。

（8）砌体养护：砌体应在 7 天（普通水泥）内加强养护，可用湿草帘覆盖，天气炎热时，每天浇水 2~3 遍，保证草帘潮湿。

3. 施工注意事项

（1）在雨季来临前，要挖好导水沟、泄洪沟，防止由于大面积汇水而导致采石场被淹和边坡垮塌。

（2）排水沟应依地形挖成顺坡，不允许出现局部倒坡、洼坡等。

（3）排水沟浆砌块石砂浆应饱满，沟身不漏水，抹面应平整、光滑。

（4）砌筑石料必须选用质地坚硬、不易风化、没有裂缝且大致方正的岩石，厚度不小于 20 cm。

（5）砌筑石料表面的泥垢、水锈等杂质在砌筑前应清洗干净。

（6）施工前应查明治理区内沿线附近灌溉水管的布置、流向或可供排水的水沟情况以及暴雨后的积水情况，以使本治理区的排水工程与已有工程衔接，便于设定场地排水流向。

4.6.7 建筑物拆除

治理区废弃建筑物、构筑物需拆除，拆除渣土可用于回填采坑。

4.6.8 安全护栏设置

边坡顶部、积水坑周边可设置安全护栏，防止人员跌入水塘或从坡顶跌落，安全护栏安装轴线可距坡顶线 5 m。其结构示意如图 4.6-5 所示。

4.6.9 警示牌设置

开采边坡顶部、底脚及安全护栏上需设置警示牌，进行警示提醒，边坡顶部警示牌位置需明确，安全护栏上警示牌的设置间距建议为 20~40 m。警示牌示意如图 4.6-6 所示。

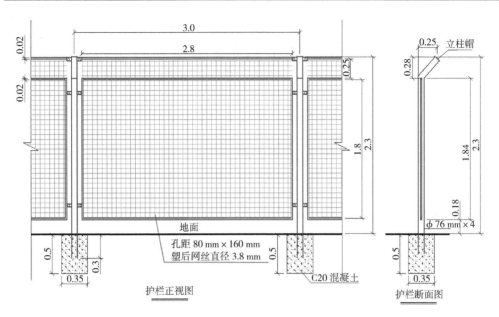

图 4.6-5 安全护栏示意图（单位：m）

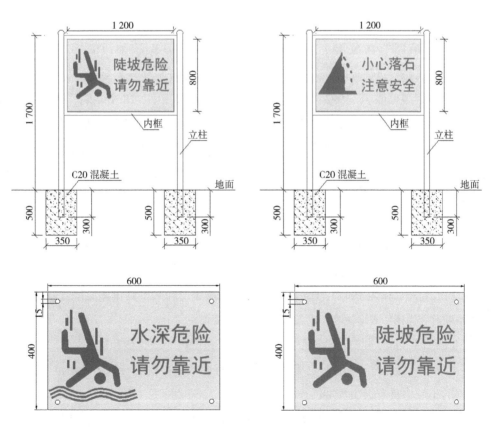

图 4.6-6 警示牌示意图（单位：mm）

第5章 土壤环境与修复技术

5.1 土壤分类与改良利用技术

5.1.1 中国土壤分类系统

中国土壤分类系统是以土壤发生学为指导、以土壤属性为依据的一种土壤分类系统。土壤发生学是研究土壤形成因素、土壤发生过程、土壤类型及其性质三者之间关系的学说。中国在20世纪三四十年代,曾采用美国马伯特拟订的土壤分类系统;50年代初期开始,采用苏联的地理发生学土壤分类系统。1958—1960年全国第一次土壤普查时,我国总结农民群众鉴别土壤农业性状的经验,提出了第一个农业土壤分类系统。1978年,中国土壤学会提出《全国土壤分类暂行草案》。在此基础上,全国第二次土壤普查开始时,我国于1979年7月提出《暂拟土壤工作分类系统(修改稿)》;在此次土壤普查的野外工作接近完成时,于1987年12月在太原召开土壤分类会议拟订《中国土壤系统分类》,经过修改,于1992年定稿,其中确立了12个土纲、28个亚纲、61个土类和233个亚类的高级分类单元,基层分类单元为土属、土种和变种,土种为基本单元。

2001年修订的《中国土壤系统分类》(第三版)主要是参照美国土壤系统分类的思想原则、方法和部分概念,并结合过去西欧、苏联土壤分类架构中的经验,针对中国土壤而设计的以土壤本身性质为分类标准的定量化分类系统,属于诊断分类体系。《中国土壤系统分类》(第三版)共计有14个土纲,其界定标准如下。

(1)有机土(Histosols):含有下列性质有机土壤物质者,即土壤有机碳含量 ≥ 180 g/kg 或 ≥ [120 g/kg+(黏粒含量 g/kg × 0.1)]。

(2)人为土(Anthrosols):土壤剖面中具有水耕表层和水耕氧化还原层;或肥熟表层与磷质耕作淀积层;或灌淤表层;或堆垫表层。

(3)灰土(Spodosols):土壤在土表下 100 cm 范围内有灰化淀积层。

(4)火山灰土(Andosols):土壤在土表至 60 cm 或至更浅的石质接触面范围内 60% 或更厚的土层中具有火山灰特性。

(5)铁铝土(Ferralosols):土壤中有上界在土表至 150 cm 范围内的铁铝层。

(6)变性土(Vertosols):土壤中土表至 50 cm 范围内黏粒不小于 30%,且无石质或准石质接触面,土壤干燥时有宽度大于 0.5 cm 的裂缝,土表至 100 cm 范围内有滑擦面或自吞特征。

（7）干旱土（Aridosols）：土壤有干旱表层和上界在土表至 100 cm 范围内的下列任一诊断层，即盐积层、超盐积层、盐盘、石膏层、超石膏层、钙积层、超钙积层、钙盘、黏化层或雏形层。

（8）盐成土（Halosols）：土壤中土表至 30 cm 范围内具有盐积层，或土表至 75 cm 范围内具有碱积层。

（9）潜育土（Gleyosols）：土壤中土表至 50 cm 范围内有一土层厚度不小于 10 cm 有潜育特征。

（10）均腐土（Isohumosols）：土壤中有暗沃表层和均腐殖质特性，且矿质土表下 180 cm 或至更浅的石质或准石质接触面范围内盐基饱和度不小于 50%。

（11）富铁土（Ferrosols）：土壤中有上界在土表至 125 cm 范围内的低活性富铁层。

（12）淋溶土（Argosols）：土壤中有上界在土表至 125 cm 范围内的黏化层或黏盘。

（13）雏形土（Cambosols）：土壤中有雏形层；或矿质土表至 100 cm 范围内有下列任一诊断层，即漂白层、钙积层、超钙积层、钙盘、石膏层、超石膏层；或矿质土表下 20~50 cm 范围内有一土层（厚度不小于 10 cm）的 n 值小于 0.7；或黏粒含量小于 80 g/kg，并有有机表层，或暗沃表层，或暗瘠表层，或永冻层和矿质土表至 50 cm 范围内有滞水土壤水分状况。

（14）新成土（Primosols）：覆于火山物质之上和 / 或填充其间，且石质或准石质接触面直接位于火山物质之下；或土表至 50 cm 范围内，其总厚度不小于 40 cm（含火山物质）；或其厚度不小于 2/3 的土表至石质或准石质接触面总厚度，且矿质土层总厚度 ≤ 10 cm；或经常被水饱和，且上界在土表至 40 cm 范围内，其厚度不小于 40 cm（高腐或半腐物质，或苔藓纤维 <3/4）或不小于 60 cm（苔藓纤维 ≥ 3/4）。

以上 14 个土纲的分类系统有别于 1992 年的土纲分类系统，但 1992 年的土纲分类系统目前仍在使用，并经常作为农业生产上的参考依据，它将土壤大致分为淋溶土、半淋溶土、铁铝土、钙层土、干旱土、漠土、初育土、半水成土、水成土、盐碱土、人为土、高山土等 12 个土纲。

土纲（Soil Order）是一种代表土壤剖面性质中最重要的分类架构，可表示特定地区土壤剖面化育性质，并诊断土壤在地质演进、耕作历史与环境变迁中的变化情形。《中国土壤分类与代码》（GB/T 17296—2009）将中国土壤分类为 12 个土纲、30 个亚纲、60 个土类、229 个亚类、658 个土属和 2 624 个土种。

中国土壤资源丰富、类型繁多，中国主要土壤发生类型可概括为红壤、棕壤、褐土、黑土、栗钙土、漠土、潮土（包括砂姜黑土）、灌淤土、水稻土、湿土（草甸、沼泽土）、盐碱土、岩性土和高山土等 12 个系列。土壤按质地一般可分为砂质土、黏质土和壤土三大类。

5.1.2 土壤类型与分布

5.1.2.1 红壤

红壤为发育于热带和亚热带雨林、季雨林或常绿阔叶林植被下的土壤,其主要特征是缺乏碱金属和碱土金属,而富含铁、铝氧化物,呈酸性、红色。红壤在中亚热带湿热气候常绿阔叶林植被条件下,发生脱硅富铝过程和生物富集作用,发育成红色、铁铝聚集、酸性、盐基高度不饱和的铁铝土。红壤、黄壤、砖红壤可以统称为铁铝性土壤。

1. 特征与分布

一般红壤中四配位和六配位的金属化合物很多,其中包括铁化合物及铝化合物。红壤铁化合物常包括褐铁矿与赤铁矿等,红壤含赤铁矿特别多。当雨水淋洗时,许多化合物都被洗去,然而氧化铁(铝)最不易溶解,反而会在结晶生成过程中一层层包覆于黏粒外,并形成一个个粒团,之后也不易因雨水冲刷而破坏,因此红壤在雨水的淋洗下反而发育构造良好。红壤是我国中亚热带湿润地区分布的地带性红壤,属中度脱硅富铝化的铁铝土。红壤通常具有深厚红色土层,网纹层发育明显,黏土矿物以高岭石为主,酸性,盐基饱和度低。红壤土类可划分为5个亚类,本区分布有3个亚类。红壤亚类具有土类典型特征,分布面积最大;黄红壤亚类为向黄壤过渡类型,在本区均分布于山地垂直带,下接红壤亚类,上接黄壤土类;红壤性土亚类是剖面发育较差的红壤类型,主要分布于红壤侵蚀强烈的丘陵山区,江西余江一带和福建东南部有较多分布。

(1)红壤典型土体构型为 Ah-Bs-Csq 型(q 次生硅积聚层)或 Ah-Bs-Bsv-Csv。

(2)红壤有机质含量通常在 20 g/kg 以下,腐殖质 H/F(胡敏酸与富里酸比值)为 0.3~0.4,胡敏酸分子结构简单、分散性强、不易絮凝,故红壤结构水稳性差,由于富含铁铝氢氧化物胶体,临时性微团聚体较好。

(3)红壤富铝化作用显著,风化程度深,质地较黏重,尤其在第四纪红色黏土上发育的红壤,黏粒可达 40% 以上。

(4)红壤呈酸性 - 强酸性反应,表土与心土 pH 值为 5.0~5.5,底土 pH 值为 4.0;红壤交换性铝可达 2~6 cmol(+)/kg,占潜性酸的 80%~95%;盐基饱和度在 40% 左右。

(5)黏粒 SiO_2/Al_2O_3(硅铝率)为 2.0~2.4,黏土矿物以高岭石为主,一般可占黏粒总量的 80%~85%,赤铁矿占 5%~10%,少见三水铝石;阳离子交换量不高(15~25 cmol(+)/kg),与氢氧化铁结合的 SO_4^{2-} 或 PO_4^{3-} 可达 100~150 cmol(+)/kg,表现对磷的固定较强。

中国红壤区的年均气温为 15~25 ℃,≥ 10 ℃的积温为 4 500~9 500 ℃,最冷月平均气温为 2~15 ℃,最热月平均气温为 28~38 ℃,年降雨量为 1 200~2 500 mm,干燥度

<1.0,无霜期为 225~350 天,是湿热的海洋季风性典型亚热带气候区。冬季温暖干旱,夏季炎热潮湿,干湿季节明显。其代表性植被为常绿阔叶林,主要由壳斗科、樟科、茶科、冬青、山矾科、木兰科等构成,此外还有竹类、藤本、蕨类植物。一般低山浅丘多为稀树灌丛及禾本科草类,少量为马尾松、杉木和云南松组成的次生林。湘、赣、黔东南有成片人工油茶林分布。红壤是种植柑橘的良好土壤,在中国主要分布于长江以南的低山丘陵区,包括江西、湖南两省的大部分,滇南、湖北的东南部,广东、福建的北部,贵州、四川、浙江、安徽、江苏等的一部分,以及西藏南部等地。红壤呈酸性 - 强酸反应,丘陵红壤一般氮、磷、钾的供应不足,有效态钙、镁的含量也少,硼、钼也很贫乏,并常因缺乏微量元素锌而产生柑橘"花叶"现象。红壤是中国铁铝土纲中位居最北、分布面积最广的土类,总面积 5 690 万 hm²,一般在北纬 25°~31° 的中亚热带广大低山丘陵地区。

红壤成土母质主要有:第四纪红色黏土,包含均质红土层、焦斑层、砾石层、网纹层 4 个层段;第三纪红砂岩、花岗岩、千枚岩、石灰岩、玄武岩等风化物,且较深厚。国际上对红壤研究较多,我国第二次土壤普查确定红壤为铁铝土纲中的一个土类,相当于美国土壤诊断分类中的高岭湿润老成土(Kandiudult)、强发育湿润老成土(Paleudults)、高岭弱发育湿润老成土(Kanhapludults),以及联合国土壤分类中的正常强淋溶土(Orthic Acrisol)。在《中国土壤系统分类(修订方案)》中部分红壤相当于富铁土。

2. 成土过程

红壤是中亚热带生物气候旺盛的生物富集和脱硅富铁铝化风化过程相互作用的产物。

1)脱硅富铁铝化过程

在中亚热带生物气候条件下,风化淋溶作用强烈,首先是铝(铁)硅酸盐矿物遭到分解,除石英外,岩石中的矿物大部分形成各种氧化物,开始由于钾、钠、钙、镁等的氧化物存在而使土壤溶液呈微碱性至中性,所以硅酸开始移动。由于各种风化物随水向下淋溶,土壤上部的 pH 值就逐渐变小,含水铁、铝氧化物则开始溶解,并具有流动性。当土壤溶液的 pH 值达 6.5~7.0 时,SiO_2 的溶解度明显上升。为区别于灰化过程的酸性淋溶,本书将 SiO_2 的淋溶称为碱性淋溶或中性淋溶。这也是富铝化过程的实质之一,即脱硅富铝化。旱季铁铝胶体可随毛管上升到表层,经过脱水以凝胶的形式形成铁铝积聚层或铁铝结核体。含水铁、铝氧化物一般向下移动不深,因为土体上部由于植物残体的矿化所提供的盐基较丰富,酸性较弱,故含水铁、铝氧化物的活性也较弱,大多数沉积下来而形成铁铝残余积聚层。因此,红壤的脱硅富铝化的特点是硅和盐基遭到淋失,黏粒与次生黏土矿物不断形成,铁、铝氧化物明显积聚。据湖南省零陵地区的调查,红壤风化过程中硅的迁移量达 20%~80%,钙的迁移量达 77%~99%,镁的迁移量达 50%~80%,钠的迁移量达 40%~80%,铁、铝则有数倍的相对富集。这种脱硅富铁铝化过程是红壤形成的一种地球化学过程。

2）生物富集过程

在中亚热带常绿阔叶林的作用下，红壤中物质的生物循环过程十分激烈，生物和土壤之间物质和能量的转化和交换极其快速。其特点是在土壤中形成了大量的凋落物，并加速了养分循环的周转。在中亚热带高温多雨条件下，常绿阔叶林每年有大量有机质归还土壤，其中每 hm² 常绿阔叶林约为 40 t，温带阔叶林为 8~10 t。我国红壤地区的常绿阔叶林对元素的吸收与生物归还作用强度较大，其中钙镁的生物归还率一般超过 200。同时，土壤中的微生物也以极快的速度对凋落物进行矿化分解，使各种元素进入土壤，从而大大加速了生物和土壤的养分循环，并维持较高水平且表现强烈的生物富集作用。红壤不只进行着脱硅、盐基淋失和富铁铝化过程，同时也进行着生物与土壤间物质、能量的转化交换和强烈的生物富集，丰富了土壤养分物质来源，促进了土壤肥力发展。红壤就是在富铝化和生物富集的相互作用下形成的。

3）剖面形态

在植被生长比较茂密的情况下，红壤剖面以均匀的红色（10R5/8）为其主要特征。Ah 层一般厚度为 20~40 cm，呈暗棕色（10YR3/3），植被受到破坏，腐殖层厚度只有 10~20 cm；Bs 层为铁铝淀积层，厚度为 0.5~2 m，呈均匀红色（10R5/8）或棕红色（10R5/6），紧实黏重，呈核块状结构，常有铁、锰胶膜和胶结层出现，因而分化为铁铝淋溶淀积（Bs）与网纹层（Bsv）等亚层（s 铁铝，v 网纹层）；Csv 层包括红色风化壳和各种岩石风化物，呈红色、橙红色（10R6/8）。另外，在 B 层之下，有红色、橙黄色（10YR7/8）与灰白色（10Y5/1）相互交织的"网纹层"。

Csv 网纹层成因：①随地下水升降、氧化还原交替，铁质氧化物还原和氧化而凝聚淀积而成；②在红色土层内，水分沿裂隙流动，铁、锰还原流失形成红、橙、灰白色条纹斑块而成；③生物呼吸作用产生二氧化碳，有机酸使铁锰溶解。

3. 土壤分类

根据红壤成土条件、附加成土过程、属性及利用特点，红壤可划分为红壤、黄红壤、棕红壤、山原红壤、红壤性土等 5 个亚类。

1）红壤

红壤具有红壤土类中心概念及赋予的典型特征，大部分已开垦利用，是红壤地带重要的农林垦殖基地。表土有机质含量一般为 10~15 g/kg，熟化度高的可达 20 g/kg；一般养分含量不高，有效磷极少；pH 值为 4.5~5.2；黏重，保水保肥力差，耕性较差，具有酸、黏、瘦的特性。在《中国土壤系统分类（修订方案）》中部分红壤相当于湿润富铁土。

2）棕红壤

棕红壤分布于中亚热带北部，气候温暖湿润，干湿交替，四季分明，是红壤向黄棕壤过渡的一个红壤亚类。上层厚薄不一，主体构型多为 Ah-Bst-Cs 型。A 层呈暗棕（10YR3/3）至红棕色（5YR6/8）；B 层呈红棕色，少量铁锰斑，底土有铁锰胶膜；C 层如为红色风化壳，其可达 1 m 至数米，如为基岩则较薄。黏土矿物以高岭石为主，伴生有水云母；黏粒硅铝率为 2.8~3.0，SiO_2/R_2O_3 为 2.0~2.3，风化淋溶系数为 0.2~0.4（红壤的小于 0.2）；pH 值为 6.0 左右；铁的活化度为 30%~70%，盐基饱和度为 40%~60%，故而棕红壤的富铝化作用强度不如红壤，但比黄棕壤强。在《中国土壤系统分类（修订方案）》中部分棕红壤相当于湿润富铁土。

3）黄红壤

黄红壤主要分布于红壤带边缘低山丘陵区，在山地垂直带中，上与黄壤相接，下与红壤相连，水分状况比红壤湿润；在较湿热条件下，盐基易淋失，氢铝累积，土呈酸性，pH 值为 4.9~5.8，比红壤略低；富铝化发育程度较红壤弱，土体中铁铝量稍低，硅量稍高，黏粒硅铝率为 2.5~3.5；黏粒矿物除高岭石、水云母外，尚有少量蒙脱石，黏粒较红壤低；盐基饱和度和交换性钙镁较红壤低；剖面呈棕色（10YR7/6）或黄棕色（10YR7/8）。在《中国土壤系统分类（修订方案）》中部分黄红壤相当于湿润富铁土。

4）山原红壤

山原红壤分布于云贵高原 1 800~2 000 m 的高原面上，受古气候和下降气流焚风效应深刻影响，有别于江南丘陵区的红壤。山原红壤土体干燥，土色暗红（2.5YR4/8），土体内常见铁磐；黏土矿物以高岭石为主，伴有三水铝石；黏粒硅铝率为 2.2~2.3；pH 值为 5.5~6.0，盐基饱和度为 70% 左右；铁的活化度为 60%~65%，富铝化程度不如红壤。在《中国土壤系统分类（修订方案）》中部分山原红壤相当于干润富铁土。

5）红壤性土

红壤性土分布于红壤地区低山丘陵，与铁铝质石质土及铁铝质粗骨土组成复区。其特点是土层浅薄，具有 A(B)C 剖面，色泽较淡，有或无红棕或棕红色薄层（B）。

6）土类区分

与黄棕壤的区别：黄棕壤是北亚热带地带性淋溶土，淋溶黏化较红壤明显，但富铝化作用不如红壤强，具有弱度富铝化过程；黏粒硅铝率为 2.5~3.3，黏土矿物既有高岭石、伊利石，也有少量蒙脱石，pH 值为 5~6.7，盐基饱和度为 30%~75%。

与黄壤的区别：黄壤所处环境比红壤的年平均气温低而潮湿，故水化氧化铁和铁活化度较高（10%~25%），土呈黄色（2.5Y8/6）或橙黄色（2.5Y7/8），黏土矿物因风化度低，故以蛭石为主，高岭石、水云母次之，有较多的针铁矿、褐铁矿，且有机质含量也较高（50~100 g/kg）。

4. 改良利用

红壤改良措施包括植树造林、平整土地、客土掺砂、加强水利建设、增加红壤有机质含量、科学施肥、施用石灰、采用合理的种植制度等。改良时,可以增施氮、磷、钾等矿质肥料,氮肥宜用粒状或球状深施,磷肥宜与有机肥混合制成颗粒肥施用;施用石灰降低红壤酸性;合理耕作;选种适当的作物、林木,种植绿肥是改良红壤的关键措施;旱地改水田,减少水土流失,有利于有机质积累,提高红壤生产力;保护植被,防治侵蚀,凡坡度大于 25° 的陡坡应以种树种草为主,小于 25° 的坡地根据陡缓状况修建宽窄不等的等高梯地或梯田种植。

红壤一般可以种植稻米、茶、丝、甘蔗,山地还适于种植杉树、油桐、柑橘、毛竹、棕榈等经济林木。酸性强、土质黏重是红壤利用上的不利因素,可通过多施有机肥、适量施用石灰和补充磷肥,以及防止红壤冲刷等措施提高红壤肥力。针对红壤有机质含量很低的情况,可种植绿肥,以提高红壤的有机质含量和氮素肥力。红壤速效磷普遍缺乏,增施磷肥,并提高其利用率是一项重要的农业增产措施。红壤施用石灰,一般均能收到良好的效果。

5.1.2.2 棕壤

1. 特征与分布

棕壤(brown earth)也称棕色森林土,是暖温带落叶阔叶林和针阔混交林下形成的土壤,其主要特征是呈微酸性反应,心土层(B 层)呈鲜棕色,成土母质多为酸性母岩风化物。棕壤地区气候条件的特点是夏季暖热多雨,冬季寒冷干旱,年平均气温为 5~14 ℃, 10 ℃以上的积温为 3 400~4 500 ℃,季节性冻层深可达 50~100 cm,年降水量为500~1 000 cm,干燥度在 0.5~1.0,无霜期为 120~220 d。但由于受东南季风、海陆位置及地形影响,东西之间地域性差异极为明显。

棕壤主要分布于辽东半岛、山东半岛和山东的中、南部等地以及黄棕壤、褐土区的垂直带上。另外,在半湿润半干旱地区的山地,如燕山、太行山、嵩山、秦岭、伏牛山、吕梁山和中条山的垂直带谱的褐土或淋溶土之上以及南部黄棕壤地区的山地上部也有棕壤分布。

1)土壤 pH 值及盐基饱和度

棕壤呈微酸性 - 中性反应, pH 值为 6.0~7.0,盐基饱和度与 pH 值呈正相关,盐基饱和度多在 50% 以上,高者可达 80% 以上;而少数棕壤 pH 值 <6,盐基饱和度多在 50%以下,甚至低于 30%,但某些表土层的盐基饱和度仍在 50% 以上,这与成土母质的岩性不同有很大关系。

2)黏土矿物组成特点

棕壤在弱酸性环境介质以及淋溶和排水条件下,原生矿物的蚀变促进水云母和绿泥石转化为蛭石。矿物蚀变过程主要是黑云母→水云母→蛭石(绿泥石),长石→水云母→蛭石→蒙脱石→铝蛭石→高岭石。因此,不论是水平分布或是山地垂直带的棕壤,其指示性黏粒矿物均以水云母、蛭石为主。

3)养分状况

棕壤多为农林业用地,其养分状况特别是土壤有机质及氮素营养有很大变化。棕壤的磷、钾含量取决于成土母质含磷、钾矿物的种类和数量。

2. 成土过程

棕壤的形成过程具有明显的淋溶作用、黏化作用和较强烈的生物积累作用。

1)淋溶作用

棕壤在风化过程和有机质矿化过程形成的一价(Na^+、K^+)矿质盐类均已淋失,二价(Ca^{2+}、Mg^{2+})盐类除被土壤胶体吸附外,游离态大部分淋失,故土壤一般呈中性偏酸,无石灰反应,盐基不饱和;高价的铁、铝、锰则有部分游离,铁、锰游离度分别为25%~30%和50%~70%,并有明显淋溶淀积现象,在剖面的中、下部结构体表面呈棕黑色铁锰胶膜形态。

2)黏化作用

在温暖湿润的气候条件下,化学风化较强烈,土壤发生黏化作用,包括土壤中黏粒的形成和黏粒在土壤中积聚两个方面,即残积黏化和淋移淀积黏化。前者是土体内风化作用所形成黏粒的就地积聚,后者是风化和成土作用形成的黏粒矿物,分散于土壤的水分中成为悬液,沿结构间的缝隙或其他大的孔隙随水下移至一定深度。由于水分减少、黏粒淀积,或是带负电荷的黏粒在盐基较多的下层电性被中和而凝聚,从而使黏粒在下层积聚,形成黏粒淀积层,所以淋移黏化分布的剖面层位较低。

棕壤的黏化作用一般以淋移淀积黏化为主,残积黏化为辅。黏粒淀积层的特点:①在结构体表面可以看到光学定向的黏粒胶膜;②淀积层中黏粒含量要比上部淋溶层高,Bt层的黏化系数不小于1.2。剖面中、下部黏粒(0.002 mm)含量与表面含量之比大于1.2。

3)生物积累作用

棕壤在湿润气候条件和森林植被下,生物积累作用较强。其主要表现如下:①在湿润的森林植被下形成大量的有机质或腐殖质的积累,特别积聚于表层;②棕壤虽然因淋溶作用而使矿质营养元素淋失较多,但由于阔叶林的存在,以枯枝落叶形式向土壤归还CaO、MgO等盐基较多,可以不断补充淋失的盐基,并中和部分有机酸,使土壤呈中性和微酸性,而没有灰化特征,这种在土壤上部土层中强烈进行灰分元素的积聚过程使棕壤在其形成过程中创造和保持了较高的自然肥力;③在木本植物及湿润气候条件下,形成的腐殖质以富里酸为主,H/F为0.47~0.82,开垦耕种后形成胡敏酸的量有所增加。

4）剖面形态

棕壤在上述成土条件和成土作用下,形成的剖面基本层次构造是 O-A-Bt-C;质地多为壤土至壤黏土,某些棕壤性土质地更轻,多为砂质壤土。在自然植被下,表土有凋落物层(O)和腐殖质层(A),但 O 层并不明显。棕壤耕作后,表土层的暗色腐殖质层消失而形成耕作熟化层(A1)。表土层之下为黏化特征明显的心土层(Bt)(有时有 AB 层),通常出现在 28~50 cm 以下,厚度变化幅度较大,色泽为红棕色或棕色,质地黏重,棱块状结构,结构面常被覆铁锰胶膜,有时结构体中可见铁锰结核。心土层之下为母质层(C),通常近于母质本身色泽,即花岗岩半风化物多呈红棕色,而土状堆积物多呈鲜棕色,基岩风化物常含有一定量的砾石。

（1）剖面构型:如前所述,棕壤的剖面层次构造为 O2（O1）-A-Bt-C 型,剖面通体呈不同程度的棕色。

（2）土壤阳离子交换量为 15~30 cmol（+）/kg,交换性盐基以 Ca^{2+} 为主,其次为 Mg^{2+},而 Na^+、K^+ 甚少;盐基饱和度多在 70% 以上,同一剖面没有明显变化,而不同亚类之间变化较大。土壤呈中性 - 微酸性反应,pH 值为 5.5~7.0,无石灰反应。

（3）土壤机械组成:土壤质地因母质类型不同而变化较大,发育于片岩、花岗岩等岩石风化残积物上的棕壤质地较粗,表土层多为砂壤土或壤质砂土,剖面中部多为粉质壤土;而坡积物或黄土状母质发育的棕壤质地较细,表层为粉质壤土,剖面中部为黏壤土或更黏。但总体来说,在发育良好的棕壤中,由于黏化作用而使淀积层质地普遍偏黏。

（4）矿物分析:棕壤的黏土矿物以水云母为主,还有一定量的蒙脱石、高岭石和少量的蛭石与绿泥石。黏粒（<0.001 mm）硅铝率一般为 2.33,全量铁锰（Fet、Mnt）、游离铁锰（Fed、Mnd）和活性铁锰（Feo、Mno）均有明显淋溶淀积现象,即其含量有随深度而增加的趋势。铁锰的游离度较高,Fed/Fet 为 25%~35%,Mnd/Mnt 为 50%~70%;铁的活化度（Feo/Fed）多低于 15%,个别可达 16%~18%,而锰的活化度（Mno/Mnd）则很高,可达100%。褐土则上下变化不大,不论是铁锰的游离度或活化度均较棕壤低,这也是棕壤和褐土的区别之处。

（5）土壤水分物理特性:发育良好的棕壤,特别是发育于黄土状母质上的棕壤,质地细,凋萎系数高,可达 10% 左右,田间持水量也高,可达 25%~30%,故保水性能好,抗旱能力强。据沈阳农学院两年定位观测,棕壤的水分年动态变化具有以下特点:表层30 cm 的水分季节变化最明显,80 cm 以下相当稳定;每年 3 月—6 月为水分消耗时期,7月—11 月为水分补给时期。对作物供水来说,除 5 月—6 月土壤水分缺少外,其余时期均相对充足。棕壤的透水性较差,尤其是经长期耕作后形成较紧的犁底层,透水性更差。在坡地上的降水由于来不及全部渗入土壤而产生地表径流,引起水土流失,严重时,表土层全部被侵蚀掉,黏重心土层出露地表,肥力下降;在平坦地形上,如降水过多,表层土壤水分饱和,会发生泄、涝现象,作物易倒伏,生长不良。

3. 土壤分类

棕壤根据其主要成土过程所表现的程度和有关附加成土过程的影响可划分为棕壤、酸性棕壤、白浆化棕壤、潮棕壤和棕壤性土五个亚类。

1)棕壤

棕壤是最近似于棕壤中心概念的亚类,相当于美国土壤系统分类中湿润淋溶土、淡色始成土,联合国土壤分类中的普通淋溶土,土壤剖面构型为(O)-A-Bt-C,其他可参考上述典型剖面形态及其诊断特征。

2)酸性棕壤

酸性棕壤是一种盐基不饱和的,具有较强酸性但又无灰化特征的棕壤,相当于美国土壤系统分类中的不饱和淡色始成土、联合国土壤分类中的不饱和雏形土。酸性棕壤具有以下特点。

(1)酸性棕壤多发育在花岗岩、片麻岩、混合岩、石英岩、非钙质砂页岩的残积、坡积物上,常含有较多的石块和砂砾,质地偏沙,且不均一,多为壤质砂土至砂壤土,有时甚至出现砂土。

(2)剖面构型一般为 A-(Bt)-C 型。其中, A 层较厚,一般为 30 cm 左右, B 层不很发育,没有明显的黏粒和铁锰淀积。酸性棕壤在生物化学风化作用下 Ca^{2+} 基本被淋失,原生矿物的云母间层间 K^+ 被水稀释出,代之以 H^+,而形成伊利石,继而在 Al、Al(OH)$^{2+}$ 等影响下,使伊利石型黏粒转化为蛭石,铝离子中和蛭石上的负电荷形成岛状复合铝离子 Al(OH)$^{2+}$,进而形成抗悬移的凝聚剂,而使黏粒的淋溶作用微弱。

(3)酸性棕壤的阳离子交换量变化很大,一般是表层大于下层,表层可达 20~40 cmol/kg,表层以下迅速降低到 7~14 cmol/kg。盐基饱和度除表层为 60%~90% 外,以下各层多低于 50%,甚至可低于 20%。水解性酸和交换性酸含量均较棕壤其他各亚类高,分别为 3.7~20 cmol/kg 和 0.1~4.3 cmol/kg。交换性铝大于交换性氢。土壤呈酸性至微酸性,pH 值为 4.5~6.0,其是棕壤地区酸性最强的土壤。

(4)黏土矿物以高岭石、蛭石和绿泥石为主,有一定量的水云母和少量蒙脱石。在黏粒的化学组成中, SiO_2 的含量低于普通棕壤,而 Al_2O_3 和 Fe_2O_3 的含量略高于普通棕壤,故硅铁率和硅铝率都明显小于普通棕壤。

3)白浆化棕壤

白浆化棕壤是指腐殖质层或耕层以下具有"白浆层"(E)的棕壤,其是区别于棕壤其他各亚类最重要的特征,相当于美国土壤系统分类中的舌状湿润淋溶土与弱度发育湿润淋溶土,联合国土壤分类中的漂白淋溶土。白浆化棕壤主要分布于低山丘陵、岗地的缓坡及波状平原,并与普通棕壤呈镶嵌状分布,成土母质为坡积物、洪积物、黄土状沉积物和冲积坡积物,其主要特征如下。

（1）剖面层次构造为 A-E-Bt-C 型。在腐殖质层或耕层以下有一个白浆层（E），结构不明显或略呈片状结构;淀积层多呈棕色,质地黏重,棱块状结构,结构面有明显的铁锰胶膜和 SiO_2 粉末。

（2）剖面质地呈明显的"二层性",即表层和白浆层质地偏沙,而淀积层质地偏黏。这是造成土壤季节性滞水饱和或发生侧渗而导致白浆化过程的重要原因。

（3）阳离子交换量为 6~23 cmol/kg,白浆层较上、下层均低;盐基饱和度偏低,通常为 48%~91%,水解性酸和交换性酸均较普通棕壤高,分别为 1~17 cmol/kg 和 0.01~3.0 cmol/kg,但低于酸性棕壤,水浸液 pH 值为 5.3~6.8,表层和白浆层略低于淀积层,而盐浸液 pH 值则变化不大,说明淋溶作用不强。

（4）土体化学组成在剖面中分异明显,白浆层及其上层的硅铁率较大,通常为 37.6~67.1,而淀积层的较小,通常为 22~35,硅铝率也有同样的变化趋势;而白浆化棕壤的黏粒硅铝率为 2.50~3.00,在同一剖面中比较一致,剖面无分异。

4）潮棕壤

潮棕壤主要特征与普通棕壤相同,但由于其分布于丘陵坡地的坡脚和山前倾斜平原,地形平坦,地势较低,地下水位埋深 3~4 m,雨季可短期上升到 3 m 以内,使底土层产生潜育化过程,常有锈纹、锈斑和铁锰结合,相当于美国土壤系统分类中的潮湿弱发育湿润淋溶土、联合国土壤分类中的潜育淋溶土,其主要特征如下。

（1）土层深厚,一般超过 1 m,上、下层均为壤质土,通透性较好,易耕作。

（2）养分含量丰富,保肥性好,有机质含量较高,达 15~20 g/kg,甚至更高,全氮和全磷均大于 1 g/kg,全钾大于 20 g/kg,阳离子交换量超过 20 cmol（＋）/kg。

（3）土壤水分较丰富,一般不出现旱涝现象。底层土壤受季节性地下水影响,有锈斑出现。在辽宁东部山区部分地区,由于受侧渗水的影响,春季土壤发生冷浆现象。

5）棕壤性土

棕壤性土处于弱度发育阶段剖面分化不明显的一类棕壤,土层薄,AC 型石质性、粗骨性。

6）土类区分

与褐土的区别:褐土分布于暖温带半湿润地区,在剖面中有明显的 $CaCO_3$ 积聚;黏化作用以残积（余）黏化为主,而淋溶淀积黏化作用不明显,黏化层次出现部位稍高,层次厚度小;pH 值为中性到微碱性,硅铝率等分子比率都大于棕壤,而铁锰的游离度和活化度明显低于棕壤。

与暗棕壤的区别:暗棕壤多分布于温带湿润地区,腐殖质层厚,土壤颜色暗,黏化系数低于棕壤。

与黄棕壤的区别：黄棕壤处于北亚热带湿润地区，森林植被下凋落物层很薄（仅 1 cm 左右），土壤有机质含量低；矿物质化学风化和淋溶、淋移作用强烈，土壤具有弱富铝化特点，黏粒硅铁铝率低于棕壤，游离铁的含量高（大于 20 g/kg）。

与黑土的区别：黑土分布于温带湿润地区，土壤有机质积累多（达 50~100 g/kg），并且在草原化草甸植被类型下腐殖质层深厚（达 30~70 cm，厚者达 70~100 cm）。

4. 改良利用

棕壤所处地形主要为低山丘陵，成土母质多为花岗岩、片麻岩及砂页岩的残积坡积物或厚层洪积物。棕壤地区由于夏季气温高、雨量多，不但土壤中的黏化作用强烈，而且还产生较明显的淋溶作用，使易溶盐分和游离碳酸钙都被淋失，黏粒也沿剖面向下移动，并发生淀积。由于落叶阔叶林凋落物的灰分含量高，从而阻止了土壤灰化作用的发展，但白浆化作用却常有发生，在丘陵和山地都可见到。在森林植被下发育良好的棕壤剖面一般地表有厚 2~10 cm 的枯枝落叶层；其下为厚 10~20 cm 的灰棕色腐殖质层；再下为最有代表性特征的棕色（有时为红棕色或黄棕色）黏化淀积层，厚约 30 cm 或更厚一些，呈明显的棱块状结构，在结构体表面有淀积黏粒胶膜和铁锰胶膜；淀积层以下逐渐到颜色较浅、质地较轻的母质层。

棕壤区具有良好的生态条件，生物资源丰富，土壤肥力较高，已成为我国发展农业、林业、果木、柞蚕、药材的重要生产基地。亚热带山地棕壤分布在 1 500~3 600 m 垂直带，是西南地区用材林和水源林的生产基地。例如，云南北云岭—沙鲁里山南部地区的山地棕壤，北坡以云杉林为主，南坡除云杉林外，还有高山松林和高山栎林，土壤肥沃，有机质含量高，林木产量也高。但由于目前林木采伐过量，生态环境恶化，水土流失严重，自然灾害频繁，不少山区有不同程度的泥石流发生。其改造利用重点是云杉林基地天然更新困难，可采取人工更新法，营造落叶松、高山松、油松、华山松、云杉等林区，发展水源林、用材林和薪炭林，保持水土，涵养水源。同时，充分利用广阔的林下草场和林间草场，发展以草食性动物为主的畜牧业；组织采挖野生药材，保护林内珍禽异兽，为野生动物生存繁衍创造较好的环境条件。

从土壤利用情况来看，棕壤是重要的森林土壤，也是重要的农业土壤，具有很高的经济价值。潮棕壤分布于山前洪积平原，多用于农业，大都旱涝保收，是重要的粮食生产基地。普通棕壤分布于山麓和丘陵缓坡，多用于农业，其中一部分水土流失较重，水肥条件较差，需要采取水土保持措施和进一步发展灌溉，并加强培肥。白浆化棕壤有的分布剥蚀堆积丘陵，多用于农业，肥力甚低，需要改良；有的分布于山地，多用于林业。酸性棕壤分布于山地，多用于林业，有的还是荒山，需要种树造林。粗骨棕壤有的分布于低丘陵区，多用于种植花生和柞岚（养柞蚕用）；有的分布于高丘陵和山地，多为荒山疏林，水土流失很严重，亟须采取水土保持措施。

5.1.2.3　褐土

1. 特征与分布

褐土（cinnamon soil）是半湿润暖温带地区碳酸盐弱度淋溶与聚积，有次生黏化现象的带棕色土壤，又称褐色森林土。褐土在中国主要分布于北纬 34°~40°，东经 103°~122°，即北起燕山、太行山山前地带，东抵泰山、沂山山地的西北部和西南部的山前低丘，西至晋东南和陕西关中盆地，南抵秦岭北麓及黄河一线洪积扇和高阶地。水平带位处棕壤之西，垂直带则位于棕壤之下，常呈复域分布；一般分布在海拔 500 m 以下，地下潜水位埋深在 3 m 以下，母质各种各样，有各种岩石的风化物，但仍以黄土状物质为主。所在地区年平均气温为 10~14 ℃，降水量为 500~800 mm，蒸发量为 1 500~2 000 mm，属于暖温带半湿润的大陆季风性气候，其自然植被包括以辽东栎、洋槐、柏树等为代表的干旱明亮森林以及酸枣、荆条、茅草为代表的灌木草原，是我国北方的小麦、玉米、棉花、苹果的主要产区，作物一般为两年三熟或一年两熟。

褐土的表土呈褐色至棕黄色；剖面中、下部有黏粒和钙的积聚；呈中性（表层）至微碱性（心底土层）反应。土壤剖面构型为有机质积聚层—黏化层—钙积层—母质层。我国境内褐土多发育于碳酸盐岩母质上，具有明显的黏化作用和钙化作用，呈中性至碱性反应，碳酸钙多为假菌丝体状，广泛存在于土层中、下层，有时出现在表土层。

关于褐土的现代研究起始于 1936 年美国土壤学家 J. 梭颇在山东的土壤考察。他首先提出山东棕壤，以有别于欧洲的棕壤。1955 年，苏联土壤学家 B.A. 柯夫达与 и.п. 格拉西莫夫相继来中国北方及关中地区进行土壤考察，确定当地土壤与地中海区的干旱森林与灌木草原景观下的褐土相似，通过第二次全国土壤普查及相关条件下的大量研究，确定我国褐土属于半淋溶土纲下的一个土类，其主要部分相似于美国土壤系统分类中的半干润淋溶土（Ustalf），部分相似于淡色始成土（Ochrept），其主要亚类相似于联合国土壤分类中的中性淋溶土（Eutric Luvisd），部分相似于艳色雏形土（Eutric Cambisol）。

2. 成土过程及剖面形态、形状

1）干旱的残落物腐殖质积累过程

干旱森林与灌木草原的残落物在其腐解与腐殖质积聚过程中有两个突出特点：①残落物均以干燥的落叶而疏松地覆于地表，以机械摩擦破碎和好气分解为主，所以积累的土壤腐殖质少，腐殖质类型主要为胡敏酸；②残落物中含 CaO 量丰富，含量一般可高达 20~50 g/kg，仅次于硅（100~200 g/kg），所以生物归还率可高达 75%~250%，保证了土壤风化中钙的部分淋溶补偿，甚至产生了部分表层复钙现象。

2）碳酸钙的淋溶与淀积

在半干润条件下，原生矿物的风化首先开始于大量的脱钙阶段，其 CaO 随含有 CO_2

的重力水由土壤剖面的表层渗到下层,以至于形成地下水流。这个风化阶段的元素迁移特点是 CaO、MgO 的迁移大于 SiO_2 和 R_2O_3。但由于半干润季风气候的特点(降水量小,且干旱季节较长),土体中带有 $Ca(HCO_3)_2$ 的水流中的 CO_2 分压到一定程度即减弱而产生 $CaCO_3$ 的沉淀。这种淀积深度也就是其淋溶深度,一般与降水量成正比。

3)残积黏化

残积黏化也称为残积风化或地中海风化,即黏粒的形成是由主体内的矿物进行原地的土内风化而形成的,很少产生黏粒的机械移动,因而黏粒没有光学向性。残积黏化包括两个方面:一方面是矿物中的铁在当地水热条件下,在土体内进行铁元素的水解与氧化,形成部分游离氧化铁(有无定型与微晶型),所以全体颜色发红,也可称为红化作用,这也是所谓"艳色"(chromic)的原因,但是其总体含铁量不产生变异;另一方面是土壤原生矿物水化与脱钾的初步风化阶段,形成了大量的水化云母等次生矿物,而且也有进一步风化而形成的蛭石等。

4)淋移黏化

淋移黏化是在一定降水和生物气候条件下,黏土矿物继续脱钙,形成另外一种颗粒最细的新生黏土矿物,如蒙脱石等,并开始在雨季期间随重力水在主体结构间向下悬移,在一定深度形成黏粒淀积层,这种黏化往往有光学向性,一般土体水分的干湿交替有利于黏粒下移。

褐土的黏化过程一般以残积黏化为主,并带有一定的淋移黏化,它们在不同的亚类中所占的比例并不一样。一般石灰性褐土以前者为主,淋溶褐土以后者为主。然而,在一个剖面中两者通常同时混合存在,而且从理论上讲残积黏化往往层位稍高,淋移黏化可能层位稍低,但是两者常常也是混同的。

5)剖面形态

从以上所述的土壤形成过程即可了解其所产生的剖面形态。

A 层:一般厚度为 20~25 cm,或者更厚一些,呈暗棕色(10YR4/4~4/6),腐殖质含量为 10~30 g/kg,一般质地为轻壤,多为粒状到细核状结构,疏松,植物或作物根系较多,向下逐渐过渡。

B 层:即心土层,一般厚度为 50~80 cm,呈棕褐色,即所谓艳色的黏化层(7.5YR4/6-5YR4/4),一般为中壤 - 重壤,核状结构,较紧实,结构体外间或有胶膜,明显程度因亚类而异,在 Bt 层中有时有假菌丝状的石灰淀积,因此可以将 Bt 层分为几个亚层。

C 层:根据母质类型而有较大的变异,如为黄土状母质则疏松、深厚;如为石灰岩、砂岩等残积风化物质,则往往有石灰质残积;如为花岗岩等残积风化物质,则往往为微酸性;如在平原区,则其为堆积物母质,地下水位影响产生潴育化过程,并有小的铁锰软质结核及锈斑等。

6）基本形状

（1）剖面构型：典型的剖面构型为 A-Bt-Ck 或 A-Bt-C 等。

（2）饱和度、pH 值及 $CaCO_3$：一般全剖面的盐基饱和度大于 80%，pH 值为 7.0~8.2，根据不同亚类特征，$CaCO_3$ 出现于不同层次。

（3）机械组成分析：褐土剖面的机械组成一般为轻壤 - 中壤，但黏化层多为中壤 - 重壤，粒径小于 0.001 mm 黏粒的黏粒系数（Bt/A）不小于 1.2，高者可达 1.5，由矿物黏粒所决定的离子交换量一般为 40~50 cmol/kg。

（4）矿物分析：由于矿物风化处于初级阶段，故黏土矿物以水化云母和水云母层钾离子的释放形式而形成以蛭石（含量 20%~70%）为主、蒙脱石次之（10%~50%）并带少量高岭石的结构，为母质的残留性状。这种矿物组成，黏粒的 SiO_2/R_2O_3 一般为 2.5~3.0，铁的游离度较高，Fed/Fet 可达 20%，其中淋溶褐土高于普通褐土与石灰性褐土（<18%）。对于黏土矿物的光学鉴定，其胶膜的黏粒有光学定向特性，说明有淋溶淀积黏化因素，根据显微镜观察，在少量的大孔隙中的石灰质成分中有再结晶的大颗粒方解石，但 A 层的石灰质多为泥质石灰混合物。

（5）土壤有机质及养分状况：一般耕种的褐土，0~20 cm 的有机质含量为 10~20 g/kg，非耕种的自然土壤有机质含量可达 30 g/kg 以上，特别是淋溶褐土与潮褐土等亚类。石灰性褐土与受侵蚀的褐土的有机质含量均较低。与土壤肥力相关的是土壤养分，根据《河北土壤志》介绍，褐土的含量为 0.7~1.3 g/kg，碱解氮为 60~100 mg/kg，供氮能力属中等水平；磷的有效形态低，一般水溶性磷为 10 mg/kg 左右，但无效形态的铝 - 磷和铁 - 磷居高，而石灰性褐土的钙 - 磷居高，这也比较符合其土壤化学地理规律。在有效钾元素方面，褐土中的含量均在 100 mg/kg 以上，所以钾比较丰富。至于微量元素，则与土壤的 pH 值和母质关系较大。

（6）土壤物理形状及水分物理特性：一般来说，其与土壤质地关系较大，褐土一般表层容重为 1.3 g/cm³ 左右，底层为 1.4~1.6 g/cm³，砂性质地则稍大于此数，黏性质地则稍小于此数。褐土作为一个土壤类型，其剖面构型中无特殊的障碍层次，个别的石灰性褐土有石灰淀积层，一般不影响水分物理特性。

3. 土壤分类

土类以下的亚类划分主要是根据其成土过程所表现的程度和有关附加过程的影响而在剖面构型上所产生的有规律的变化而进行。由于褐土为半淋溶土纲，根据土体所反映的淋溶程度及黏化特征等可划分为普通褐土、淋溶褐土和石灰性褐土等。除此之外根据其主导成土过程及附加成土过程所表现的土壤剖面特征划分为塿土、潮褐土、燥褐土与褐土性土等。

1）普通褐土

普通褐土是最接近中心概念的亚类,相当于美国土壤系统分类中的弱发育半干润淋溶土、淡色始成土,联合国土壤分类中的艳色雏形土和艳色淋溶土,剖面中的 Bt 层有 $CaCO_3$ 新生体(所谓的 A-Btk-C 剖面构型)出现,其他可参考以上所述典型剖面形态及其诊断特征。

2）淋溶褐土

淋溶褐土的主要特征是全剖面没有 $CaCO_3$ 出现,或在 C 层有少量石灰残余,形成 A-Bt-Ck 剖面构型,相当于美国土壤系统分类的弱度发育半干润淋溶土、联合国土壤分类中的正常淋溶土。

（1）淋溶褐土的区域分布模式:在褐土土类中淋溶褐土分布区一般是降水量偏高的地区,所以土壤中矿物风化的脱钙作用比较快;由于母质因素,在相同气候条件下,非碳酸母质和弱碳酸盐母质,如花岗岩、片麻岩风化物及 Q3 老黄土等,往往易于发育为淋溶褐土甚至棕壤,因而易在棕壤过渡区形成一种相嵌分布模式。

（2）淋溶褐土的黏化层特征:淋溶褐土的黏化层具有一定的淋移黏化特征,所以与褐土的其他亚类相比往往是黏化层的层位较低,而且黏化层的厚度较大,特别是在黄土母质上,其黏化层的厚度可达 1 m 以上,并有黏粒胶膜出现,即使是在岩石风化残片的下方也可看到胶膜出现,这是其他亚类所少见的。在北京地区,这种黏化层的表现与Q3 黄土层位有关,也可以认为这是古土壤水文过程的结果。

（3）风化淋溶系数:一般反映矿物风化情况,因为在风化过程中往往伴随着 SiO_2 与 CaO 的淋失,而使硅铝率与土壤风化淋溶系数逐渐减小。

3）石灰性褐土

石灰性褐土相当于美国土壤系统分类中的淡色始成土、联合国土壤分类中的石灰性雏形土。与上述两个亚类相比,石灰性褐土的特点如下。

（1）$CaCO_3$ 在全剖面均有分布,而且在 Bt 层有一定的积聚,这是它与栗褐土的区别之一。如果剖面中有石化石灰淀积层,其应该是古土壤水文过程的遗迹。

（2）黏化现象较弱,例如黏化层颜色的鲜艳程度、黏化层的核状结构等与普通褐土相比均较弱,但是黏化层与 A、C 层相比均有一定的分异。

（3）表层腐殖质含量较弱,一般含量大于 10 g/kg。

（4）pH 值近弱碱性,一般为 7.8~8.5。

4）潮褐土

潮褐土的主要特征与普通褐土相同,只是处于平原地区,雨季期间有可能短期使地下水位抬高到 3 m 以上,或者使土体下层短时间水分饱和,因而在底土中具有潜育化现象,相似于美国土壤系统分类中的潮湿饱和淡色始成土、联合国土壤分类中的潜育始成土,其主要特征如下。

（1）表层有机质含量较为丰富,但小于 20 g/kg。

（2）黏化层表现较弱,特别是成土时间短,或土壤母质较轻者均表现如此,但黏性系数(Bt/A)≥ 1.2。

（3）C 层中往往有一定数量的锈纹、锈斑(7.5YR)与暗色的铁锰斑点或软质的小的(0.2~0.5 cm)铁锰结核。有时在底土层(如 1 m 以下)有由古土壤水文过程而遗留的砂姜结核。

5）墣土

墣土是在普通褐土表层以上形成的一种人工堆垫的表层,是人为长期旱耕熟化,施入土粪或富含有机质的农家肥料而形成的诊断层,厚度不小于 50 cm,具有双层耕种熟化层段,即在现耕层和梨底层之下具有埋藏的老耕作层,0~2 cm 的堆垫表层的速效磷含量小于 100 g/kg。现代耕作层及其人工堆垫表层以下的土壤剖面与普通褐土相同,该土壤较大面积地分布于我国古老农业区的关中平原,其他古老农业区也有点状分布。墣土也称堆垫褐土,是我国特有的褐土类型。

6）燥褐土

燥褐土分布于川西岷江、大渡河、金沙江上游海拔 1 000~2 600 m 的山地土壤垂直带结构中。所在地区平均气温为 12~15 ℃,但冬季比较温暖,气温在 0 ℃ 以上,年降水量为 400~600 mm,自然植被以狼牙刺、仙人掌、高山栎为代表,相似于亚热带干旱森林景观。土壤表层为淡色腐殖质表层,B 层有一定黏化,呈黄棕色(7.5YR4/4);黏粒系数(Bt/A)>1.2,全剖面石灰质反应强烈,pH 值为 7.0~8.0,栽培植物为石榴、枣、花椒、苹果等,作物一年一熟或一年两熟。其相当于美国土壤系统分类中的钙质暗红色夏旱淋溶土(Calcic Rhodoxeralfs)、联合国土壤分类中的艳色淋溶土(Chromiac Luvisol)。

7）褐土性土

褐土性土分布于褐土区,是黏化 B 层发育不明显的土壤,即 A-(Bt)-C 剖面构型。它是褐土分布面积最大的亚类。

8）与相关土类的区分

（1）与棕壤的区别:棕壤为暖温带湿润森林下的淋溶土,因此在剖面形态方面,棕壤的淋溶黏化明显;黏化层出现的层位稍低,层次厚度较大,黏粒系数(Bt/A)>1.4,SiO_2/R_2O_3 一般小于 2.5,pH 值近酸性,即 6.0~6.5,且剖面中无 $CaCO_3$ 积聚,这也是淋溶褐土与棕壤的主要区别。此外,在过渡地带的同一地区内,土壤剖面中 $CaCO_3$ 的有无往往与母质关系较大,如钙质母质多则发育为褐土,反之则发育为棕壤。往往在过渡地带,褐土与棕壤的相嵌分布。

（2）与黄棕壤、黄褐土的区别:黄棕壤和黄褐土属于北亚热带淋溶土,淋溶黏化明显,并有一定的富铝化过程,一般 SiO_2/R_2O_3 小于 2.1,所以褐土与黄棕壤、黄褐土的边界定义比较清楚。

（3）与栗褐土的区别:栗褐土属钙成土纲,全剖面为钙所饱和, $CaCO_3$ 含量一般为 50~150 g/kg,pH 值为 8.0 左右,所以脱钙黏化过程不明显,黏化系数(Bt/A)<1.2,这是石灰性褐土与栗褐土的分类边界。

4. 改良利用

褐土所分布的暖温带半干润季风区,具有较好的光热条件,农作物一般可以两年三熟或一年两熟。由于其主体深厚,土壤质地适中,广泛适种小麦(绝大部分为冬小麦)、玉米、甘薯、花生、棉花、烟草、苹果等粮食和经济作物。若所在地区降水量偏小且过于集中,在这种条件下的土壤利用及改良问题应考虑以下几个方面。

（1）开展水土保持,发展水利灌溉。褐土中除潮褐土地处平原区外,其他一般多处于丘陵与高平地,土壤侵蚀现象普遍,开展水土保持与发展水利灌溉是提高褐土地区农业生产水平的重要途径。

（2）开展旱作农业的土壤耕作措施。由于水源的限制,大面积发展灌溉是有限的,应当普遍地、大面积地发展旱作农业,其中包括工程措施(如水平梯田、径流农业)与系统的土壤耕作(如少耕、覆盖、轮作)等。褐土区降水量一般均在 600 mm 左右,增加以保墒培肥为中心的土壤旱作耕作措施是发展褐土区持续农业的重要途径。

（3）合理施肥,提高土壤肥力水平。首先要增加土壤的有机质,因为褐土区温暖干旱时期长,土壤有机质分解快,保证一定的有机肥源(其中包括轮作在内)是保证土壤肥力的重要基础。其次要合理施用磷肥,褐土的活性铁及 $CaCO_3$ 均容易促使磷固结,形成铁质和钙质以及闭态磷,从而使磷肥固结失效,因此应加强过磷酸钙施用技术的研究。再次要合理施用微量元素肥料,褐土大多有石灰反应,它会减弱锌、钼、锰、铁等的有效性。最后要充分注意微量元素肥料的合理应用,在淋溶褐土及砂性土壤中硼、铜的含量较低。

（4）因土种植,发展土壤潜力优势。如淋溶褐土上的板栗、烟草,潮褐土上的玉米、小麦,其他如苹果、谷子、棉花等都是褐土的优势作物,一些名优特产都是在这些相应的土壤上生产出来的。因此,应当因地制宜地发展农业,由于水分条件的限制,不必勉强强调发展小麦。

（5）适当发展畜牧业与林果业。褐土区应改变土地利用结构和农业经济状况,为褐土区的持续农业与生态农业的发展创造条件。棕壤与褐土是分布于我国暖温带的湿润与半湿润地区的地带性土壤,自然景观分别是湿润森林与干旱森林。这两种土壤在土壤形成、剖面形态与地理分布方面的关系如下:①都有黏化过程,其是暖温带土壤风化与形成的特点,正如寒温带湿润森林条件下的灰化过程一样,这种黏化也可称为硅铁铝化,但是棕壤以淋移黏化(也可称为机械淋移黏化)为主,而褐土则淋移黏化和残积黏化均有,但多以后者为主,两者在黏化层的层位、厚度及色泽方面均有差异,这种差异与其成土条件紧密相关;② $CaCO_3$ 的淋溶与淀积方面,也与降水量有关,褐土与棕壤的区别就在 $CaCO_3$ 的积聚上,但不能忽视母质因素,特别是在两者相邻的亚类过渡关系方面,往往是在碳酸盐岩母质上发育为褐土,而非碳酸盐岩母质则发育为棕壤,两者往往是镶嵌分布,这两种土壤都是我国北方地区的主要农业与果树等生产基地,农业历史悠久,但土壤侵蚀现象较为普遍,合理保护这些土壤,发展旱作农业与灌溉农业是发挥其生产潜力的重要措施。

5.1.2.4　黑土

1. 特征与分布

黑土是具有强烈胀缩和扰动特性的黏质土壤,相当于美国土壤系统分类中的变性土土纲和联合国土壤分类中的变性土单元。该土纲包括中国现行发生分类制中的砂姜黑土、潮土、石灰土、赤红壤、水稻土各土类中具备变性特征者,由于我国以往未设立变性土独立单元,1985 年初拟订的中国土壤系统分类才将其列为独立土纲。

黑土是温带半湿润气候、草原化草甸植被下发育的土壤,是温带森林土壤向草原土壤过渡的一种草原土壤类型,目前我国土壤分类系统将黑土列入半水成土纲中。我国黑土分布在吉林省和黑龙江省中东部广大平原上。美国黑土分布在中部偏北的湿草原带,故称湿草原土。黑土有机物质平均含量为 3%~10%,是特别有利于包括水稻、小麦、大豆、玉米等农作物生长的一种特殊土壤,每形成 1 cm 厚黑土需 200~400 年时间,而北大荒的黑土厚度则达到了 1 m。

我国黑土地处温带半湿润地区,四季分明,雨热同季为其气候特征;土壤母质黏重,并有季节冻土层;夏秋多雨,土壤常上层滞水,草甸草本植物繁茂,地上和地下均有大量有机残体进入土壤;漫长的冬季。微生物活动受到抑制,有机质分解缓慢,并转化成大量腐殖质累积于土体上部,形成深厚的黑色腐殖质层。土体内盐基遭到淋溶,碳酸盐也移出土体,土壤呈中性至微酸性。季节性上层滞水引起土壤中铁锰还原,并在旱季氧化,形成铁锰结核,特别是亚表层表现更明显。所以,黑土是由强烈的腐殖质累积和滞水潴积过程形成的,是一种特殊的草甸化过程产物。在自然状态下,黑土腐殖质层厚度可达 1 m,养分含量丰富,肥力水平高。黑土开垦后,腐殖质含量下降,由于母质黏重,土壤侵蚀明显,这是黑土利用中需引起注意的问题。黑土是我国最肥沃的土壤之一,黑土分布区是重要的粮食基地,适种性广,尤其适合大豆、玉米、谷子、小麦等生长。

2. 成土条件

1）母质

黑土在各种基性母质上发育,包括钙质沉积岩、基性火成岩、玄武岩、火山灰以及由这些物质形成的沉积物。这些母岩母质中丰富的斜长石、铁镁矿物和碳酸盐有利于黑土的发育。中国黑土涉及的母岩母质有石灰岩、玄武岩、第三纪河湖相沉积物以及近代河流沉积物等,但以石灰性母质为主。

2）地形

黑土在海拔 1 000 m 以下的平坦地貌面(如高原面、平原和台地)或低洼地(坡地下段及盆谷地)都有分布,以海拔低于 300 m 的地形为多。地形坡度一般不超过 2°~3°,但有些地区(如火山地区)坡度达 15°~16°。中国黑土多分布在低平洼地,但在一些低丘、台地上也有发育,如福建漳浦县和龙海市沿海、广东省海康等地。黑土分布区常有特殊的土壤发生地形——黏土小洼地。这是一种小盆和小丘组成的微地形,起伏高度一般不超过 1 m,水平距离 2~100 m,是由不同的内压力而引起的地表面弯曲。黏土小洼地在各地出现的频度不同。

3）气候

黑土在热带、亚热带以及温带均可发生,分布区气候的最普遍特征是季节性干旱,但旱季的长短各地相差很大。气候包括干湿季分明的季风气候、一年内只有一两个月湿季的较干旱气候和只有几星期水分不足的湿润气候,年降水量少至 150 mm,多时可达 2 000 mm,但多数为 500~1 000 mm,年平均气温一般为 15.5~16.5 ℃。

4）时间

黑土母质的生成可始自全新世至更新世之间,在基岩上发育的,可追溯到中更新世或更早;而在经运移的土壤物质或其他沉积物上发育的,则可追溯到中更新世或更迟。黑土的相对年龄属于幼年,许多黑土是在冲积、湖积以及火山物质等母质上发育的;黑土的自翻转作用是其保持幼年性的主要因素。在半干旱气候区,由于缓慢的风化速度限制了剖面发育,基性母质不断释放出丰富的钙、镁盐基,使土壤中的蒙脱石矿物保持稳定;坡地则因迅速的剥蚀作用,表层不断遭受冲失,使土体保持浅薄和幼年状态。

5）植被

黑土在自然条件下的典型植被是草地或热带稀树草原。

3. 成土过程

1）蒙脱化过程

蒙脱石占优势的黏粒矿物组合是黑土活跃成土过程的基础。黑土中的蒙脱石来自两个途径:①从母质中继承下来的,如较湿润气候下的冲积物、钙质岩以及火山碎屑物质多富含蒙脱石矿物,成土环境延续了蒙脱石的存在;②新生成作用,即在含有盐基和二氧化硅的碱性水溶液作用下,蒙脱石通过非膨胀性铝硅酸盐黏粒的复硅作用产生,或者由原生矿物向次生矿物转化而成。印度德干高原的一些黑土,苏丹、埃及尼罗河冲积物发育的黑土,美国南部大平原的黑土,其蒙脱石矿物都是从母质继承而来。而南非、肯尼亚、以色列、澳大利亚昆士兰的一些基性火山岩发育的黑土中的蒙脱石的新生成作用处于主要地位。新生成作用也是中国一些黑土中蒙脱石的重要成因。在低洼地发育的黑土,由于地形因素引起地球化学过程中物质分异,风化物中丰富的溶解硅和盐基有利于蒙脱石的合成。分布于低丘、台地等正地形上的黑土,其蒙脱石则多由原生矿物转化而来,如福建漳浦由暗黑色气孔状橄榄玄武岩风化物发育的黑土之所以富含蒙脱石矿物,是由于该种母质中的玻璃质在重结晶过程(又称脱玻化)中伴有广泛的蒙脱石化,形成大量的蒙脱石,成土时间尚短,这些蒙脱石矿物得以大量保存于土体中。

2)开裂过程

开裂过程是黑土另一种主要成土过程,这是富含 2∶1 型膨胀性矿物的黏质土壤在明显干湿季气候条件下的必然结果。土壤干燥时,土体强烈收缩并形成纵横裂隙,深度可达 1 m 以上,地表附近的宽度可达 10 cm。深大裂隙的形成,对掺混土体具有特别重要的意义。而且大裂隙的边缘受到降水、动物活动、人类耕作等作用,上层物质向下跌落,填充于裂隙内;重新湿润时,土壤膨胀,裂隙闭合,土体底层因增添了额外物质,膨胀后必然要产生较大的体积,造成挤压,从而使土壤向上运动。如此经过多年循环,下层物质移到表层,而上层物质降到下层,这就是自翻转作用(又称自幂作用)。这种机制赋予黑土剖面性状特殊性:①剖面均一化,即在裂隙所达到的深度范围内,土壤变成了均质体,发生层分异不明显,土色、质地、有机质含量无显著差异,有机质与矿物质充分混合从而高度复合;②具有滑擦面和楔形结构,表层下土壤受挤压而相对移动过程中造成明显程度不同的劈理和磨光面(滑擦面),楔形结构是土壤基块受到倾斜方向膨胀压产生的剪切力作用而造成的;③地表出现黏土小洼地,即干湿交替引起两裂缝间土壤"隆起"而产生小起伏微地形。此外,在新开挖剖面的心土层中夹有植物残落物,说明有上部物质陷落到下部;有些质地匀细的黑土,表层却常能见到石块,这是下部物质被挤到上部的结果;在显微镜下观察,有些黑土在不同深度局部可见破碎的淀积黏粒胶膜,这是由于土壤自翻转作用使原先形成的胶膜破碎,并拌入整个土体。应该指出,开裂过程是黑土的普遍现象,但土壤自翻转作用的强弱与气候干湿交替强烈程度、植被茂密程度、人为利用频繁与否密切相关。我国黑土的自翻转作用不甚明显。

4. 主要性状

1)诊断层和诊断特征

黑土没有特定的诊断层,以下列变性特征作为诊断依据:①土体厚度超过 50 cm;②各层中至少含 30% 黏粒;③在多数年份中的某些时候,土壤出现深而宽的裂缝(在

50 cm 深处的裂缝宽度 ≥ 1 cm）；④至少具备下列特征之一，即滑擦面、黏土小洼地、楔形结构（长轴与水平方向呈 10°～60° 夹角，出现在 25～100 cm 深度范围内）。

2）形态特征

由于黑土形成过程中的自翻转作用，使其剖面均一化，发生层分异不明显，土体构型大致呈 A 型或 Ap-Bw-Ck 型或 C 型，发生层之间渐变过渡。黑土剖面还具有以下形态特征：①土的色调一般为 2.5Y 或 10YR，色值为 2～3，彩度很少超过 2，由于黑土的腐殖质常与矿物质形成稳定的复合体，使土色不同于实际有机质含量水平通常所能呈现的暗色；②剖面没有淋溶或淀积作用的明显迹象；③表层具有明显的团粒结构，其下是棱柱状和楔形结构，结构体由上而下变大。

3）理化性质

黑土膨胀系数很大，干湿体积变化范围为 25%～50%；持水量大，但有效性差；湿时可塑性强，耕性很差；有机质量不高（5～30 g/kg），C/N 为 10～14；黏粒含量 >35%；阳离子交换量大（25～80 cmol(+)/kg），交换性盐基（尤其是 Ca^{2+} 和 Mg^{2+}）含量也很高，盐基饱和度多在 50% 以上，并随深度递增；pH 值为 6.0～8.5；蒙脱石是占优势的黏土矿物，其次是云母类矿物（石灰岩、珊瑚、泥灰岩发育得则少），高岭石也是常见矿物，其含量随风化度递增。碳酸盐和石膏可出现在心土层，常见于湿润黑土和干热黑土的滑擦面上。

5. 土壤分类

国外对黑土的分类研究较细，如美国土壤系统分类将黑土分为 4 个亚纲 7 个土类。我国的黑土可分为 2 个亚纲 5 个土类。潮湿黑土亚纲是中国学者提出的，指具备潮湿土壤水分状况或土表 50 cm 深度内有斑纹特征的黑土。该亚纲含有青黏土、棕黏土两个土类，青黏土指原砂姜黑土中具变性特征者，棕黏土指原潮土中具变性特征者。湿润黑土亚纲具备湿润水分状况，包括黑黏土、暗黏土、红黏土 3 个土类。黑黏土是在石灰岩地区平浅坝地上发育的原黑色石灰土中符合变性特征者；暗黏土是玄武岩上发育的赤红壤、砖红壤中具备变性特征者；红黏土是在第三纪湖相沉积物上发育的红色或棕色石灰土中有变性特征者。下面简要介绍各土类主要特征。

1）青黏土（Green claysoil）

青黏土分布于安徽、河南、山东、湖南、湖北等省份，以淮北平原分布最广，与砂姜黑土呈复区分布。青黏土除具有潮湿黑土的诊断特征外，还具有下列特性：湿态亮度 <3.5，干态亮度 <5.5，湿态彩度 <2，有机质含量 <15 g/kg。其形态特征明显，在暗灰色或灰棕色的表层（耕作层）下，有厚达 40～60 cm 的黏质黑土层，向下过渡到具有明显水成特性的底土层，常见有各种形状的砂姜（石灰结核）。

2）棕黏土（Brown claysoil）

棕黏土大致与原潮土中的潮黏土和湿潮土相当，零散分布于黄河中、下游冲积平原及其以南的淮北平原和长江中、下游河谷平原的低平洼地上。棕黏土除具有潮湿黑土的诊断特征外,还具备下列特性:表层湿态亮度≥3.5,干态亮度≥5.5,湿态彩度≥2,呈棕色或红棕色。与青黏土相比,棕黏土土色较艳,黏粒含量和阳离子交换量略低。

3)黑黏土(Black claysoil)

黑黏土相当于美国土壤系统分类中的暗色湿润黑土,是分布在石灰岩地区平浅坝地上的黑色厚层黏重土壤,与黑色石灰土构成复区。黑黏土除符合湿润黑土诊断特征外,还具有下列特性:表层湿态亮度<3.5,干态亮度<5.5,湿态彩度<2,有机质含量≥40 g/kg,且有石灰反应。在我国各类黑土中,黑黏土有机质含量最高(多为50~100 g/kg),且有机质层深厚(20~30 cm);碳酸盐常以假菌丝、白色粉末或结核等形式出现在剖面中。

4)暗黏土(Dark claysoil)

暗黏土相当于美国土壤系统分类中的艳色湿润黑土,零星分布在海南岛北部、雷州半岛以及闽东南沿海一些低丘台地上,曾称黑赤土或暗赤土,与砖红壤或砖红壤性红壤成复区分布。暗黏土除具备湿润黑土诊断特征外,还具有下列特性:表层湿态亮度<3.5,干态亮度<5.5,湿态彩度为2~3.5,有机质含量<50 g/kg,无石灰反应。暗黏土以其彩度较大、有机质含量较小、全剖面均无石灰反应等特征区别于黑黏土,以具有变性特征、风化淋溶作用和脱硅富铝化作用微弱区别于砖红壤或砖红壤性红壤。

5)红黏土(Red claysoil)

红黏土相当于美国土壤系统分类中的艳色湿润黑土,主要见于中国南方,与红色或棕色石灰土成复区分布。红黏土除符合湿润黑土的诊断特征外,还具备下列特性:表层湿态亮度≥3.5,干态亮度≥5.5,湿态彩度≥2。红黏土以具有变性特征且黏粒硅铝率不小于2.4,区别于红色或棕色石灰土。相对于中国其他黑土类型,红黏土除土色呈艳色外,pH值和阳离子交换量均较低。

6. 改良利用

黑土是大自然给予人类的宝藏,世界上仅有美洲的密西西比平原、欧洲的乌克兰平原和亚洲的东北平原3块黑土平原。乌克兰平原的面积约为190万平方千米,美国密西西比平原的面积约为120万平方千米,它们和东北黑土地一样,都分布在四季分明的寒温带,由于植被茂盛、冬季寒冷,大量枯枝落叶难以腐化、分解,历经千百年形成了肥厚的腐殖质,也就是黑土层。黑土有机质含量大约是黄土的10倍,是肥力最高、最适宜农耕的土地,因此世界三大黑土区先后被开发成重要的粮食基地。与东北黑土地有所不同,乌克兰平原和美国密西西比平原的地势平坦、坡地较少,土壤主要受到风的侵蚀,在20世纪20—30年代,由于毁草开荒过度、地表植被破坏、水土流失严重,这两个地区相继发生破坏性极强的"黑风暴"。1928年,"黑风暴"几乎席卷了乌克兰整个地区,一些地方被毁坏了 5~12 cm 厚的土层,最严重的厚度达 20 厘米。在美国,1934 年的一场"黑风暴"就卷走 3 亿立方米黑土,当年小麦减产 51 亿千克。为保护黑土地免受侵害,国外两大黑土区都投入了大量的人力、物力和财力,围绕合理规划土地和建立科学耕作制度等开展研究,大举营造农田防护林,采取保土轮作、套种、少耕、免耕等方法,充分发挥耕作措施与林业措施相结合的群体防护作用,经过多年的治理,已见成效。作为与美国密西西比流域沿岸及乌克兰第聂伯河沿岸并称的世界三大黑土带,北大荒横跨东经 123° 40′~134° 40′ 的 11 个经度,纵贯北纬 44° 10′~50° 20′ 的 10 个纬度,总面积达 5.76 万平方千米。我国黑土区的开发比国外两大黑土区晚,大规模开荒垦殖始于 20 世纪 50—60 年代,近 20 年来我国已逐步加大对黑土地水土流失治理的力度。

世界各地的黑土主要用于种植棉花、小麦、玉米、高粱、水稻、糖蔗或作为牧场,用于放牧的面积最大。黑土的自然肥力很高,但耕性差,水分有效性低,在有动力机具和灌溉条件下,其农业生产潜力才可得到发掘;农艺利用依气候而异,但因黏粒含量高和湿时渗透性低,这些土壤适于种植淹水作物,而不宜种植用材林。黑土的非农业利用常出现许多工程上的问题,如道路、房屋、管道等会受土壤胀缩的影响而发生移位和扭曲,应十分注意。黑土土壤吸收污水性能差,在土壤水分饱和、黏粒膨胀后测定其透水性数值才有意义,若在旱季土壤开裂时测定其透水性数值,会让人误解该土壤透水性特别强,这是环境管理者应予考虑的问题。

5.1.2.5 栗钙土

1. 特征与分布

栗钙土发育于温带半干旱草原植被下,其主要特征是剖面上部呈栗色,下部有菌丝状或斑块状或网纹状的钙积层。美国土壤系统分类已将大部分栗钙土划归为软土,在法国称为棕色土,其在加拿大称为棕色和暗棕色土。联合国土壤分类则仍沿用栗钙土的名称。

栗钙土是温带半干旱、干旱草原地区发育的一组土壤,包括栗钙土、棕钙土和灰钙土,是中国北方分布范围极广的草原土壤。栗钙土具有较明显的腐殖质累积和石灰淋溶 - 淀积过程,并多存在弱度的石膏化和盐化过程。栗钙土表层为栗色或暗栗色的腐殖质,厚度为 25~45 cm,有机质含量一般为 1.5%~4.0%;腐殖质层以下为含有多量灰白色斑状或粉状石灰的钙积层,石灰含量达 10%~30%。我国栗钙土土壤性质表现出明显的地区差异,东部内蒙古高原的栗钙土具有少腐殖质、少盐化、少碱化和无石膏或深位石膏及弱黏化特点;而西部新疆地区底土有数量不等的石膏和盐分聚积,腐殖质的含量也较高,但土壤无碱化和黏化现象。

栗钙土具有松软表层,并在深 1 m 内的某个部位出现钙积层,典型的剖面构型为

Ah-Bk-C,全剖面盐基饱和,pH 值为 7.5~9.0。栗钙土可分为普通栗钙土、暗栗钙土、淡栗钙土、草甸栗钙土、盐化栗钙土、碱化栗钙土及栗钙土性土。

2. 成土过程形态及特征

1)草原腐殖质积累过程

草原腐殖质积累过程基本与黑钙土的相同,但干草原植被具有以下特点:①其地上生物量干重为 450~1 800 kg/hm²,仅为黑钙土区的草甸草原的 1/3~1/2;②其地下生物量为其地上生物量的 10~15 倍,高者可达 20 倍,主要分布在 30 cm 厚表层中。所以,干草原区的植物根系量更大。定位研究表明,地上凋落物一年左右便可腐解,地下部分每年死亡腐解 35%~40%。较强的微生物分解使有机质积累量不如黑钙土。草原植被吸收的灰分元素中除硅外,钙和钾占优势,这对腐殖质的性质及钙在土壤中的富集有深刻影响。

2)石灰质的淋溶与淀积

石灰质的淋溶与淀积过程也基本与黑钙土相同,只是由于气候更趋干旱,石灰积聚的层位更高,积聚量更大。当然,石灰质积聚的厚度及 $CaCO_3$ 含量与母质及成土年龄有关。

3)残积黏化

季风气候区内蒙古的栗钙土,雨热同期所造成的水热条件有利于矿物风化及黏粒的形成,典型剖面研究和大量剖面统计均表明,栗钙土剖面中部有弱黏化现象,主要是残积黏化(无黏粒胶膜),与钙积层的部位大体一致,因受钙积层掩盖而不被注意,所以也称为"隐黏化"。而处于西风区的新疆栗钙土则无此特征。

4)剖面形态

栗钙土与中心概念相应,具有以下剖面特征。

Ah 层:厚 25~50 cm,呈暗棕色至灰黄棕色(7.5YR3/3~10YR5/2),砂壤至砂质黏壤,粒状或团块状结构,大量根及半腐解残根,常有啮齿动物穴,向下过渡明显。

Bk 层:厚 30~50 cm,呈灰棕至浅灰色(7.5YR6/2~10YR7/1),砂质黏壤至壤黏土,块状结构,紧实或坚实,植物根稀少,石灰淀积物多呈网纹、斑块状,也有假菌丝体或粉末状,向下逐渐过渡。

C 层:因母质类型而易,洪积、坡积母质多砾石,石块腹面常有石灰膜;残积母质呈杂色斑纹,有石灰淀积物;风积及黄土母质较疏松均一,后者有石灰质。

5)基本特征

(1)剖面构型为 Ah-Bk-C 或 Ah-Bkt-C。

(2)A 层有机质含量为 10~45 g/kg,因亚类和地区不同而异,C/N 为 7~12,H/F 为 0.8~1.2,E4/E6 为 4.1~4.5。Bk 层有机质锐减至 10 g/kg 左右,H/F 减至 0.6~0.85。

（3）主要亚类碳酸钙剖面分布反映淋溶程度的差异及潜水的影响。

（4）pH 值在 A 层为 7.5~8.5，有随深度而增大的趋势，盐化、碱化亚类 pH 值可达 8.5~9.5（10）。

（5）黏土矿物以蒙脱石为主，其次是伊利石和蛭石，受母质影响有一定差别。黏粒部分的 SiO_2/R_2O_3 为 2.5~3.0，SiO_2/Al_2O_3 为 3.1~3.4，表明矿物风化蚀变微弱，铁、铝无移动。

（6）除盐化亚类外，栗钙土易溶盐基本淋失，内蒙古地区栗钙土中石膏也基本淋失，但新疆地区栗钙土深 1 m 以下底土石膏聚集现象相当普遍，说明东部季风区的淋溶较强。

3. 土壤分类

根据主要成土过程的表现程度，栗钙土可分为普通栗钙土、暗栗钙土、淡栗钙土、栗钙土性土；按照伴随的附加过程在剖面构型上的表现及新的特征，可分为草甸栗钙土、盐化栗钙土和碱化栗钙土。

1）普通栗钙土

普通栗钙土是最接近中心概念的亚类，大部分相当于美国土壤分类中的钙积半干润软土，部分类似弱发育半干润软土，与联合国土壤分类中的钙质栗钙土类似，其形态及诊断特征可参考土类说明。

2）暗栗钙土

暗栗钙土剖面构型以 Ah-AB-Bk-Ck 为主，也有 Ah-Bk-Ck，类似美国土壤系统分类中的钙积半干润软土，与联合国土壤分类中的淋溶栗钙土类似。

（1）在栗钙土土类中，暗栗钙土分布区温度较低、降水较多（年均气温为 -2 ℃，年降水量为 350~400 mm）；在内蒙古地区，分布于栗钙土亚类以东，与黑钙土分布区毗邻。

（2）暗栗钙土的地上、地下生物量比栗钙土亚类的高，其 A+AB 层厚度为 35~55 cm，有机质含量在内蒙古高原为 15~45 g/kg，AB 层呈渐变态，与黑钙土有舌状延伸的情况明显不同。

（3）钙积层厚度为 20~40 cm；$CaCO_3$ 含量平均约为 140 g/kg，且东部季风区的多于西部的；pH 值为 7.5~9，有随深度而增高的趋势。

3）淡栗钙土

淡栗钙土剖面构型为 Ah-Bk-Ck，相当于美国土壤系统分类中的钙积半干润软土，与联合国土壤分类中的钙质栗钙土相当。

（1）淡栗钙土是栗钙土与棕钙土间的过渡亚类，土区所在地气候更为温暖而干旱，年均气温为 2~7 ℃，年降水量为 200~300 mm，具有轻度荒漠化生态环境特点，且常与少量盐化栗钙土构成复域。

（2）淡栗钙土植被的生物量比栗钙土亚类低，A层有机质含量为10~20 g/kg，地表常有轻度风蚀沙化特征。

（3）钙积层出现部位及石灰质含量均高于其他亚类，且时有石化钙积层。

（4）石膏及易溶盐在新疆淡栗钙土C层（有时B层）普遍出现，但东部季风区的淡栗钙土则罕见此特征。

4）草甸栗钙土

草甸栗钙土潜水埋深3~4 m，或底土短期水分饱和引起潜育过程。其剖面构型为Ahk-Bk-Cg，A层有机质含量为20~50 g/kg，厚度为30~50 cm，钙积层上下界逐渐过渡。

5）盐化栗钙土

盐化栗钙土分布于栗钙土、淡栗钙土地带地形低洼、土体和地下潜水中易溶盐聚集的地形部位，如湖泊外围、封闭或半封闭洼地、河流低阶地、洪积扇缘等，常与草甸栗钙土、盐渍土构成环状、条带状复域或复区。其剖面构型为Az-Bkz-Cg。

6）碱化栗钙土

碱化栗钙土主要分布于内蒙古高原、呼伦贝尔高原上小型碟形洼地、黏质干湖盆、河流高阶地，以及母质为第三纪灰绿色泥页岩、白垩纪杂色砂岩地区，其形成多与母质或地下潜水含有苏打有关，且常与栗钙土、暗栗钙土及碱土构成复区。其剖面构型为An-Btn-Bk-Cy，碱化层pH值为9~10。

7）栗钙土性土

栗钙土性土的形成和分布与贫钙的砂性母质有关，多见于暗栗钙土地带中，少量的钙质在较强淋溶条件及透水性良好的砂性母质中很难形成钙积层，有时近1 m深的底土中有弱石灰反应，且全剖面盐基饱和，pH值为7.5~8.4，除缺Bk层外，植被及剖面形态均类似于暗栗钙土。其剖面构型为Ah-AC-C或Ah-AC-CK。

8）与相关土类的区分

（1）与黑钙土的区别。黑钙土的A层厚度及有机质含量较栗钙土大，Bk层出现深度较大，$CaCO_3$含量也少于栗钙土，黑钙土剖面构型为Ah-AB-Bk-C，AB层的腐殖质具有向下的舌状、楔状过渡特征，而栗钙土A、B层间过渡明显。在两者分布的过渡地区，往往由于地形引起的水分差异而相互镶嵌分布，如阴坡发育黑钙土，而阳坡发育栗钙土。

（2）与棕钙土的区别。棕钙土A层更薄，有机质也少，Bk层层位更高，常见石化钙积层；而且棕钙土的亚表层具有铁质染色的棕色特征，剖面下部有石膏聚集，而季风区的栗钙土一般没有。

4. 改良利用

干草原栗钙土地带是中国北方主要的草场，历来以牧业为主，作为天然放牧和割草场,近百年来逐渐有较大规模的农垦。内蒙古目前垦殖率为 12%~13%,而 90% 以上分布在水肥条件较好的暗栗钙土、栗钙土、草甸栗钙土三个亚类中,且以一年一熟的雨养农业为主。但由于降水偏少、年际变幅大、干旱等因素,加上耕种粗放,农田建设水平低,这些土区风蚀的破坏和土壤资源退化明显。统计表明,耕地表层有机质较自然土壤减少 200~300 g/kg,产量低而不稳。应针对栗钙土的自然条件、土壤性质和存在问题,并考虑经营利用的历史和经济发展的需要,确定利用方向和改良措施。

(1)栗钙土虽属农牧兼宜型土壤,但雨养旱作农业受降水限制,总的利用方向应以牧业为主,适当发展旱作农业与灌溉。考虑到历史和现状,暗栗钙土应以农业为主,农牧林结合;栗钙土以牧业为主,牧农林结合,严重侵蚀的坡耕地应退耕还牧;草甸栗钙土农牧结合;其他亚类均以牧业为主。

(2)干草原产草量较低,年际和季节间变化大,应有计划地在适宜地段建设人工草地,种植优良高产牧草,改良退化草场,提高植被覆盖度,防止土壤沙化、退化,并严格控制牲畜数量,防止超载放牧。

(3)栗钙土耕地肥力普遍有下降趋势,应合理利用土地资源,农牧结合,增施有机肥,推广草田轮作,种植绿肥牧草,增加土壤有机质。在农田及部分人工草场施用氮、磷化肥,并根据丰缺情况合理施用微肥,这是增产的一项重要措施。在有水源地区,应根据土水平衡的原则发展灌溉农业,建设稳产高产的商品粮、油、糖及草业基地。

(4)农牧区都应建设适合当地条件的防护林体系,保护农田、牧场,改善生态环境。但对有紧实钙积层的土地,应以灌木为主,不宜种植乔木林。

5.1.2.6　漠土

漠土是发育于干旱少雨、植被稀疏的荒漠地区的土壤。其主要特征是土层薄,石砾多,石灰、石膏及水溶盐类含量高,广泛分布于世界各大洲荒漠区,我国西北部的温带荒漠地区,包括内蒙古、宁夏、青海、甘肃和新疆等省、自治区也有分布。

漠土是荒漠地区的重要土壤资源,包括灰漠土、灰棕漠土、棕漠土和龟裂土等。其特征是具有多孔状的荒漠结皮层,腐殖质含量低,石灰含量高,且表聚性强,石膏和易溶性盐分在剖面不大的深度内聚积,存在较明显的残积黏化和铁质染红现象,整个剖面的厚度较薄、石砾含量多(龟裂土和灰漠土除外)等。成土过程主要表现为钙化作用(石灰聚积)、石膏化与盐化作用、弱的铁质化作用,同时风成作用相当明显。中国荒漠区的平均年降水量低于 200 mm,不少地区在 100 mm 以下;但热量状况变异较大,蒸发量常高出降水量十倍乃至上百倍。其植被属小半灌木和灌木荒漠类型,成分简单,覆盖稀疏。成土母质多属砂砾质沉积物(我国境内一部分发育于黄土母质)。由于降水少、蒸发强和生物作用微弱,土壤有机质积累作用不明显,风化作用和成土作用的产物大多就地积累。漠土剖面的基本发生层较简单,仅包括孔状结皮和片状层、紧实层、石膏和水溶性盐类聚积层等。

1. 灰漠土

灰漠土是发育在温带荒漠边缘细土物质上的土壤,兼有漠土和草原土壤的特点,在我国主要分布在新疆准噶尔盆地南部冲积平原和北部剥蚀高原、河西走廊的中西段及阿拉善高原的东部。新疆灰漠土表层有机质含量在 1.0% 左右,腐殖质层极不明显,石灰的最大含量可达 10%~30%,聚层出现在 20 cm 或 30 cm 以下,易溶性盐含盐最大的层次在 40 cm 以下,往往与石膏层相联系。土壤矿物风化处于脱钾阶段,硅铝率为 4.0 左右,黏土矿物以水云母为主。

2. 灰棕漠土

灰棕漠土是在温带荒漠条件下和粗骨母质上发育的土壤,地面无植被覆盖,土石不多,多见于新疆天山山脉、河西走廊一线以北和宁夏贺兰山以西的广大戈壁平原地区,在西北占有很大的面积。其与灰漠土相比,腐殖质的累积作用更弱,几无腐殖质层,表层有机质含量很少超过 0.5%,随深度增加有机质含量亦无多大变化,C/N 比值范围很小,多为 4~7,但石灰的含量以表层或亚表层的最高,且石膏的聚积较普遍,在 10~40 cm深度常形成小粒状或纤维状结晶的石膏层,石膏的最大含量可达 30% 以上。

3. 棕漠土

棕漠土是在暖温带半灌木 - 灌木荒漠下发育的土壤,由粗骨母质形成,地面几无植物覆盖,多见于新疆吐鲁番以东、河西走廊玉门以西的广大戈壁地区,在塔里木盆地沙漠的边缘、青海柴达木盆地西部戈壁丘陵上也有分布。棕漠土基本上是与石质漠或戈壁相适应,与北非的石漠(或称石膏荒漠和石膏壳)近似,但其干旱程度更强,以致在土壤中出现氯化物的盐层,成为世界荒漠土壤中罕见的现象。

4. 龟裂土

龟裂土是发育较年轻的荒漠土壤,分布在温带和暖温带荒漠区的细土平原上,常受短暂地表水流的影响,但不具水成土的性质,地表平坦、坚硬,呈灰白色,被网状裂纹切成不规则的多角形裂片,形似镶嵌在地上的龟裂图案,这是其最具代表性的特征。

漠土系列在利用上主要受限于细土物质含量的多少和灌溉水源的有无。我国漠土地区处于温带及暖温带,日照长、热量足,只要有灌溉水源和设施,并注意防治干旱、风沙和盐碱危害,就可以建成肥沃的绿洲和优越的草场。其中,灰漠土地区可进行农业生产,棕漠土和灰棕漠土地区则宜放牧骆驼等。

5.1.2.7　潮土

1. 特征与分布

潮土是河流沉积物受地下水运动和耕作活动影响而形成的土壤,因有夜潮现象而得名,属半水成土。其主要特征是地势平坦、土层深厚,分布于河流冲积平原、三角洲泛滥地和低阶地。多数国家称此类土壤为冲积土或草甸土,美国土壤系统分类将其列为冲积新成土亚纲。在我国其曾称冲积土,后又相继易名为碳酸盐原始褐土、浅色草甸土和淤黄土,1958—1960 年全国第一次土壤普查后被定名为潮土。其多分布于黄河中、下游的冲积平原及其以南的江苏、安徽的平原地区,长江流域中、下游的河、湖平原和三角洲地区。

潮土是发育于富含碳酸盐或不含碳酸盐的河流冲积物的土壤,受地下潜水作用,经过耕作熟化而形成的一种半水成土壤。土壤腐殖积累过程较弱,具有腐殖质层(耕作层)、氧化还原层及母质层等剖面层次,沉积层理明显。潮土常与砂姜黑土、盐土、碱土及冲积土呈复区或相邻分布。

(1)潮土与盐土的区别:潮土以表土层(0~20 cm)可溶性盐含量 <6 g/kg 或 8 g/kg(根据区域和盐分组成而定)而区别于盐土。

(2)潮土与砂姜黑土的区别:潮土一般在 1.5 m 的控制层段,不同时出现黏质黑土层与砂姜层。

(3)潮土与冲积土的区别:冲积土分布于河漫滩地,经常有现代河流冲积物覆盖,尚未脱离现代地质沉积过程,河流冲积物层现明显,一般无腐殖质表聚特点。

2. 成土过程

潮土形成主要经过潴育化过程和以耕作熟化为主的腐殖质积累过程。

1)潴育化过程

潴育化过程的动力因素是上层滞水和地下潜水。潮土剖面下部土层常年处于地下潜水干湿季节周期性升降运动作用下,铁、锰等化合物的氧化还原过程交替进行,并有移动与淀积,即在雨季期间,土体上部水分饱和,土体中的难溶性 $FeCO_3$ 还原,并与生物活动产生的 CO_2 作用形成 $Fe(HCO_3)_2$ 而向下移动;雨季过后, $Fe(HCO_3)_2$ 随毛管作用而由底层向土体上部移动,氧化为 $Fe(OH)_3$,具体化学反应为:

$$FeCO_3+CO_2+H_2O \rightarrow Fe(HCO_3)_2$$

$$Fe(HCO_3)_2+O_2+H_2O \rightarrow Fe(OH)_3+CO_2$$

由于这种每年周期性的氧化还原过程,致使土层内显现出锈黄色和灰白色(或蓝灰色)的斑纹层(锈色斑纹层)。锰也会发生上述类似的氧化还原变化,因此常有铁锰斑点与软的结核,在氧化还原层下也可以见到砂姜,其一般是地下水的产物。

2）腐殖质积累过程

潮土绝大多数已被垦殖为农田,因此其腐殖质积累过程的实质是人类通过耕作、施肥、灌排等农业措施,改良培肥土壤的过程。潮土腐殖质积累过程较弱。尤其是分布在黄泛平原上的土壤,耕作表土层腐殖质含量低、颜色浅淡,所以被称为浅色腐殖质表层。

3. 土壤分类

潮土可分为潮土(黄潮土)、湿潮土、脱潮土、盐化潮土、碱化潮土、灰潮土及灌淤潮土等 7 个亚类。

1）潮土

潮土是潮土土类中面积最大的亚类,主要分布在黄淮海平原及汾河和渭河河谷平原,其是我国北方主要的农业土壤之一和重要的粮棉生产土壤。该亚类相当于美国土壤系统分类中的冲积新成半干润淡色始成土、联合国土壤分类中的饱和始成土。潮土母质起源于黄土高原,多为富含碳酸钙的黄土性沉积物,故又称为黄潮土或石灰性潮土。其地下水埋深旱季多在 1.5~2 m,或更深;雨季在 1.5 m 以上,矿化度为 1 g/L 左右。根据沉积物的成因及属性特点,黄潮土可分为砂质潮土、壤质潮土及黏质潮土 3 个土属。其土壤主要属性特征如下。

（1）剖面构型为 Apk-Ap2-BCk-Cgk。

（2）富含碳酸钙,且黏质土的碳酸钙含量偏高,砂质土的碳酸钙含量偏低,有中性至微碱性反应。

（3）可溶性盐分含量 <1 g/kg。

（4）土壤养分含量、可耕性、水分物理性质、生产潜力等与土壤质地及剖面构型有关,壤质潮土肥力性能最好。

2）湿潮土

湿潮土是潮土土类与沼泽土之间的过渡性亚类,主要分布在平原洼地,排水不良,地下水埋深仅 1.0~1.5 m,雨季接近地表,暂时有地表积水现象,地下水矿化度不高,大多小于 1 g/L,母质为河湖相静水黏质沉积物,一般无盐化或碱化威胁。该亚类相当于美国土壤系统分类中的弱发育潮湿始成土、联合国土壤分类中的潜育始成土。其土壤主要属性特征如下。

（1）质地黏重,细粉砂(0.005~0.1 mm)含量高,一般无粗砂(0.1~1 mm)。

（2）湿胀干缩,土温低,通气透水差,水气矛盾突出。

（3）心土层常见锈色斑纹,其下往往有潜育现象,剖面构型为 Apk-BCk-Gk。

（4）有机质含量较黄潮土、盐化潮土及碱化潮土高,多为 10~20 g/kg,高者可达 30 g/kg;但速效磷含量较低,多在 5 mg/kg 以下。多数湿潮土目前产量水平不高,稻改面积较大。

3）脱潮土

脱潮土俗称白毛土,主要是潮土土类向地带性土壤褐土过渡的亚类,故又称褐土化潮土,多分布在平原区高地,地下水埋深在 2.5~3.0 m 以下,深者达 5 m,逐渐脱离地下水影响,排水条件好,地下水矿化度 <1 g/L,一般无盐化威胁,熟化程度高,是平原地区高产稳产土壤类型。其土壤主要属性特征如下。

（1）表土质地多为壤质土,质地适中,水分物理性质良好,水、热和气、肥平衡协调,适耕性强,土壤腐殖质含量较高,多为 10~20 g/kg。

（2）碳酸盐有轻度淋溶淀积现象,心土层有假菌丝体共有黏化现象,仍残存锈色斑纹,剖面构型为 Apk-Bk(t)-Ck,与黄潮土有较显著区别。

（3）呈中性至微碱性反应,pH 值为 7.0~8.0。

4）盐化潮土

盐化潮土是潮土与盐土之间的过渡性亚类,具有附加的盐化过程,土壤表层具有盐积现象,主要分布在平原地区的微斜平地(或缓平坡地)及洼地边缘,微地貌中的高处也常有分布,与盐土呈复区,地下水埋深为 1~2 m,矿化度变幅较大,一般为 1~5 g/L,排水条件较差。其土壤主要属性特征如下。

（1）表土层有盐积现象, 0~20 cm 深的土壤含盐量上限如前所述与盐分组成有关,分别小于 0.6% 或小于 0.8%。

（2）盐分剖面分布呈 "T" 字形,表土层以下盐分含量急剧降低。

（3）每年春、秋旱季土壤表层积盐,雨季脱盐。根据盐分含量,盐化潮土盐化程度可分为轻度、中度、重度三级,其含盐量分别为 1~2 g/kg、2~4 g/kg、4~6(8)g/kg;根据盐分,组成可分为硫酸盐、氯化物 - 硫酸盐、硫酸盐 - 氯化物、氯化物及苏打盐化潮土。由于盐类的溶解度与温度有关系,一般春季积盐以氯化物为主(春季土温低),秋季积盐以硫酸盐为主(秋季土温高)。

5）碱化潮土

碱化潮土是潮土与瓦碱土之间的过渡亚类,零星分布于浅平洼地或槽状洼地的边缘,多为脱盐或碱质水灌溉所引起的。其土壤主要属性特征如下。

（1）表土有碱化特征,土表有厚 0.5~3 cm 的片状结壳,结壳表面有 1 mm 厚的红棕色结皮,结壳下有蜂窝状孔隙和游离苏打,亚表土间有碱化层或碱化的块状结构。

（2）盐分化学组成以碳酸氢钠为主,呈碱性反应,pH 值高达 9.0 以上。

（3）碱化度在 5%~15%。

（4）矿质颗粒高度分散,土壤物理性质不良。

（5）土壤养分除钾素含量较高外,其他均含量较低,速效磷含量极低,含量小于 3 mg/kg 乃至痕迹含量,有机质含量一般小于 5 g/kg。

6）灰潮土

灰潮土主要分布在北亚热带长江中下游平原，是江南的主要旱作土壤，表土颜色灰暗，由此得名，并区别于黄潮土。其母质分为含碳酸盐与不含碳酸盐的河流沉积物。该亚类相当于美国土壤系统分类中的冲积新成饱和淡色始成土、联合国土壤分类中的潜有始成土。其土壤主要属性特征如下。

（1）土壤有机质含量较潮土（黄潮土）高，一般为15~20 g/kg，熟化程度高的灰潮土速效磷含量可达50 mg/kg。

（2）发育在碳酸盐母质土的灰潮土呈中性至微碱性反应，碳酸钙有明显的淋溶淀积现象。发育在酸性岩风化的河流沉积物土的灰潮土呈中性至微酸性反应。

7）灌淤潮土

灌淤潮土主要分布于干旱、半干旱地区，因人为引水淤灌而成，为潮土与灌淤土之间的过渡亚类。其主要特征是表层灌淤层厚20~30 cm，灌淤层之下仍保持原潮土剖面形态特征，其理化性质、肥力状况与黏质潮土相近。

4. 改良利用

潮土分布区地势平坦，土层深厚，水热资源较丰富，造种性广，是我国主要的旱作土壤，盛产粮棉。但潮土分布面积最大的黄淮海平原，旱涝灾害时有发生，而且有盐碱危害，加之土壤养分低或缺乏，大部分属中、低产土壤，作物产量低而不稳，必须加强潮土的合理利用与改良。

（1）发展灌溉，加强农田基本建设，并建立排水与农田林网，这是改善潮土生产环境条件，消除或减轻旱、涝、盐、碱危害的根本措施，也是发挥潮土生产潜力的前提。

（2）培肥土壤，扩大高产、稳产农田。首要要解决有机肥源，实践证明，种植绿肥是开辟有机肥源的重要途径，但有很多具体技术问题有待解决。其次在增施磷肥的同时，要注意施用磷肥的效果，局部地区（块）开始缺钾应适当补施，配合施用微肥。

（3）改善种植结构，提高复种指数，适当配置粮食与经济作物、林业和牧业，提高潮土地产量、产值和效益。

5.1.2.8　灌淤土

1. 特征与分布

灌淤土是在引用含大量泥沙的水流进行灌溉，灌水落淤与耕作施肥交迭作用下形成的，土壤颜色、质地、结构、有机质含量等性状比较均匀一致，有砖瓦、陶瓷、兽骨及煤屑碎片等人为侵入体散布；在地下水位较深的地区，土壤盐分随灌溉水的下渗而下移。

灌淤土广泛分布于我国半干旱与干旱地区，如西辽河平原，冀北的洋河和桑干河河谷，内蒙古、宁夏、甘肃及青海黄河冲积平原，甘肃河西走廊，新疆昆仑山北麓与天山南北的山前洪积扇和河流冲积平原,多年引用含有大量泥沙的水流进行灌溉,一般都有灌淤土的分布。这些地区有较为丰富的热量,但降水不足,年平均气温为 6~10 ℃,10 ℃的积温达 2 500~3 500 ℃,平均年降水量为 100(西部)~400 mm(东部)。灌淤土是半干旱、干旱地区平原的主要土壤,作物一年一熟,以春播作物为主,种植小麦、玉米、糜谷等;地下水位较浅,水源充沛;因排水条件较差,有次生盐化现象,故应注意灌排结合。灌淤层厚度可达 1 m 以上,一般可达 30~70 cm,土壤剖面上下较均质,底部常见文化遗物,灌淤层下可见被埋藏的古老耕作表层。土壤的理化性质因地区不同而异,西辽河平原的灌淤土质地较黏重,有机质含量为 2%~4%,盐分含量一般小于 0.3%,不含石膏;河套地区的灌淤土质地较砂松,有机质含量约为 1%,含盐量较高。

灌淤土有着悠久的灌溉耕种历史,古人已初步认识到灌溉落淤改良土壤和抬高地面的作用。新中国成立后,宁夏及新疆等地对灌淤土开展了系统的研究,论证了灌淤土是在人为灌溉耕作条件下所形成的新的土壤类型。1978 年中国土壤学会土壤分类学术会议首次在全国土壤分类系统中划分出灌淤土类;1984 年全国土壤普查分类会议拟订的中国土壤分类系统及 1991 年出版的《中国土壤系统分类首次方案》,均在人为土纲之下列入了灌淤土类;其近似于美国土壤系统分类中的厚熟始成土,在《中国土壤系统分类(修订方案)》中部分灌淤土相当于灌淤旱耕人为土。

(1)灌淤土与冲积土(新积土)的区别。灌淤土每年灌水落淤的量不大,厚度仅几毫米至几厘米,其淤积层次与人工施入的肥料被耕作搅拌,均匀混合,没有明显的冲积层次,且具有较高的肥力以及人为侵入体;而冲积土具有明显的冲积层次,由于沉积条件的变化,冲积层次之间有较大的变异。

(2)灌淤土与菜园土等其他人为土壤的区别在于采用偏光显微镜观察土壤微形态特征时,尚可见灌溉淤积形成的微层理。

(3)灌淤土与其母土的区别主要是在原来的母土之上覆盖了一定厚度的灌淤土层,从而使土壤性质发生了变化。如在冲积物上,灌淤土层厚度可达 30 cm,其生产性能有重大变化;在具有 ABC 剖面的母土上,灌淤土层厚度大于或等于 A+1/2B 的,其基本性状已不同于母土。

2. 成土过程

灌淤土是在灌水落淤与人为耕作施肥交迭作用下形成的,每年灌溉落淤量因灌溉水中的泥沙含量、作物种类及其灌水量不同而异。宁夏引黄灌区小麦地每年灌溉落淤量为 10 300~14 100 kg/hm²,水稻田的高达 155 400 kg/hm²;新疆每年随灌溉水进入农田的泥沙平均达 15 000 kg/hm²;除灌溉落淤外,每年人工施用土粪 30 000~75 000 kg/hm² 不等,土粪中还带有碎砖瓦、碎陶瓷、碎骨及煤屑等侵入体。

人为耕作在灌淤土形成中起了重要的作用,耕作消除了淤积层次,并把灌水淤积物、土粪、残留的化肥、作物残茬和根系、人工施入的秸秆和绿肥等,均匀地搅拌混合。年复一年,这种均匀的灌淤土层不断加厚,在原来的母土上形成了新的土壤类型,即灌淤土。由于土层加厚,地面相应抬高,地下水位相对下降,在灌溉水的淋洗下,土壤中的盐分和有机无机胶体可被淋洗下移,故在灌淤心土层的结构面上可见到有机无机胶膜。除分布于低洼地区的盐化灌淤土外,灌淤土多无盐分积聚层。

1)剖面形态

灌淤土剖面形态比较均匀,上下无明显变化。剖面可分为灌淤耕层、灌淤心土层及下伏母土层 3 个层段,前两个层段合称为灌淤土层。

灌淤耕层(Pip):一般厚度为 15~20 cm,质地多属壤质土,呈灰棕或暗灰棕色(7.5YR3/4、5/4 或 10YR5/4),疏松,块状或屑粒状结构。

灌淤心土层(Pi(B)):厚度为 50 cm 左右,有的大于 100 cm,甚至大于 200 cm,呈淡灰棕或灰棕色,色调以 7.5YR 或 10YR 为主;有机质含量高者,偏暗,亮度和彩度均小于或等于 4;有的因灌水淤积物来源不同而带红色,色调为 5YR 或 2.5YR;质地多属壤质土;较紧实,块状结构,有的呈鳞片状结构,结构面上有胶膜;有较多的孔隙及蚯蚓孔洞,蚯蚓排泄物较多;常见人为侵入体,不见沉积层次。

下伏母土层(Db(C)):即被灌淤土层所覆盖的原来的土壤层。由于灌淤土多分布于洪积冲积平原,故下伏母土层多为不同的洪积冲积土层。

2)基本性状

(1)剖面构型基本上为 Pip-Pi(B)-Db(C)。

(2)灌淤土的主要特征是剖面性状均匀。同一土壤剖面颜色没有明显变化。土壤质地一般为壤质土,垂直方向的变化很小,上下两自然层次之间粒级分选不明显。土壤有机质及氮、磷、钾养分含量以灌淤耕层较高,平均值分别为 12、0.8、0.7、18 g/kg 左右,自灌淤耕层向下缓慢递减,相邻两自然层次之间相差不超过 40%;灌淤心土层有机质含量最低不小于 5 g/kg;碳酸钙含量因灌淤物质来源不同而异,一般含量为 12% 左右,同一剖面的垂直变化很小,相邻两自然层次之间相差不超过 15%。

(3)灌淤土疏松多孔,灌淤耕层容重为 1.20~1.40 g/cm³,灌淤心土层容重为 1.3~1.5 g/cm³,孔隙度为 50% 左右。

(4)灌淤土风化作用微弱,土壤的硅铁铝率为 6~8,黏粒的硅铁铝率为 3.5 左右,同一剖面的垂直变化很小,黏土矿物以水云母为主,其次为绿泥石及高岭石。

3. 土壤分类

灌淤土依据附加土壤形成作用所表现的剖面特征,可分为普通灌淤土、潮灌淤土、表锈灌淤土及盐化灌淤土 4 个亚类。

1）普通灌淤土

普通灌淤土是最符合中心概念的亚类,分布于平原中的缓岗、高阶地或冲积洪积扇的中上部,地势高,地下水位深,地下水对土壤没有明显的影响;一般具有比较典型的剖面构型,即灌淤耕层(Pip)-灌淤心土层(Pi(B))-下伏母土层(Db(C))。在《中国土壤系统分类(修订方案)》中部分普通灌淤土相当于普通灌淤旱耕人为土。

2）潮灌淤土

潮藻淤土分布于低平地,地下水位较高,埋藏深度小于 3 m,受地下水影响,灌淤心土层及下伏母土层有锈纹、锈斑。土壤的亚铁总量及还原性物质总量自灌淤耕层向下递增;灌淤心土层及下伏母土层的还原性物质总量比普通灌淤土的相对应层次高出一至数倍,说明潮灌淤土的剖面下部还原作用较强。灌淤心土层下部的黏土矿物虽仍以水云母为主,但蒙脱石相对增多,说明地下水位高、土壤水分多时,促进了蒙脱石的形成。在《中国土壤系统分类(修订方案)》中部分潮灌淤土相当于斑纹灌淤旱耕人为土。

3）表锈灌淤土

表锈灌淤土主要分布于宁夏黄河冲积平原南部,新疆阿克苏地区的乌什县也有分布,以稻旱轮作为主要利用方式。受种稻影响,灌淤耕层中有较多的锈纹、锈斑。灌淤耕层的亚铁总量及还原性物质总量比普通灌淤土和潮灌淤土的相同层次高出一倍以上;黏土矿物中蒙脱石的含量相对增多;土壤有机质含量比潮灌淤土或普通灌淤土高出12%。在《中国土壤系统分类(修订方案)》中部分表锈灌淤土相当于水耕灌淤旱耕人为土。

4）盐化灌淤土

盐化灌淤土多分布于地下水位高、矿化度大的低地,土壤发生盐化,影响农作物正常生长。灌淤耕层含盐量增大,宁夏及内蒙古 0~20 cm 深的土层、新疆 0~60 cm 深的土层含盐量大于 1.5 g/kg;地面可见盐结晶形成的盐霜或少量盐结皮;由于地下水位高,土壤剖面中也有锈纹、锈斑。在《中国土壤系统分类(修订方案)》中部分盐化灌淤土相当于弱盐灌淤旱耕人为土。

4. 改良利用

灌淤土地形平坦,土层深厚,质地适中,光热条件好,灌溉便利,故具有广泛的适宜性,小麦、玉米及水稻等粮食作物,胡麻(油用亚麻)及向日葵等油料作物,以及多种瓜果、蔬菜、树木等,均能种植。宁夏的枸杞、新疆的长绒棉和陆地棉,都是灌淤土上生长的名、特、优产品。各种灌淤土的肥力有一定的差异。

（1）加强农田基本建设,防治土壤盐化。土壤盐化是限制灌淤土生产力的一个重要因素,盐化灌淤土的盐化危害已很明显,潮灌淤土及表锈灌淤土也存在盐化威胁。防治土壤盐化的主要措施是加强农田建设,建立排水系统(沟排或井排)进行排水,实行合理灌溉,节约用水,防止深层渗漏,以降低地下水位;配合其他有效的农业耕作措施;有条件的地方可进行水旱轮作等。

（2）提高土壤肥力。灌淤土的有机质及氮素含量较低,有效磷素不足,宜实行秸秆还田,增施有机肥料,发展绿肥,合理施用氮磷化肥,注意补充磷肥,以调整氮磷比,如甜菜钾肥试验就显示出此措施增加产量和提高含糖量的效果。以稀土进行拌种,对小麦、水稻、甜菜、蔬菜及瓜类均有增产作用。宁夏等地实行小麦与玉米带状间作,麦带套种豆类或麦后复种绿肥,这是用地与养地相结合的良好轮作方法。

（3）进行深耕,加厚耕作层。河流沿岸筑坝并植护岸林,防止灌淤土农田的冲塌。对于洪积扇地区的灌淤土,必须注意防止山洪的冲刷。沿沟、渠、路两侧营造护田林带也是改善灌淤土生态环境的重要措施。

5.1.2.9　水稻土

1. 特征与分布

水稻土是指发育于各种自然土壤之上,在长期种稻条件下,经过人为水耕熟化、淹水种稻和自然成土等作用,产生水耕熟化和交替的氧化还原,而形成的具有水耕熟化层（W）- 犁底层（Ap2）- 渗育层（Be）- 水耕淀积层（Bshg）- 潜育层（Br）的特有剖面构型的土壤。水稻土由于长期处于水淹的缺氧状态,土壤中的氧化铁被还原成易溶于水的氧化亚铁,并随水在土壤中移动,当土壤排水后或受稻根的影响（水稻有通气组织为根部提供氧气）,氧化亚铁又被氧化成氧化铁沉淀,形成锈斑、锈线,土壤下层较为黏重。

水稻土在我国分布很广,占全国耕地面积的 1/5,主要分布在秦岭—淮河一线以南的平原、河谷之中,尤以长江中下游平原最为集中,并以江苏建湖一带土质最为典型。水稻土是在人类生产活动中形成的一种特殊土壤,是我国一种重要的土地资源,它以种植水稻为主,也可种植小麦、棉花、油菜等旱作物。

2. 成土过程及形态、性状

水稻土的成土过程主要是水耕熟化中水层管理的灌水淹育和排水疏干,使主体的还原与氧化反应交替进行。

1）氧化还原及其电位值 Eh

灌水前,水稻土的 Eh 一般为 450~650 mV,灌水后可迅速降至 200 mV 以下,尤其在土壤有机质旺盛分解期, Eh 可降至 100~200 mV,水稻成熟后落干, Eh 又可达 400 mV以上。同一水稻土剖面中,由于水层的微环境不一样,其 Eh 也不一样。表面极薄层（几毫米至 1 cm）即泥面层与淹水相接,受灌溉水中溶解氧（每升水中含氧 7.9 mg）的影响,呈氧化状态, Eh 为 300~650 mV;其下耕作层和犁底层,由于水饱和,加之微生物活动对氧的消耗, Eh 可降至 200 mV 以下,为还原层。犁底层以下土层的 Eh 值则取决于地下水位深度,如地下水位深,该层不受地下水影响,由于受犁底层的阻隔,水分不饱和,故又处于氧化状态,Eh 可达 400 mV 以上;如地下水位浅,则该犁底层处于还原状态。水稻土的这种 Eh 特征就决定了水稻土的形成及有关性状的一系列特性。

2)有机质的合成与分解

与母土(不包括有机土)相比,水稻土有利于有机质积累,故有机质增加,但富里酸比例加大。

3)盐基淋溶与复盐基作用

种稻后土壤交换性盐基将重新分配,一般饱和性土壤盐基将淋溶,而非饱和性土壤则发生复盐基作用,特别是酸性土壤施用石灰以后。

4)铁、锰的淋溶与淀积

在还原条件下,低价的铁、锰开始大量增加,特别是与土壤有机质产生络合而下移,并在淀积层开始淀积,而且锰的淀积深度低于铁。一般铁、锰含量在耕作层较低,在淀积层较高,在潜育层最低。铁、锰的淋溶可以导致"白化土"作用的发展,这方面可参考铁解作用方面的学说。铁锰还原,胶膜溶解,结构破坏,黏粒淋移淀积,分化出白色粉砂层和黏重黄泥层,上层滞水黏粒矿物蚀变,吸收复合体上的盐基被氢取代,矿物晶格破坏,出现硅粉。

5)黏土矿物的分解与合成

水稻土的黏土矿物一般与母土相同,但含钾矿物较高的母土(如石灰性紫色土)发育的水稻土,水云母含量降低,蛭石含量增加。

6)剖面形态

(1)水稻土的剖面构型一般为 W-Ap2-Be-Bshg-Br。

(2)水耕熟化层(W):由原土壤表层经淹水耕作而成,灌水时泥烂,落干后可分为两层,第一层厚 5~7 cm,表面(<1 cm)由分散土粒组成,表面以下以小团聚体为主,多根系及根锈;第二层土色暗而不均一,有大土团及大孔隙,空隙壁上附有铁、锰斑块或红色胶膜。

(3)犁底层(Ap2):较紧实,呈片状,有铁、锰斑纹及胶膜。

(4)渗育层(Be):由季节性灌溉水渗淋形成,既有物质的淋溶,又有耕层中下淋物质的淀积。一般可分为两种情况,一种可以发展为水耕淀积层,另一种强烈淋溶而发展为白土层(E),其中后者可认为是铁解作用的结果。

(5)水耕淀积层(Bshg):含有较多的黏粒、有机质、铁、锰与盐基等,铁的晶化率比上覆盖土层高,而且可根据其氧化还原强度进一步划分。

(6)潜育层(Br):与一般的潜育层相同。

(7)母质层(C):因母土和水稻土的发展过程而异。

7）性状

不同母土起源的水稻土如果经过长期水耕熟化,可以向比较典型的方向发育。

（1）油性:土壤腐殖质和黏粒含量适中的表现,有机质含量约为 29.2（±0.46）g/kg,黏粒含量一般为 16% 左右,也指具有良好结构的综合肥力较高的土壤性状。

（2）烘性与冷性:是对含有机质较多且 C/N 比高的土壤的温度变化的综合反映。

（3）起浆性与僵性:一般质地黏重,主要由于黏土矿物不同而在水分物理性状方面的反映,前者以 2:1 型为主,后者以 1:1 型为主。

（4）淀浆性与沉沙性:一般质地较沙（SiO_2 含量在 70% 以上）,主要由于粗粉砂与黏粒之比的差异而形成不同的水分物理性状,前者的粗粉砂与黏粒之比约为 2:1;后者多为 5:1。

（5）刚性与绵性:黏粒与粉砂的不同含量在土壤水分处于风干状态下的一种土壤结持性,前者黏粒含量 >40%,后者粉砂含量 >40%。

（6）水稻土中的有机质和氮素:水稻土利于有机质的积累,与旱作土壤相比,腐殖质化系数也高,据沈阳农业大学观测,旱作土壤施新鲜猪粪、牛粪及马粪,其腐殖质化系数（一年）分别为 27.5%、37.6% 和 32.0%,而水稻土的分别为 38.4%、69.8% 和 48.0%。因有机质量高,所以水稻土的氮素营养主要来自土壤,已有研究表明,在施氮肥条件下,水稻所吸收的氮素 60%~80% 来自土壤,20%~40% 来自化肥,从而可以看出水稻土培肥的重要意义。由于水稻土中的氮素循环中有反硝化过程,在氮肥施用上要特别加以注意。

（7）水稻土中的磷、钾与硅:水稻土往往缺磷,一方面是早春土温低,微生物活动弱,不利于有机磷的转化,故早春易发生僵苗或红苗;另一方面是后期水稻土水层的落干管理,Fe 变为 Fe 与 PO_4 结合,形成难溶的 $Fe(PO_4)$。水稻土往往缺钾,主要是 Fe 交换土体中的钾而产生置换淋失,致使幼苗缺钾,可采用稻草还田、施草木灰及钾肥等方法解决。水稻土中的硅虽多,但溶解度小,硅酸以单分子 $Si(OH)_4$ 形态溶于水,但它可以被铁、铝两性胶体吸附,又能与 $Fe(OH)_3$ 结合成复盐。这种化合物只有通过淹灌,增加其还原性,才能提高硅的有效性,以补充水稻生长时的需要。

（8）水稻土中的硫:水稻土中硫的 85%~94% 为有机态,当通气状态不好时易还原为 H_2S,引起水稻中毒,其临界浓度为 0.07 mg/kg,中毒标志是水稻根系发黑,被 FeS 蒙覆。因此,水稻土的通气状况比较重要,良好的通气状况的标志是水稻根系嫩白、主体根孔被红色胶膜蒙覆。

（9）水稻土中的铁和锰:水稻土的铁和锰易于随 Eh 值的变化产生移动,但在作为水稻的营养而考虑时,只有在酸性较强的排水不良的"锈水田"中,Fe 含量才可能达 50~100 mg/kg 的毒害临界值。

（10）水稻田中的 pH 值:水稻田的 pH 值除受原母土影响外,还与水层管理关系较大,一般酸性水稻土或碱性水稻土在淹水后,其 pH 值均向中性变化,即 pH 值从 4.6~8.0 变化到 6.5~7.5。酸性水稻土灌水后,形成 Fe 和 Mn 离子,在水中形成 $Fe(OH)_2$ 和 $Mn(OH)_2$,使水稻土 pH 值升高;碱性水稻土灌水后,使土壤中的碱性物质遭到淋失,从而使 pH 值降低。

3. 土壤分类

水稻土的分类有 3 种说法。第 1 种认为水稻土不是一种独立的土壤类型,只能从属于其他有关的土类;第 2 种认为水稻土的形成与地带性因素关系密切,因此首先应按地带进行划分;第 3 种认为水稻土的形成与其土壤的水文关系密切,因此划分为淹育型、渗育型、潜育型等。

全国第二次土壤普查分类系统将水稻土根据水文状况分为淹育、渗育、潴育、潜育等亚类,又根据其母土的表现特点分为脱潜、漂洗、盐渍、咸酸等亚类。

1) 淹育特点

淹育亚类分布在丘陵、岗地、坡麓及沟谷上部,不受地下水影响,水源不足,周年淹水时间短,土体构型为 W-Ap2-C 型或 W-Ap2-B-C 型;有耕作层,犁底层已初步形成,以下土层特性与起源土壤基本一致,为幼年型水稻土;在《中国土壤系统分类(修订方案)》中,部分淹育水稻土相当于简育水耕人为土。

2) 渗育特点

渗育亚类主要分布在平原地势较高地区及丘陵缓坡地,或种稻时间短的旱改水地区,受地面季节性灌水影响,土体构型为 W-Ap2-Be-Bg-C 型,渗育层(Be)厚度在 20 cm 以上,棱块状结构,有铁锰物质淀积,渗育层中铁的晶胶率比剖面中其他层次明显提高;在《中国土壤系统分类(修订方案)》中,部分渗育水稻土相当于底潜铁渗水耕人为土。

3) 潴育特点

潴育亚类分布在平原及丘陵沟谷中、下部,种稻历史长,排灌条件好,受地面灌溉水及地下水影响,土体构型为 W-Ap2-Be-Bghs-Cg(或 Br)型;下部有明显水耕淀积层(Bghs)(或潴育层),厚度 >20 cm,棱块或棱柱状结构发育良好,有橘红色铁锈及铁锰结核等,特别是 Fe^{2+} 与有机质形成络合态铁,并氧化为红色沉淀态络合铁,分布于结构体表面,称为"鳝血",与其他层相比,铁的活化度低、晶胶率高,盐基饱和度也高。在《中国土壤系统分类(修订方案)》中,部分潴育水稻土相当于普通铁聚水耕人为土。

4) 潜育特点

潜育亚类分布在平原洼地、丘陵河谷下部低洼积水处,地下水位高,或接近地表,土体构型为 W-Ap2-G 型或 Ai-Ap2-Be-Br 型(i 表示灌溉淤积层);上层较浅处有明显青灰色的潜育层,该层铁的活化高、晶胶率 <1。在《中国土壤系统分类(修订方案)》中,部分潜育水稻土相当于潜育水耕人为土。

5）脱潜特点

脱潜亚类主要分布于河湖平原及丘陵河谷下部地段,经兴修水利,改善排水条件,地下水位降低,土体构型为 W-Ap2-Bg(或 Brg)-Br 型;原来犁底层下的潜育层变成脱潜层(Brg),该层在青灰色土体内出现铁锰锈斑,活性铁减少,铁的晶胶率却成倍增加。

6）漂洗特点

漂洗亚类主要分布在地形倾斜明显,土体中有不透水层,并受侧渗水影响的地段。土体构型为 W-Ap2-(E)-Bts-C 型或 W-Ap2-E-Be-Ce 型(t 表示黏化;s 表示二三氧化物;e 表示水耕熟化渗育层),即在上层 40~60 cm 处出现灰白色的漂洗层(E),厚度>20 cm,粉砂含量高,黏粒及铁锰均比上、下层低。在《中国土壤系统分类(修订方案)》中,部分漂洗水稻土相当于漂白水耕人为土。

白土的肥力特征:代换量小, 17.7~21.5 cmol(+)/kg;白土层出现层位高,剖面向下28~57 cm,粉砂含量高,0.01 mm 物理性砂粒 >40% 易淀浆板结;缺磷、钾、有机质。

7）盐渍特点

盐渍亚类分布在盐渍土地区,是在盐渍化土壤上开垦种植水稻后形成的,土体构型一般同淹育型水稻土,但表层可溶性盐含量高,大于 1 g/kg,有盐渍化现象,对水稻繁育有一定影响。在《中国土壤系统分类(修订方案)》中,部分盐渍水稻土相当于弱盐简育水耕人为土。

8）咸酸特点

咸酸亚类分布在广东、广西、福建和海南岛的局部滨海地区,即在酸性硫酸盐土上发育的水稻土。红树林埋藏的草炭层含硫量高达 23 g/kg,这些含硫有机物氧化为硫酸,一般将这种土壤围垦种植水稻而成为咸酸田。在《中国土壤系统分类(修订方案)》中,部分咸酸水稻土相当于含硫潜育水耕人为土。

在北方地区,水稻种植历史短,在一些草甸性土壤上种植水稻或实行水旱轮作,因此多为淹育型或渗育型水稻土。另外,在盐渍土上种植水稻,水稻土壤剖面发育甚弱,以淹育型居多。

9）区分

在各个地带性的土壤、水成与半水成土壤、盐碱化土壤上种植水稻均可发育为水稻土,但不是只要种植了水稻即可称为水稻土,一般将其水耕淀积层(Bshg)作为诊断层(s 表示二三氧化物;g 表示氧化还原层)。

4. 改良利用

1）良好的土体构型

首先要求其耕作层厚度超过 20 cm,因为水稻的根系 80% 集中于耕作层;其次是有良好发育的犁底层,厚度为 5~7 cm,以利于托水托肥。心土层应该垂直节理明显,有利于水分下渗和处于氧化状态。地下水位以在 80~100 cm 深度为宜,以保证土体的水分浸润和通气状况。

2)适量的有机质和较高的土壤养分含量

一般土壤有机质含量以 20~50 g/kg 为宜,过高或过低均不利于水稻生长。水稻生长所需氮的 59%~84%、磷的 58%~83%、钾的全部都来自土壤,因此肥沃的水稻土必须有较高的养分贮量和供应强度,前者决定于土壤养分,特别是有机质的含量;后者决定于土壤的通气和氧化程度。

3)适当的渗漏量和适宜的地下水位

俗语说"漏水不漏稻",即水稻土必须有适当的渗漏量,如日渗漏量在北方水稻土宜为 10 mm/ 日左右,有利于氧气随渗漏水进入土壤中。渗漏量过高,土壤漏水,不仅浪费水,养分也随之淋失;渗漏量过低,则渗水缓慢,发生囊水现象,土壤通气不良。适宜的地下水位是保证适宜渗漏量和适宜通气状况的重要条件。

4)培肥管理

(1)做好农田基本建设是保证水稻土的水层管理和培肥的先决条件。

(2)增施有机肥料,合理使用化肥。水稻土的腐殖质系数虽然较高,而且一般有机含量可能比当地的旱作土壤高,但水稻的植株营养主要来自土壤,所以增施有机肥,包括种植绿肥在内,是培肥水稻土的基础措施。合理使用化肥,除对养分种类(如北方盐化水稻土缺锌)全面考虑外,在氮肥的施用方法上也应考虑反硝化作用,应当以铵类化肥进行深施。

(3)水旱轮作与合理灌排。这是改善水稻土的温度、Eh 值以及养分有效释放的首要土壤管理措施。合理灌排可以调节土温,一般称"深水护苗,浅水发棵"。北方水稻土地区春季风多风大,温度不稳定,刮北风时,气温、土温下降,由于水热容量大,灌深水可以防止温度下降以护苗;刮南风时,温度上升,宜灌浅水,温度上升高,利于稻苗生长,特别是插秧返青以后,宜保持浅水促进稻苗生长。水稻分蘖盛期或末期要排水烤田,可以改善土壤通气状况,提高地温,土壤发生增温效应和干土效应,使土壤铵态氮增加,这样在烤田后再灌溉时,速效氮增加,水稻生长旺盛。这对北方水稻土,特别是低洼黏土地烤田,效果更显著。

5)水稻土的低产特性

水稻土的低产特性主要有冷、黏、沙、盐碱、毒和酸等,对其加以改良,增产潜力大。

(1)冷:低洼地区地下水位高的水稻土,如潜育水稻土、冷浸田,在秋季水稻收割后,土壤水分长期饱和甚至积水,在次年春季插秧后,土温低,影响水稻苗期生长,不发苗,造成低产。改良方法是开沟排水,增加排水沟密度和沟深,改善排水条件,降低地下水位。

(2)黏和沙:质地过黏和过沙对水分渗漏不利,前者过小,后者过大,均对水稻生长产生不良影响,也不利于耕作管理。质地过黏,如黏粒含量超过30%,水分散的胶体含量高,导致淹水耕耙后,水稻土表面形成浮泥,浮而不实,栽稻秧后易飘秧(称为起浆性),耕耙后土壤中多僵块,不易散碎,也不利小苗生长(称为僵性)。质地偏沙,粗粉砂含量超过40%时,会出现淀浆性;砂粒超过50%时,会出现沉砂性。具有这两类特性的水稻土耕耙后很快澄清,地表板而硬,插秧除草都困难。改良方法是客土,前者掺入砂土,后者掺入黏质土,如黄土性土壤或黑土等。

(3)盐碱、毒和酸:对于盐碱和工业废水的影响,主要是在排水的基础上加大灌溉量以对盐碱、毒害进行冲洗。酸度改良主要是对一些土壤酸度过大的水稻土适量施用石灰。

高产水稻土的特点是耕层深厚(15~18 cm),犁底层不太紧实,淀积层棱块状结构发达,利于通气透水,其下为潜育层或母质层,剖面中无高位障碍层次(如漂洗层、潜育层或砂砾层);质地适中,耕性良好,水分渗漏快慢适度,养分供应协调。但高产水稻土仍须有相应的土壤管理措施才能实现高产。此外,约有1/3的水稻土具有潜育化、土壤板结和污染等障碍因素,耕作困难,有效养分低,保肥性能差,属于低产类型。

5.1.2.10 湿土(草甸、沼泽土)

天然状态的土一般由固体、液体和气体三部分组成。若土的孔隙中同时存在水和气体,则称为湿土。湿土可分为水成、半水成土壤类型。

1. 草甸土

草甸土直接受地下水浸润,在草甸植被覆盖下发育而成,广布于松嫩平原、三江平原,在内蒙古、新疆等地河流两岸的泛滥平原、湖滨阶地也有分布。草甸土腐殖质含量一般较丰富,分布在东北地区的草甸土暗色有机质层厚达1 m以上,土壤底部常见二氧化硅粉末,土体中有锈色斑纹及铁锰结核;表层有机质含量为3%~6%,甚至可高达10%,在1 m深的土层中,其含量尚可达1%。新疆地区的草甸土有机质层厚仅25 cm,常见大量石灰结核,并有盐分累积,表层有机质含量低于4%。在新疆、内蒙古的草甸土中,碳酸钙含量可达10%。

草甸土开垦后,表层土壤垒结性降低,较前疏松,有机质含量亦随之下降。这类土壤肥力较高,养分也较丰,水分供应良好,是主要垦殖对象,亦为重要的牧场基地,合理安排农、牧关系十分重要。

2. 沼泽土

沼泽土在长期积水或过湿情况下形成,广布于中国东北三江平原及川西松潘草地,有深厚的腐殖质层或泥炭层。由于土壤长期处于还原状态,产生了明显的潜育过程,形成充分分解的蓝灰色潜育层。土壤结持力甚低,在表层有机质层或泥炭层与底层蓝灰色潜育层间,可见大量锈斑或灰斑土层,亦可见铁锰结核。沼泽土有机质含量常为5%~25%,泥炭层的可达40%以上,有机质分解不充分,C/N大。

5.1.2.11　盐碱土

1. 特征与分布

盐碱土是指盐化或碱化形成的一系列土壤,盐碱土是民间对盐土和碱土的统称。其中含盐量在0.1%~0.2%,或者土壤胶体吸附一定数量的交换性钠,碱化度在15%~20%,有害于作物正常生长的属于盐碱土,或称盐渍土。

地下水中的可溶性盐分沿土壤毛细管上升到地表后,水分蒸发,而盐分聚积形成盐碱土。我国盐碱土主要分布在西北、华北和东北平原的低地、湖边或山前冲积扇的下部边缘以及东部沿海地带,包括台湾省、海南省等岛屿沿岸的滨海地区也有分布。盐碱土可分为盐土和碱土两大类。盐土中以含氯化钠和硫酸钠为主,这两种盐类聚集在土壤表层,形成白色盐结皮。碱土中含可溶性盐少, B层有坚实的柱状结构,富含碳酸钠,故B层为强碱性。我国的盐土分布较广,碱土仅零星分布,在春旱时,弱盐土地表常呈现一片白色盐霜,影响作物出苗或出全苗。

盐土特别是表层(0~20 cm)含有大量的可溶性盐(0.6%~2%或更多)。其一般在气候干旱少雨、蒸发量大、地势低平、地下水位高、矿化度大等自然条件和人为活动影响下形成,此外还有由古代积盐而成的残积盐土。在盐土上仅能生长少数盐生和耐盐性强的植物,地表常见盐霜、盐结皮或盐结壳,其下是疏松的盐土混合层,再下为盐斑层。碱土是土壤吸收性复合体吸附一定数量的交换性钠(占代换总量的15%~20%或更高),通常处在高平的地形部位,地下水位较深。典型碱土表层多为灰色,呈片状或鳞片状结构,含盐量小于0.5%,无定形二氧化硅相对富集;表层之下为柱状或棱块状结构的碱化层, pH值大于9,质地较为黏重,湿时泥泞,干时板结坚硬;碱化层下为盐分积聚区,含盐量高。

2. 成土过程

盐碱土是在气候干旱、蒸发强烈、地势低洼、含盐地下潜水位高的条件下,使土壤表层或土体中积聚过多的可溶性盐类而形成的。盐土一般呈碱性反应(部分滨海酸性硫酸盐土有酸化现象),盐基呈饱和状态,腐殖质含量低,典型盐土剖面地表有白或灰白色盐结皮、盐霜或盐结壳。

划分盐土的表层含盐量下限指标因盐分组成而异,以氯化物为主的下限指标为0.6% 左右,氯化物和硫酸盐混合类型的盐土下限指标为1% 左右,含石膏较多的硫酸盐土下限指标为2% 左右。当100 g土壤的可溶盐组成中含苏打在0.5毫克当量以上, pH值多大于9,含盐量大于0.5%时,属苏打盐土。

当土壤碱化层交换性钠占交换性阳离子总量(碱化度)20% 以上,土壤呈强碱性,

pH 值大于 9,表层含盐量不及 0.5% 时,称为碱土。低于上列含盐量下限指标,而含盐量大于 0.1% 或碱化度大于 5% 者,则按对植物的危害程度,盐土划分为轻度、中度、重(强)度盐化或碱化土。

3. 土壤分类

盐碱土可分为盐土和碱土两类。

1)盐土

盐土主要分布在北方干旱、半干旱地区,尤以内蒙古、宁夏、甘肃、青海和新疆为多,华北平原和汾渭谷地也有零星分布。气候干旱、蒸发强烈、地势低洼、含盐地下水接近地表是盐土形成的主要条件。盐分累积的形态通常是地表出现白色盐霜,呈斑块状分布。含盐量高的盐土可出现盐结皮(厚度小于 3 cm)或盐结壳(厚度大于 3 cm),在结皮或结壳以下为疏松的盐与土的混合层,可由几厘米到 30~50 cm,甚或可见盐结盘层。盐分累积的特点是表聚性很强,向下盐分逐渐减少。沿海地带盐分累积特点是整层土体均含较高盐分。

盐土的盐分组成甚为复杂。滨海地区的盐土主要为氯化物盐土;硫酸盐土则分布于新疆北部、甘肃河西走廊、宁夏银川平原和内蒙古后套地区,但面积不大。而氯化物与硫酸盐混合类型的盐土在中国盐土中到处可见,以河北、内蒙古、宁夏、甘肃和新疆等省区最为集中。此外,东北松嫩平原、山西大同盆地等,盐土的盐分组成中含有碳酸根(称苏打盐土),碱性特强,腐蚀植物根系,大部分植物难以生长。

2)碱土

碱土的形成与发育因地区而异,如松辽平原的碱土是由于苏打盐土在脱盐过程中钠离子进入土壤吸收复合体而形成的;华北平原的碱土(当地称瓦碱)是由盐化潮土或盐土在脱盐过程中突出了土壤的碱化特性,表层出现碱壳。前者代换性钠含量较高(7~10 毫克当量 /100 克土),碱化度一般在 20%~40%;后者在质地较轻的土壤中代换性钠含量仅 1~2 毫克当量 /100 克土,在黏重土壤中代换性钠含量仅 5~7 毫克当量 /100 克土,可能属于初期形成的碱土。

4. 改良利用

盐土的改良应采取灌排、生物方法及耕作等综合措施,种稻洗盐也是改良盐土的有效措施。碱土在中国分布面积较小,大都零星分布于盐土地区,特点是表层含盐量一般不超过 0.5%,但土壤溶液中普遍含有苏打。在吸收复合体中(尤其是碱化层)代换性钠占代换总量的 20% 以上;pH 值可达 9.0 或更高。土壤有机与无机部分高度分散,胶粒和腐殖质淋溶下移,使表土质地变轻,而胶粒聚积的碱化层则相对黏重,有时形成柱状结构,湿时膨胀泥泞,干时收缩板结,通透性与耕性均极差。过高的碱度可以毒害植物根系,过多的代换性钠可引起一系列不良的理化性质,对植物生长危害极大。碱土的改良除上述水利及农业措施外,尚需采取施用石膏和磷石膏等化学改良措施。

改碱绿化技术操作简单易行、取材方便,利用双隔离层、隔盐袋等改土绿化技术,提高树木成活率 20% 以上;适地适树,适地适花,适地适草,是盐碱地园艺的关键技术;改碱肥料是治理盐碱土的最有效的捷径之一,包括园艺盐碱土改良肥、盐碱土改良剂等,广泛应用于花木栽培、草坪建植等领域。银川市在盐碱地苗圃栽培新疆杨,每亩施用 100 kg "改良肥"后,当年新疆杨直径比对照增加 0.49 cm。天津开发区百里盐滩是不毛之地的"绿色植物禁区",开发区绿化总公司经过多种改碱物料对比试验,确定园艺盐碱土改良肥为专用改碱肥料。雪松是世界五大著名风景树之一,实践证明,在特定的条件下,盐碱地可以种雪松。

5.1.2.12　岩性土

岩性土是指在一定的环境条件下,由于母质(或母岩)性质对土壤形成起到阻滞延缓作用,土壤发育相对年轻,剖面分异较差,母质特征表现明显,与环境条件不完全协调的一些土壤。例如,在中国热带、亚热带地区,全年气温高、降水充沛,风化作用和土壤形成作用的强度都很大,有明显的脱硅富铝化过程,形成酸性的砖红壤、红壤或黄壤。但在同一地区的紫色岩和石灰岩上,却形成了保留着母岩特性的紫色土、黑色石灰土和红色石灰土,没有明显的脱硅富铝化特征,土壤大多呈中性和微碱性反应,有的还含有碳酸钙。又如,南海诸岛上的磷质石灰土,干旱和半干旱地区的风沙土、火山地区的火山灰土等,都是岩性土。

岩性土包括紫色土、石灰(岩)土、磷质石灰土、黄绵土(黄土性土)和风沙土。紫色土是在热带、亚热带地区紫色岩石上发育的,因受频繁的侵蚀和堆积作用的影响,全剖面无明显发生层次,不具有脱硅富铝化特征,土壤颜色和理化性状与母质很相似。石灰土是在热带、亚热带地区石灰岩上发育的,其主要成土过程为碳酸钙的淋溶淀积和较强烈的腐殖质累积以及矿物质(除碳酸盐矿物外)的弱化学风化,土壤形成 A-C 剖面,土层浅薄,质地黏重。磷质石灰土地处热带,发育在珊瑚礁磐基础上,地表积聚大量的富含磷质和有机质的海鸟粪。风沙土是在风沙地区由风成砂性母质发育的,其特点是成土作用微弱,质地多为中、细砂,松散而无结构。岩性土的形成仅是由于母岩的某些性质延缓了土壤向与环境条件完全相协调的方向发育,它们仍然有可能形成地带性土壤。例如,在紫色土分布区,可以见到紫色岩发育的黄壤;在黄壤分布区,可以见到石灰岩形成的黄壤等。

1. 紫色土

紫色土是紫红色岩层上发育的土壤,以四川盆地分布最广,在南方诸省盆地中零星分布。紫色土有机质含量为 1.0% 左右,其发育程度较同地区的红、黄壤迟缓,尚不具脱硅富铝化特征,属化学风化微弱的土壤,呈中性至微碱性反应, pH 值为 7.5~8.5,石灰含量随母质而异,盐基饱和度达 80%~90%。紫色土矿质养分丰富,在四川盆地的丘陵地区中为较肥沃土壤,其农业利用价值很高,需防止水土流失和注意蓄水灌溉、增施有机肥料、合理轮作等。

2. 石灰(岩)土

石灰(岩)土是发育在石灰岩上的岩成土,在中国热带和亚热带湿润地区,凡有石灰岩出露之地均有分布,但主要分布于广西、贵州和云南境内。在石灰岩体出露的喀斯特地区多形成较为年幼的石灰(岩)土。石灰(岩)土上的植被多为喜钙植物,如蕨类、五节芒、白茅等。这类植物的有机质成为石灰土腐殖化作用的物质基础。石灰(岩)土可分为黑色石灰土、棕色石灰土和红色石灰土。黑色石灰土有机质含量丰富,呈良好团粒结构,土色暗黑,中性至碱性反应(pH 值为 6.5~8.0),土层厚薄不一。棕色石灰土常见于山麓坡地,色棕黏重,呈不均质石灰反应。红色石灰土土色鲜红,剖面上部多无石灰反应,表土 pH 值为 6.5,心土 pH 值为 7.0~7.5。

3. 磷质石灰土

磷质石灰土分布于中国南海的东沙、西沙、中沙和南沙群岛。由于岛屿地处热带,大都由珊瑚礁构成。磷质石灰土于珊瑚礁磐基础上发育而成,成土母质为珊瑚灰岩或珊瑚、贝壳机械粉碎的细砂。在海岛上的细砂表面聚积了大量富含磷质和有机质的海鸟粪,形成富含磷质的石灰性土壤。表层有机质含量可高达 12% 以上,全磷量达 26%~32%,成为富含有机质的天然磷肥资源。

4. 黄绵土

黄绵土又称黄土性土,广布于黄河中游丘陵地区,土壤色泽与母质层极相近,质地均匀,疏松多孔,耕性良好,有机质含量低,仅为 0.5%,矿质养分丰富。

5. 风沙土

风沙土主要分布在中国北部的半干旱、干旱和极端干旱地区。风沙土的特征是成土作用经常受到风蚀和沙压,很不稳定,致使成土过程十分微弱,土壤性状与风沙堆积物无多大改变。随着沙地的自然固定和土壤形成阶段的发展,由流动风沙土到半固定、固定风沙土,土壤有机质含量逐渐增加,说明只要增加肥分与水分,使植被逐步稳定生长,其也能成为农林牧用地。

5.1.2.13　高山土

高山土是指发育于高山垂直带最上部、森林闭郁线以上至永久冰冻带之间无林高山地域的土壤,在我国主要分布于青藏高原和天山、阿尔泰山等海拔 3 400~5 500 m 的高山带。高山土多发生在第四纪以来受冰川作用的地带,土壤发育历史甚短,成土母质以冰碛物、残积 - 坡积物为主。在高寒和冻融交替的气候条件下,土壤有季节性冻层或永冻现象,仅有少数耐寒的灌丛、草本和垫状植物能存活。土壤中的物理风化作用占优势,生物化学作用微弱。其具有腐殖化程度低,有机质积累缓慢,原生矿物分解弱,土层浅薄,粗骨性强,层次分异不明显,黏土矿物以水云母为主等基本特征。

高山土因水热条件、植被、地形及母质等不同而各异。如我国西藏高原由东南向西北,随海拔增高、干旱程度加剧依次为亚高山草甸土(黑毡土)、高山草甸土(草毡土)、亚高山草原土(巴嘎土)、高山草原土(沙嘎土)、高山漠土以及临近雪线、原始石质类型的寒漠土。由于水热条件依次趋劣,植被渐次变稀,生物过程日益减弱,它们在腐殖质积累、土体内石灰和易溶性盐类的淋溶、土壤酸度等方面均呈依次递减的趋势。寒漠土寒冻期长,土壤瘠薄,难以利用,其他高山土壤主要用作季节性牧场。高山草甸土的土体较湿润,地表被草甸植物根系交织形成毡状草皮层,具有良好的耐牧性。灌溉条件较好的一些亚高山草甸土和亚高山草原土还可用于农耕。

1. 黑毡土

黑毡土主要分布于青藏高原东部和东南部,腐殖质累积明显,腐殖化程度较高,盐基不饱和度或饱和度低,pH 值为 5~8,为高原优良牧场,也是小麦等作物的高产土壤。

2. 草毡土

草毡土分布于原面平缓山坡,土体较湿润,密生高山矮草草甸,表层有厚 3~10 cm不等的草皮,根系交织似毛毡状,轻韧而有弹性,地表常因冻融交互作用呈鳞片状滑脱,腐殖质层厚 9~20 cm,有机质含量为 6%~14%,呈浅灰棕或暗灰色,剖面厚度为30~40 cm,夏季牧场中常见。

3. 巴嘎土

巴嘎土主要分布于喜马拉雅山北侧的高原宽谷湖盆,植被属于干草原类型,土壤有机质含量有时可达 3%~10%,剖面下部砾石背面常有薄膜状碳酸钙累积,大部分为牧地,植被稀疏,载畜量低。

4. 沙嘎土

沙嘎土分布于西藏羌塘高原东南部,西喜马拉雅山的山前地带,土体较干燥,腐殖质累积过程减弱,且出现积钙过程,土体富含砾石,表层草根较少,不形成连续草皮层,有机质含量为 1.5%~3%,碳酸钙聚积明显,最大含量可达 10% 以上,土壤均较沙质,有风沙危害,均为牧地。

5. 高山漠土

高山漠土又称冷漠土,主要分布于西藏羌塘高原,山原平坦,植被低矮而稀疏,盖度为 5%~10%,土壤中有机质累积微弱(0.4%~0.6%),盐分为 0.5%~1.6%,碳酸钙累积明显,地表见白色盐霜及结皮,多孔,含砾石较多,亦见石膏新生体,其下为砾质母岩。

6. 土壤改良技术

土壤改良是运用土壤学、农业生物学、农业工程学、水利工程学、生态学等理论与技术,排除或防治影响农作物生育和引起土壤退化的各种不利因素,改善土壤的物理化学生物性状,提高土壤肥力,为农作物生长创造良好的土壤环境的一系列技术措施。

5.1.2.14　需要改良的土壤类型

旱薄土:主要分布在华北、西北及青藏高原,在西南、华中、华南山丘地分布的紫色土及部分石灰土、红黄壤也属此类型。

盐渍土:主要分布在华北、东北、西北水盐汇集的低平地区,滨海地带也有大面积分布,包括盐土、碱土及各种不同程度盐渍化的土壤。

风沙土:主要分布在西北、华北的北沿及东北的西部,其中尤以新疆、青海、甘肃及内蒙古等省、自治区所占面积最大。

白浆土:主要分布在东北地区,华中、华东及西北等地也有零星分布,东北的白浆土,华中、华东的白土均属此类型。

黏结土:在中国各地均有零星分布,如华北丘陵山麓的黄胶土、红胶土,华东的砂姜土,华中、西南等地稻区的胶泥田及华南的泥骨田属此类型。

冷烂田:主要分布于西南、华中及华东地区,包括稻区的冷浸田、烂泥田、沤水田等,东北地区的沼泽土也属此类型。

砂板田:零星分布于中国各地,主要分布在大小河流沿岸或河流故道,也有由山丘地的砂质母岩发育而成的。

酸毒田:分布在华南沿海地带和某些工矿附近,前者为磺酸田,后者为矿毒田。

5.1.2.15　土壤改良方法

1. 水利土壤改良

建立农田排灌工程是调节土壤水分和地下水位,以满足作物对水分的需求,改良土壤性状和改善农田环境条件的重要措施。土壤中水分不足则会产生旱象;水分过多或可酿成渍涝,甚至引起沼泽化或盐渍化危害。通过水利改良调节土壤水分和控制地下水位,可为植物生长提供良好的水分条件,并能防止或排除土壤沼泽化和盐渍化,为提高肥力创造条件。

2. 灌溉

引水入农田可以弥补自然降水量不足,以满足作物对土壤水分的需求,或采取引水洗盐改良土壤的措施。我国受太平洋季风影响,降水量自东南向西北渐减,分别为湿润区、半湿润区、半干旱区及干旱区,干旱区及半干旱区水分严重不足,即使半湿润区及湿润区,在一年中也有季节性干旱,不能满足全年作物对水分的需求。灌溉还有调节土温、释放土壤养分的作用。在盐渍土地区通过灌溉洗盐、压碱,可以改良土壤。但是,灌溉不当会产生不利影响,如大水漫灌或串灌可使土壤养分流失、结构破坏,在某些地区还能使地下水迅猛上升,引起次生盐渍化和沼泽化。因此,必须根据植物生长需要、土壤性质和气候特点制订灌溉制度。灌溉方法有沟灌、畦灌、喷灌、滴灌、渗灌等多种,前两种是灌溉中的常用方法,其投资少,但要求土地平整;后 3 种适应于各种地形,能节约用水。

3. 排水

排除农田地表渍涝水和降低地下水位,防止土壤中水分过多,可确保作物正常生长并改良土壤。其主要目的是防止渍害、涝害,调节土壤内的水分状况,改善结构,提高土壤通气性和土温。排水还有脱盐、脱碱、脱潜、排除酸毒等作用,且排水方法因作物种类及土壤性状而异。水稻、莲藕等水生作物必须在土面保持水层,土壤内含水量也高。旱地作物不仅不能有水层,土壤内空气与水分还应有适当的比例。土壤内排水应根据土壤内有无盐、酸、毒等及地下水位确定。土壤内存在有害物质时,应防止水分向上运动。若无毒害和盐碱等物质,在确保通透性的基础上,土壤水分的向上运动可作为水分补充的一个重要来源。排水可因地制宜地建立各种结合形式的井、沟、渠系统。土壤排水困难时,可采用暗管或竖井排水。为了排除盐、碱、酸、毒等,尤应排灌结合,才能收到良好效果。

4. 工程土壤改良

运用平整土地、修筑梯田、引洪漫地等工程改良土壤、增进肥力,可提高土地利用率和农作物产量。工程土壤改良在平原、山丘地及瘠薄地等有广泛的实用性,不仅能改良土壤,而且是实现农业机械化和水利化的基础。

5. 平整土地

消除地面高低不平,并把田间的废土埂、废沟等整理填平,可增加耕地面积和提高土地利用率;结合土地平整,重新规划沟渠道路,有利于机械耕作和灌水均匀,在盐渍土地区平整土地更是消除土壤盐渍化必不可少的措施。

6. 修筑梯田

修筑梯田是山区丘陵坡地防止水土流失、改良土壤的基本措施。坡地由于土壤冲刷严重、土层变薄,同时地表径流大、土壤蓄水能力小,在缺水缺肥的条件下,作物生长情况极坏,易致弃耕。修筑梯田后,在种旱作时,可有效减少水土流失,在种植水稻情况下,则可全部控制水土流失,水分可渗入深层,增加抗旱能力。梯田还有利于机械作业,提高劳动效率。修筑梯田应做好规划,保护好表土层,道路、沟渠应统一安排,以期达到修筑梯田的最佳效果。

7. 引洪漫地

引洪漫地是引用洪水中所携带的泥沙，使其沉积覆盖于土表，以改良土壤。其适用于旱薄地、河滩砂石地及盐碱地等的改良。引洪漫地有两种类型：①引山洪漫地，我国西北山地土壤裸露，降雨时大量泥沙下泄，在坡麓的旱薄地做好拦洪工程，让泥沙沉积下来，加厚土层，使瘠土变为肥土；②引河洪漫地，我国黄河等中含泥沙量大的河流沉积物养分丰富，引用其淤灌农田，既可压盐、压碱改良土壤，又可增厚耕层培肥土壤。还有一些砂石较多的沿海滩地或废河滩地，在不影响泄洪的前提下修建堤围，引洪积淤，可开辟为农田。

8. 生物土壤改良

通过各种生物途径可增加土壤有机质、改良土壤性状，并改善土壤生态环境。生物体回归到土壤中是土壤有机质积累的来源。土壤有机质的动态变化是土壤肥力的基础。有机质改良土壤的功能主要体现在保持、调节、提供植物所需的养分和水分，创造良好的土壤结构，协调土壤中的水气矛盾，调节土壤温度。此外，生物还有改善土壤生态环境的作用。

9. 种植绿肥牧草

绿肥牧草生命力强、适种性广，具有迅速增加土壤有机质的效能。绿肥牧草种类多，功能特性不一样。豆科绿肥牧草借助根瘤菌的共生作用，能固定大气氮，有增加土壤氮的作用；禾本科绿肥牧草由于其繁茂的须根系，在土壤结构形成中的作用最大；有的绿肥牧草由于抗旱或抗寒性强，具有较好的防风固沙和保持水土的作用。因此，在种植绿肥牧草时要因地、因土选择适宜的种类。

10. 生物覆盖

利用植物体覆盖地面防止冲刷、减弱地表蒸发，可增加土壤保水抗旱能力，调节土温并增加肥力。生物覆盖方式有植物活体覆盖和秸秆覆盖两种。植物活体覆盖适用于果园、橡胶园等，以种植豆科绿肥牧草为好。在无水灌溉的园地，可种植高温干旱时假死的草类，待旱季过后其会复生。秸秆覆盖适用于中耕作物行间或休闲季节的农用地。农作物利用本身的秸秆覆盖也极方便，其减少土壤水分蒸发和提高抗旱效能较植物活体覆盖更好。

11. 营造防风林

营造防风林是改善土壤生态环境的重要措施之一。其主要功能是防止或减轻风害，特别是冷风、干热风危害，降低土壤及作物的蒸发与蒸腾作用。在我国华北、东北、西北的风沙地带，土壤干旱，易酿成沙尘风暴，土壤大量风蚀，引起沙漠南移，大片农作物受害。造防风林后这种现象可以得到遏制；在冬季还可以保护降雪，增加土壤水分。我国南方红壤地区在山坡造林，可减少水土流失，调节田间气候。

12. 垄作、畦作

垄作、畦作适用于不同特性的土壤类型及人多地少、精耕细作的地区,是改良土壤和培育土壤肥力的耕作方法。垄作又称聚土耕作法,垄高沟深,垄面窄。在山坡地按等高垄作,有防止水土流失的功能。土层浅薄时,其可以有效增加耕作土层。同时,起垄后地表面积增加,接受日光照射的表面积增大,土壤白天增温快、夜间散热快,增大昼夜温差,有利于光合产物的积累;土壤内温差也大,促进土壤水分、养分的运动。畦作主要适应于平原地区,利用沟畦排灌,能快灌快排;对排水不良的农田,能缓解土壤中水气不协调的矛盾,提高养分利用率。我国 20 世纪 80 年代以来,畦作已扩展到稻田,对潜育性水稻土改良有良好效果。

13. 区田(等高)耕作

区田(等高)耕作是适用于干旱地区坡地土壤改良的耕作法,在我国已约有 4 000 年历史,现在西北地区仍广为应用。其具体方法为按等高筑土埂围区,区内种植作物,其能将较多降水保留在区内,避免土壤被冲刷,降水渗入土壤可增强抗旱力,也有利于培肥土壤。

14. 水旱轮作

水旱轮作是水稻区改良土壤的耕作法,在我国南方稻区,其应用于潜育性水稻土的改良效果最佳。其主要方法是在稻田一年种一季或两季水稻,再种两季或一季旱作物。稻田土壤经过水旱交替耕作,避免长期浸水,可使土壤形成较好的结构组合,协调水气矛盾,促使养分分解,提高养分利用率;还可增加稻田渗漏量,迅速消除潜育层。在我国暖温带冬麦区有条件的地方,多进行稻麦轮作一年两熟制,以提高土地利用率,改良土壤。

15. 调节土壤酸碱度

酸碱度对土壤养分的有效态和微生物活性有重大影响。土壤中的氮、磷、钾、钙、镁、硫、钼、硼等在 pH 值为 6~7 时有效性最高;铁、锰、锌等微量元素的有效性在酸性土中最高,在中性土中也较好,在碱性土中则很低。真菌适宜的土壤 pH 值范围较广,细菌及放线菌在 pH 值为 6~7 的土壤中较活跃。酸性土中有较多的铝、锰等离子危害,碱性土中则由于钠盐、镁盐而影响植物生长。就大多数作物而言,土壤 pH 值以 6~7 为佳。调节土壤酸碱度是改良土壤、增加肥力的有效措施。中和土壤酸性主要是施用石灰,包括石灰石粉、烧石灰及熟石灰等。石灰用量取决于 CaO 含量和细度以及土壤盐基饱和度。碱性土(主要是钠质碱化土和镁质碱化土)的改良主要施用石膏、硫黄、黑矾和工矿酸性废弃物,如磷石膏、亚硫酸钙、风化煤(富含腐殖酸)、糠醛渣、糖泥等,但必须结合灌溉淋洗才可收到良好的效果。

16. 土壤保水剂及土壤增温剂

土壤保水剂是利用其强大的吸水性能把渗入土壤中的水分保持下来,以供应旱季的需要。其吸水率一般为 300~500 倍,最强的可达 1 000 倍。这种水分不随重力水而渗漏损失,绝大部分是土壤有效水分,对于季节性干旱地区增加土壤抗旱能力有明显效果。土壤增温剂则是利用其暗黑色彩吸收太阳辐射热,增加地温。

5.2 污染土壤评价与修复技术

5.2.1 污染土壤调查

5.2.1.1 调查目的

(1)通过现场踏勘、资料收集与分析、人员访谈 3 种途径收集地块相关信息,分析调查地块及周边的土地利用历史,确定地块疑似污染源与污染类型,为后期检测及风险评估做好基础。

(2)通过对地块内土壤和地下水的采样监测,根据地块土地规划及利用要求,采用相应的环境风险筛选标准,明确地块环境风险的可接受程度。

(3)为场地规划利用提供决策依据,为土地和环境管理相关部门提供技术支撑。

5.2.1.2 基本原则

1. 规范性原则

环境调查工作严格遵循我国现行的环境调查相关法律法规、技术导则和规范,借鉴先进国家相关经验,确保调查结果的规范性和有效性。

2. 针对性原则

根据信息搜集、现场踏勘和人员访谈结果,结合识别的地块潜在污染源分布与污染物类型,针对性地开展地块土壤污染状况调查工作。

3. 技术可行性原则

在工作过程中力求采用目前国内外较为先进的方法与工具,结合现阶段科学技术发展能力,使调查方案切实可行,确保取样、监测、分析等工作结果的准确性和可靠性。

5.2.1.3 工作方案

1. 调查方法

为了科学充分地调查和判断场地所在区域的详细污染情况及污染对自身和周围敏感目标的健康风险,调查评估工作可分为两个阶段。

1）污染识别阶段

通过资料收集、场地踏勘、人员访谈等形式，了解场地过去和现在的使用情况，基本摸清场地及周边历史状况和现状，并收集分析造成土壤污染的化学品生产、储存、运输等活动的信息，识别和判断场地环境污染的可能性，分析场地内可能的污染源及污染物质，制订场地土壤与地下水的采样监测方案。

2）污染物查证阶段

通过现场对土壤与地下水采样、样品检测及数据分析，查证场地内污染物种类、浓度和空间分布。

2. 技术路线

第一阶段是污染识别与现场踏勘阶段，目的是识别场地环境污染的潜在可能，主要通过资料收集、现场踏勘及人员访谈等方式，对场地过去和现在的使用情况，特别是对污染活动的有关信息进行收集与分析，识别和判断场地环境污染的可能性。

第二阶段是以采样与分析为主的污染物证实阶段，即在第一阶段场地环境调查工作的基础上，通过采样与分析进而确定场地污染物的种类、浓度（程度）和空间分布。

地块土壤污染状况（现状）调查技术路线如图 5.2-1 所示。

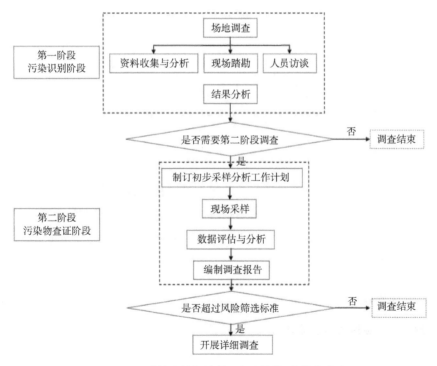

图 5.2-1　地块土壤污染状况（现状）调查技术路线

5.2.1.4　施工准备及施工总体部署

1. 技术准备

1）资料收集

（1）收集包括监测区域的交通图、土壤图、地质图、大比例尺地形图等资料，以供制作采样工作图和标注采样点位。

（2）收集包括监测区域土类、成土母质等土壤信息的资料。

（3）收集工程建设或生产过程对土壤造成影响的环境研究资料。

（4）收集造成土壤污染事故的主要污染物的毒性、稳定性以及消除方法等资料。

（5）收集土壤历史资料和相应的法律法规。

（6）收集监测区域工农业生产及排污、污灌、化肥农药施用情况资料。

（7）收集监测区域气候资料（温度、降水量和蒸发量）、水文资料。

（8）收集监测区域遥感与土壤利用及其演变过程方面的资料。

2）现场调查

现场踏勘，将调查得到的信息进行整理和利用，丰富采样工作图的内容。

3）采样器具准备

（1）工具类：铁锹、铁铲、圆状取土钻、螺旋取土钻、竹片以及适合特殊采样要求的工具等。

（2）器材类：GPS、罗盘、照相机、胶卷、卷尺、铝盒、样品袋、样品箱等。

（3）文具类：样品标签、采样记录表、铅笔、资料夹等。

（4）安全防护用品：工作服、工作鞋、安全帽、药品箱等。

（5）采样用车辆。

2. 组织准备

针对项目特点，配备技术过硬的专业技术人员，制订完善的管理方案和管理规章制度，形成配套的技术力量。组织员工进行现场施工前的安全教育培训，使其认真理解有关合同中的各项要求，分解阶段工作目标，对现场技术人员进行施工交底，熟悉施工组织设计中的方案，提高技术和管理水平。

5.2.1.5　工作内容

1. 第一阶段土壤污染状况调查

1）资料收集与分析

Ⅰ. 资料的收集

主要收集地块利用变迁资料、地块环境资料、地块相关记录、有关政府文件以及地块所在区域的自然和社会信息。当调查地块与相邻地块存在相互污染的可能时，须调查相邻地块的相关记录和资料。

地块利用变迁资料包括：用来辨识地块及其相邻地块的开发及活动状况的航空照片或卫星图片，地块的土地使用和规划资料，其他有助于评价地块污染的历史资料（如土地登记信息资料等），地块利用变迁过程中的地块内建筑、设施、工艺流程和生产污染等的变化情况。

地块环境资料包括：地块土壤及地下水污染记录，地块危险废物堆放记录以及地块与自然保护区和水源地保护区等的位置关系等。

地块相关记录包括：产品、原辅材料及中间体清单，平面布置图、工艺流程图、地下管线图，化学品储存及使用清单、泄漏记录，废物管理记录，地上及地下储罐清单，环境监测数据，环境影响报告书或表，环境审计报告和地勘报告等。

有关政府文件包括：由政府机关和权威机构所保存和发布的环境资料，如区域环境保护规划，环境质量公告，企业在政府部门的相关环境备案和批复，生态和水源保护区规划等。

地块所在区域的自然和社会信息包括：自然信息包括地理位置图、地形、地貌、土壤、水文、地质和气象资料等；社会信息包括人口密度和分布，敏感目标分布，土地利用方式，区域所在地的经济现状和发展规划，相关的国家和地方政策、法规与标准以及当地地方性疾病统计信息等。

Ⅱ.资料的分析

调查人员应根据专业知识和经验识别资料中的错误和不合理的信息，如资料缺失影响判断地块污染状况时，应在报告中说明。

2）现场踏勘

Ⅰ.安全防护准备

在现场踏勘前，根据地块的具体情况掌握相应的安全卫生防护知识，并准备必要的防护用品。

Ⅱ.现场踏勘的范围

范围以地块内为主，并应包括地块的周围区域。周围区域的范围应由现场调查人员根据污染可能迁移的距离来判断。

Ⅲ.现场踏勘的主要内容

现场踏勘的主要内容包括地块的现状与历史情况，相邻地块的现状与历史情况，周围区域的现状与历史情况，区域地质、水文地质和地形的描述等。

地块的现状与历史情况：可能造成土壤和地下水污染的物质的使用、生产、储存，"三废"处理与排放以及泄漏情况，地块过去使用中留下的可能造成土壤和地下水污染的异常迹象，如罐、槽泄漏以及废物临时堆放污染痕迹。

相邻地块的现状与历史情况:相邻地块的使用现状与污染源,过去使用中留下的可能造成土壤和地下水污染的异常迹象,如罐、槽泄漏以及废物临时堆放污染痕迹。

周围区域的现状与历史情况:周围区域目前或过去土地利用的类型,如住宅、商店和工厂等;周围区域的废弃的和正在使用的各类井,如水井等;污水处理和排放系统;化学品和废弃物的储存和处置设施;地面上的沟、河、池;地表水体、雨水排放径流,道路和公用设施。

区域地质、水文地质和地形的描述:对地块及其周围区域的地质、水文地质与地形观察、记录,并加以分析,以协助判断周围污染物是否会迁移到调查地块,地块内污染物是否会迁移到地下水中和地块外。

Ⅳ.现场踏勘的重点

现场踏勘的重点对象一般应包括:有毒有害物质的使用、处理、储存、处置;生产过程和设备、储槽与管线;恶臭、化学品味道和刺激性气味,污染和腐蚀的痕迹;排水管或渠、污水池或其他地表水体、废物堆放地、井等。同时,应该观察和记录地块及周围是否有可能受污染物影响的居民区、学校、医院、饮用水源保护区以及其他公共场所等,并在报告中明确其与地块的位置关系。

Ⅴ.现场踏勘的方法

可通过对异常气味的辨识、摄影和照相、现场笔记等方式初步判断地块污染的状况。踏勘期间,可以使用现场快速测定仪器。

3)人员访谈

Ⅰ.访谈内容

访谈内容应包括资料收集和现场踏勘中所涉及的疑问,以及信息补充问题和已有资料的考证问题。

Ⅱ.访谈对象

访谈对象为地块现状或历史的知情人,应包括:地块管理机构和地方政府的官员,环境保护行政主管部门的官员,地块过去和现在各阶段的使用者,以及地块所在地或熟悉地块的第三方(如相邻地块的工作人员和附近的居民)。

Ⅲ.访谈方法

访谈可采取当面交流、电话交流、填写电子或书面调查表等方式进行。

Ⅳ.内容整理

应对访谈内容进行整理,并对照已有资料,对其中的可疑之处和不完善之处进行核实和补充,将其作为调查报告的附件。

4)结论与分析

本阶段调查结论应明确地块内及周围区域有无可能的污染源,并进行不确定性分析。若有可能的污染源,应说明可能的污染类型、污染状况和来源,并应提出第二阶段土壤污染状况调查的建议。

2.第二阶段土壤污染状况调查

1)制订初步采样分析工作计划

根据第一阶段土壤污染状况调查的情况制订初步采样分析工作计划,内容包括核查已有信息、判断污染物的可能分布、制订采样方案、制订健康和安全防护计划、制订样品分析方案、确定质量保证和质量控制程序等任务。

Ⅰ.核查已有信息

对已有信息进行核查,包括第一阶段土壤污染状况调查中重要的环境信息,如土壤类型和地下水埋深;查阅污染物在土壤、地下水、地表水或地块周围环境的可能分布和迁移信息;查阅污染物的排放和泄漏信息;核查上述信息的来源,以确保其真实性和适用性。

Ⅱ.判断污染物的可能分布

根据地块的具体情况、地块内外的污染源分布、水文地质条件以及污染物的迁移和转化等因素,判断地块污染物在土壤和地下水中的可能分布,为制订采样方案提供依据。

Ⅲ.制订采样方案

采样方案一般包括采样点的布设、样品数量、样品的采集方法、现场快速检测方法等内容,还包括样品收集、保存、运输和储存等的要求。

采样点水平方向的布设参照表 5.2-1 进行,并应说明采样点布设的理由。

表 5.2-1　几种常见的布点方法及适用条件

布点方法	适用条件
系统随机布点法	适用于污染分布均匀的地块
专业判断布点法	适用于潜在污染明确的地块
分区布点法	适用于污染分布不均匀,并已知污染分布情况的地块
系统布点法	适用于各类地块情况,特别是污染分布不明确或污染分布范围大的情况

采样点垂直方向的土壤采样深度可根据污染源的位置、迁移、地层结构以及水文地质条件等进行判断设置。若对地块信息了解不足,难以合理判断采样深度,可按 0.5~2 m 等间距设置采样位置。

对于地下水,一般情况下应在调查地块附近选择清洁对照点。地下水采样点的布设应考虑地下水的流向、水力坡降、含水层渗透性、埋深和厚度等水文地质条件及污染源和污染物迁移转化等因素;对于地块内或周围区域的现有地下水监测井,如果符合地下水环境监测技术规范,则可以作为地下水的取样点或对照点。

Ⅳ.制订健康和安全防护计划

根据有关法律法规和工作现场的实际情况,制订地块调查人员的健康和安全防护计划。

Ⅴ.制订样品分析方案

检测项目应根据保守性原则,按照第一阶段调查确定的地块内外潜在污染源和污染物,依据国家和地方相关标准中的基本项目要求,同时考虑污染物的迁移转化,判断样品的检测分析项目;对于不能确定的项目,可选取潜在典型污染样品进行筛选分析。一般工业地块可选择的检测项目有重金属、挥发性有机物、半挥发性有机物、氰化物和石棉等。当土壤和地下水明显异常而常规检测项目无法识别时,可进一步结合色谱-质谱定性分析等手段对污染物进行分析,筛选判断非常规的特征污染物,必要时可采用生物毒性测试方法进行筛选判断。

Ⅵ.确定质量保证和质量控制程序

现场质量保证和质量控制措施应包括:防止样品污染的工作程序,运输空白样分析,现场平行样分析,采样设备清洗空白样分析,采样介质对分析结果影响分析,以及样品保存方式和时间对分析结果的影响分析等。

2)制订详细采样分析工作计划

在初步采样分析的基础上制订详细采样分析工作计划。详细采样分析工作计划主要包括评估初步采样分析工作计划和结果,制订采样方案以及制订样品分析方案等。

Ⅰ.评估初步采样分析工作计划和结果

分析初步采样获取的地块信息,主要包括土壤类型、水文地质条件、现场和实验室检测数据等;初步确定污染物种类、程度和空间分布;评估初步采样分析的质量保证和质量控制程序。

Ⅱ.制订采样方案

根据初步采样分析的结果,结合地块分区,制订采样方案。应采用系统布点法加密布设采样点。对于需要划定污染边界范围的区域,采样单元面积不大于 1 600 m²(40 m×40 m 网格)。垂直方向采样深度和间隔根据初步采样的结果判断。

Ⅲ.制订样品分析方案

根据初步调查结果,制订样品分析方案。样品分析项目以已确定的地块关注污染物为主。

Ⅳ.其他

详细采样分析工作计划中的其他内容可以在初步采样分析工作计划基础上制订,工作人员并针对初步采样分析过程中发现的问题,对采样方案和工作程序等进行相应调整。

3）现场采样

Ⅰ.采样前的准备

现场采样应准备的材料和设备包括定位仪器、现场探测设备、调查信息记录装备、监测井的建井材料、土壤和地下水取样设备、样品的保存装置和安全防护装备等。

Ⅱ.定位和探测

采样前，采用卷尺、GPS、经纬仪和水准仪等工具在现场确定采样点的具体位置和地面标高，并在图中标出；采用金属探测器或探地雷达等设备探测地下障碍物，确保采样位置避开地下电缆、管线、沟、槽等地下障碍物；采用水位仪测量地下水位，采用油水界面仪探测地下水非水相液体。

Ⅲ.现场检测

采用便携式有机物快速测定仪、重金属快速测定仪、生物毒性测试仪等现场快速筛选设备进行定性或定量分析；可采用直接贯入设备现场连续测试地层和污染物垂向分布情况；采用土壤气体现场检测手段和地球物理手段初步判断地块污染物及其分布，指导样品采集及监测点位布设；采用便携式设备现场测定地下水水温、pH 值、电导率、浊度和氧化还原电位等。

Ⅳ.土壤样品采集

土壤样品分表层土壤和下层土壤。下层土壤的采样深度应考虑污染物可能释放和迁移的深度（如地下管线和储槽埋深）、污染物性质、土壤的质地和孔隙度、地下水位和回填土等因素。可利用现场探测设备辅助判断采样深度。采集含挥发性污染物的样品时，应尽量减少对样品的扰动，严禁对样品进行均质化处理。

土壤采样时应进行现场记录，主要内容包括样品名称和编号、气象条件、采样时间、采样位置、采样深度、样品质地、样品颜色和气味、现场检测结果以及采样人员等。

土壤样品采集后，应根据污染物理化性质等，选用合适的容器保存。含有汞或有机污染物的土壤样品应在 4 ℃以下的温度条件下保存和运输。

Ⅴ.地下水水样采集

地下水采样一般应建地下水监测井。监测井的建设过程分为设计、钻孔、过滤管和井管的选择和安装、滤料的选择、装填、封闭和固定等。监测井的建设可参照《地下水环境检测技术规范》（HJ 164—2020）中的有关要求，所用的设备和材料应清洗除污，建设结束后需及时进行洗井。

监测井建设记录和地下水采样记录的要求参照《地下水环境检测技术规范》（HJ 164—2020），样品保存、容器和采样体积的要求参照《地下水环境检测技术规范》（HJ 164—2020）附录 A。

Ⅵ.其他注意事项

现场采样时,应避免采样设备及外部环境等污染样品,采取必要措施避免污染物在环境中扩散。

Ⅶ.样品追踪管理

应建立完整的样品追踪管理程序,做好样品的保存、运输和交接等过程的书面记录,确定责任归属,避免样品被错误放置、混淆及保存过期。

4)数据评估和结果分析

Ⅰ.实验室检测分析

委托有资质的实验室进行样品检测分析。

Ⅱ.数据评估

整理调查信息和检测结果,评估检测数据的质量,分析数据的有效性和充分性,确定是否需要补充采样分析等。

Ⅲ.结果分析

根据土壤和地下水检测结果进行统计分析,确定地块关注污染物的种类、浓度和空间分布。

3. 第三阶段土壤污染状况调查

1)主要工作内容

主要工作内容包括地块特征参数和受体暴露参数的调查。

地块特征参数包括:不同代表位置和土层或选定土层的土壤样品的理化性质分析数据,如土壤 pH 值、容重、有机碳含量、含水率和质地等;地块(所在地)气候、水文、地质特征信息和数据,如地表年平均风速和水力传导系数等。根据风险评估和地块修复实际需要,选取适当的参数进行调查。

受体暴露参数包括:地块及周边地区土地利用方式、人群及建筑物等相关信息。

2)调查方法

地块特征参数和受体暴露参数的调查可采用资料查询、现场实测和实验室分析测试等方法。

3)调查结果

该阶段的调查结果供地块风险评估、风险管控和修复使用。

5.2.2　土壤污染评价

土壤污染评价包括土壤环境质量评价和土壤累积影响评价。

依据调查区土壤环境功能区划,结合土壤 pH 值、水旱地及农作物种植种类,采用《土壤环境质量》(GB 15618—2018)中汞、铅、镉、砷、铬、铜、锌、镍的限值(表 5.2-2),评价矿区土壤重金属的污染程度。采用地质条件相似的邻区土壤重金属平均值评价矿业活动土壤重金属的累积程度。依据调查矿区的特征污染物种类,可增减评价的重金属元素。

土壤环境质量评价指标有单项污染指数、单项污染超标倍数、土壤综合污染指数、污染物分担率和样本超标率等。评价方法参照《农田土壤环境质量监测技术规范》(NY/T 395—2000)中的 8.3.1 计算执行。土壤污染等级划分见表 5.2-3 和表 5.2-4。

利用调查区前人土壤环境质量调查资料及本次调查数据,分析土壤环境质量变化趋势,依据评价结果,提出土地复垦、土壤污染修复的对策及监测建议。

表 5.2-2　土壤环境质量标准值　　　　　　　　　　单位:mg/kg

级别		一级	二级			三级
土壤 pH 值		自然背景	<6.5	6.5~7.5	>7.5	>6.5
镉(≤)		0.20	0.30	0.60	0.6	1.0
汞(≤)		0.15	0.30	0.50	1.0	1.5
砷	水田(≤)	15	30	25	20	30
	旱地(≤)	15	40	30	25	40
铜	农田(≤)	35	50	100	100	400
	果园(≤)	—	150	200	200	400
铅(≤)		35	250	300	350	500
铬	水田(≤)	90	250	300	350	400
	旱地(≤)	90	150	200	250	300
锌(≤)		100	200	250	300	500
镍(≤)		40	40	50	60	200

表 5.2-3　农田土壤重金属污染等级

等级划分	单项污染指数 P_i	单项污染超标倍数 P_{ei}	污染等级	污染水平
I	$P_i < 1$	$P_{ei} < 0$	安全级	土壤未受到某重金属污染
II	$1 \leqslant P_i < 2.0$	$0 \leqslant P_{ei} < 1.0$	轻度污染	土壤受到某重金属轻度污染
III	$2.0 \leqslant P_i \leqslant 3.0$	$1.0 \leqslant P_{ei} < 2.0$	中度污染	土壤受到某重金属中度污染
IV	$3.0 \leqslant P_i < 5.0$	$2.0 \leqslant P_{ei} < 3.0$	重度污染	土壤受到某重金属严重污染
V	$P_i \geqslant 5.0$	$P_{ei} \geqslant 3.0$	极严重污染	土壤受到某重金属极严重污染

表 5.2-4　土壤综合污染评价分级

等级划定	综合污染指数 P_z	污染等级	污染水平
I	$P_z \leqslant 0.7$	安全	清洁
II	$0.7 < P_z \leqslant 1.0$	警戒线	尚清洁

续表

等级划定	综合污染指数	污染等级	污染水平
Ⅲ	$1.0<P_z\leqslant 2.0$	轻污染	轻度污染
Ⅳ	$2.0<P_z\leqslant 3.0$	中污染	中度污染
Ⅴ	$P_z>3.0$	重污染	污染相当严重

5.2.3　污染土壤修复

5.2.3.1　修复原则与工作程序

1. 修复目的

污染土壤修复的目的是采用各种修复技术转移、吸收、降解或转化场地中的污染物,或阻断污染物对受体的暴露途径,使土壤对暴露人群的健康风险控制在可接受水平,从而恢复污染土壤的使用功能,保证土壤二次开发利用的安全性。

2. 修复原则

(1)规范性原则:采用程序化和系统化的方式规范污染土壤修复过程和行为,恢复污染土壤的使用功能。

(2)可行性原则:针对污染土壤特征条件和健康风险综合考虑污染土壤修复目标、修复技术的应用效果、修复时间、修复成本、修复工程的环境影响等因素,合理选择修复技术,科学制订修复方案,使修复工程切实可行。

(3)安全性原则:污染土壤修复工程的实施应注意施工安全和对周边环境的影响,避免对施工人员和周边人群的健康产生危害。

3. 修复工作程序

污染土壤修复工作按照图 5.2-2 规定的程序进行,包括污染土壤评估,修复技术选择与方案制订,修复实施、管理与维护和修复效果评价 4 个部分。

5.2.3.2　修复技术

1. 污染场地修复技术分类

污染场地的修复技术可按暴露情景和处置地点分类。

1)按暴露情景分类

此方法按"污染源 - 暴露途径 - 受体"对修复技术进行分类。对污染源进行处理的技术有生物修复、植物修复、生物通风、自然降解、生物堆、化学氧化、土壤淋洗、电动分离、气提、热处理、挖掘等;对暴露途径进行阻断的方法有稳定(固化)、帽封、垂直/水平阻控等。降低受体风险的控制措施有增加室内通风强度、引入清洁空气、减少室内外扬尘、减少人体与粉尘的接触、对裸土进行覆盖、减少人体与土壤的接触、改变土地或建筑物的使用类型、设立物障、减少污染食品的摄入、转移工作人员及其他受体等。

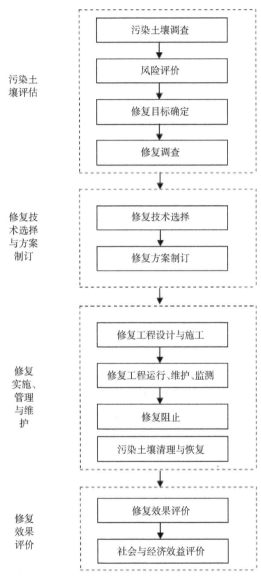

图 5.2-2　污染土壤修复工作程序图

2）按处置地点分类

污染场地修复技术按处置地点分为原位修复技术和异位修复技术。原位修复技术可分为原位处理技术和原位控制技术，常用的原位处理技术包括物理、化学和生物方法等。异位修复技术可分为挖掘和异位处理处置技术。

2. 常用修复技术简介

常用的污染场地修复技术主要包括挖掘、稳定（固化）、化学淋洗、气提、热处理、生物修复等。

1)挖掘

挖掘指通过机械、人工等手段,使土壤离开原位置的过程,一般包括挖掘过程和挖掘土壤的后处理、处置和再利用过程。在场地修复的各个阶段和多种修复技术实施过程中都可能采用挖掘技术,如场地环境评估、修复活动中后评估。作为修复技术,挖掘只能作为修复方案的一部分,不适用于传统的挖掘填埋技术方案。

2)稳定(固化)

稳定(固化)指通过固态形式在物理上隔离污染物或者将污染物转化成化学性质不活泼的形态,降低污染物的危害,可分为原位和异位稳定(固化)修复技术。原位稳定(固化)技术适用于重金属污染土壤的修复,一般不适用于有机污染物污染土壤的修复;异位稳定(固化)技术通常适用于处理无机污染物,不适用于半挥发性有机物和农药杀虫剂污染土壤的修复。

3)化学淋洗

化学淋洗指借助能促进土壤环境中污染物溶解或迁移作用的溶剂,通过水力压头推动清洗液,将其注入被污染土层中,然后再将包含污染物的液体从土层中抽提出来,进行分离和污水处理的技术,可分为原位和异位化学淋洗技术。原位化学淋洗技术适用于水力传导系数大于 10 cm/s 的多孔隙、易渗透的土壤,如砂土、砂砾土壤、冲积土和滨海土,不适用于红壤、黄壤等质地较细的土壤;异位化学淋洗技术适用于土壤黏粒含量低于 25%,被重金属、放射性核素、石油烃类、挥发性有机物、多氯联苯和多环芳烃等污染的土壤。

4)气提

气提指利用物理方法通过降低土壤孔隙的蒸气压,把土壤中的污染物转化为蒸气形式而加以去除的技术,可分为原位土壤气提技术、异位土壤气提技术和多相浸提技术。气提技术适用于地下含水层以上的包气带;多相浸提技术适用于包气带和地下含水层。原位土壤气提技术适用于处理亨利系数大于 0.01 或者蒸气压大于 66.66 Pa 的挥发性有机化合物,如挥发性有机卤代物或非卤代物,也可用于去除土壤中的油类、重金属及多环芳烃等污染物;异位土壤气提技术适用于修复含有挥发性有机卤代物和非卤代物的污染土壤;多相浸提技术适用于处理中、低渗透型地层中的挥发性有机物。

5)热处理

热处理指通过直接或间接热交换,将污染介质及其所含的有机污染物加热到足够高的温度(150~540 ℃),使有机污染物从污染介质中挥发或分离的过程,按温度可分为低温热处理技术(土壤温度为 150~315 ℃)和高温热处理技术(土壤温度为 315~540 ℃)。热处理修复技术适用于处理土壤中的挥发性有机物、半挥发性有机物、农药、高沸点氯代化合物,不适用于处理土壤中的重金属、腐蚀性有机物、活性氧化剂和还原剂等。

6)生物修复

生物修复指利用微生物、植物和动物将土壤、地下水中的危险污染物降解、吸收或富集的生物工程技术系统,按处置地点可分为原位和异位生物修复。生物修复技术适用于处理烃类及衍生物,如汽油、燃油、乙醇、酮、乙醚等,不适合处理持久性有机污染物。

5.2.3.3　修复技术选择与方案制订

污染土壤的修复技术体系包括修复技术选择、修复方案确定和现场实施等,是污染土壤修复的核心和实现其功能的支撑。

1. 修复技术的选择因素

影响修复技术选择的因素主要如下。

(1)场地特征依赖性:指标主要包括土壤温度依赖性、土壤湿度依赖性、土壤颗粒粒径、渗透性 / 黏土含量、空间需求等。

(2)资源需求:主要包括修复前的预处理、水电消耗、添加剂或酶、修复监测、运输、技工、土壤气体处理和后处理等方面的指标。

(3)环境影响、安全和健康因素:指标主要包括修复工程对环境的影响程度、二次污染的危险程度、对周边人群健康的影响程度。

(4)经济因素:指标主要包括预处理成本、劳动力成本、监测成本、燃料成本、装置成本、安装 / 拆卸成本、操作维护成本、处理成本、运输成本、水电成本、专利成本、后处理成本等。

2. 修复技术筛选步骤

(1)污染土壤条件的再确认。进一步确认和验证污染土壤及周边地区的地面环境状况:土地利用、产业结构、植被;地表水文状况;地层结构、岩性分布、地质构造类型;含水层动力学特征;污染介质的结构、类型与空间分布;污染物类型与分布等。

(2)技术特性分析。分析现有成熟的物理、化学和生物技术特点,确定技术的使用条件,了解技术的使用历史,评价技术的应用效果,识别某类技术对特定污染土壤的严重缺陷。

(3)初步选定修复技术。

(4)修复技术的初步验证。通过不同尺度的物理模拟模型的数字模拟模型进行实际评价,初步确认修复技术的有效性和相应的工艺组合。通过构建污染土壤的概念模型和数学模拟模型,选择标志性污染物作为模拟因子,结合初步选定修复技术的应用,模拟污染物在介质中的净化过程,评价修复技术的有效性,确定备选技术。

(5)备选技术的确认。

3. 修复方案制订

1）制订分项目标

分项目标是基于总体修复目标,而具体到不同环境或修复单元的目标。分项目标不仅是制订污染物限值,还应包括减轻暴露的内容。分项目标应明确不同介质或修复单元的目标污染物,暴露途径和受体,污染物限值或针对每一暴露途径可接受的污染物水平。

2）确定行动总则

基于分项目标,针对污染的环境介质,确定修复方式,通常采用生物或物化处理、围堵、开挖、抽提或多种方法的集成技术等,并采取制度化控制。

3）评价修复规模

根据污染土壤调查数据,结合行动总则,确定污染介质的规模。在确定其规模时,应考虑污染物分布、可接受的暴露水平、潜在的暴露途径、污染土壤的物理条件、不同介质之间的叠加等。

4）筛选修复技术

根据分项目标选择高消耗、操作简单的修复技术。

5）形成总体技术方案

将环境介质、修复规模以及备选修复技术整合,同时考虑介质之间的相互影响,形成 2~4 套不同的总体技术方案。

4. 总体技术方案内容确定

总体技术方案应明确:主要修复技术和工艺的要点、技术特点及局限性等;修复规模,如开挖或围堵区域的范围、污染土壤和地下水的体积估算、残留物处置途径、施工运输量等;修复计划及进度安排;目标可达性,预期效果评价及风险分析;投资估算与资金筹措、投资 - 效益分析;安全生产与劳动保护措施;环境影响分析,包括修复期间对居民及野生动植物的影响等;污染土壤恢复、污染土壤目前和将来的用途。

5. 方案评价和比选

修复方案评价和比选是修复方案优选的重要环节,比选内容和指标体系包括:

（1）是否符合国家、地区和行业的相关法律法规及标准;

（2）公众健康与环境保护;

（3）修复有效性;

（4）可实施性;

（5）工程规模与投资;

（6）劳动保护与环境影响;

（7）公众接受度。

5.2.3.4　修复实施与维护

1. 修复工程设计与施工

（1）施工前修复技术方案与工程设计要经当地环境主管部门审批通过。

（2）设计与施工符合国家和地方法律法规要求。

（3）实施过程中防止污染物在环境介质之间转移。

（4）制订保障施工人员与周围居民健康和安全的计划。

（5）具备场地准入及施工许可。

（6）修复工程设计与施工具有详细的记录，以备核查。

（7）修复工程可能对其他生物资源产生影响时，应制订详细的保护措施。

（8）配备污染土壤场地地图，详细标注场地修复设施的分布，包括处理单元的位置，修复规模、范围，以及污染源的空间位置和污染物浓度，施工完成后运行、监察和维护系统设置及采样位置、深度，修复活动可能影响到的湿地、河流及生物栖居地。

（9）制订初步的运行、监测和维护计划，并设计和建设监测系统。

2. 修复工程运行与维护

修复工程运行与维护的目的是确保修复的有效性和修复目标的实现。其应贯穿整个修复过程，主要内容包括：

（1）运行、维护修复工程系统；

（2）确保制度化控制的有效性；

（3）定期检查和评估污染土壤的修复状况；

（4）当能够实现预期修复目标时，预测修复工期。

3. 修复终止

修复终止属于污染土壤修复的最后环节。修复终止前应进行修复后环境风险评价，用以判断修复目标是否实现。监测或评价出现以下情况之一可终止修复：

（1）修复目标已经实现；

（2）基于技术或经济评估，继续进行修复可行性不大时，即使修复目标尚未完全实现，环境主管部门也可依据不同污染土壤情况，要求终止修复；

（3）当环境主管部门根据修复工程运行情况，判断修复不能进一步发挥效力，自然衰减技术能够完全有效地去除污染物，并能防止敏感受体的污染，即可终止修复。

4. 污染土壤清理与恢复

1）污染土壤清理

污染土壤调查和修复工作完成后，满足下列条件之一时，可对污染土壤处理系统进行清理：

（1）满足修复终止条件，且修复已经终止；

（2）修复工程不再继续运行时。

污染土壤处理系统清理前应进行工程最终评估,撰写修复报告。修复报告经环境主管部门通过后,修复工程结束,可对污染土壤修复系统进行清理。

2）污染土壤恢复

经过修复的区域应尽可能恢复到修复前的条件,否则需要经过当地环境主管部门和其他相关部门的同意才能进行下一步工作。污染土壤恢复时应考虑以下 3 点:

（1）用于污染土壤地形恢复的填充材料应满足修复后的标准,不含放射性废物或固体废物;

（2）将填充材料的质量报告提交当地环境主管部门;

（3）未被污染的土壤应回填到原来位置或其他位置。

5.2.3.5　修复监测

1. 监测目的

污染土壤监测的目的是加强污染土壤环境管理,推动污染土壤环境调查及风险评估与治理修复,为污染土壤环境管理的全过程提供依据。

2. 监测原则

污染场地环境监测是场地环境管理与污染防治的重要手段,应根据场地环境管理各阶段特征,与场地环境调查、风险评估、治理修复、工程验收、回顾性评估的目的和要求紧密结合。

污染场地环境监测应以土壤监测为主,兼顾场地残余废弃污染物、地下水、地表水、环境空气及治理修复过程中排放污染物的监测。

污染场地环境监测应妥善处理场地环境调查监测、治理修复监测、工程验收监测、回顾性评估监测之间的相互关系,确保监测结果的协调性、一致性和时效性。

3. 监测工作程序

根据污染土壤管理各阶段的不同需求,污染土壤监测可分为污染土壤调查监测、污染土壤修复监测、污染场地修复工程验收监测及污染土壤回顾性评估监测等。污染土壤监测应在确定需要监测的场地后,针对污染土壤环境管理某一阶段的需求,制订监测计划,确定监测范围、监测介质、监测项目、采样点布设方法及监测工作的组织方式,并根据完整的监测计划,实施样品的采集和样品的分析测试,对测试数据进行处理后,编制监测报告。

（1）污染土壤调查监测指土壤环境调查和风险评估过程中的监测,主要工作是识别土壤、地下水、地表水、环境空气及残余废弃物中的关注污染物,全面分析土壤污染特征,从而确定土壤的污染物种类、污染程度和污染范围。

（2）污染土壤修复监测指污染土壤修复过程中的监测,主要工作是针对各项修复技术措施的实施效果所开展的相关监测,包括修复过程中工程质量监测和二次污染物排放的监测。

（3）污染场地修复工程验收监测指对污染土壤修复后的环境监测,主要工作是考核和评价治理修复后的污染土壤是否达到污染风险评估所确定的修复目标值及工程设计所提出的相关要求。

（4）污染土壤回顾性评估监测指经过修复工程验收后,在特定的时间范围内,为评价治理修复后土壤对地下水、地表水及环境空气的环境影响所进行的监测,同时也包括针对土壤长期原位修复工程措施的效果开展验证性的监测。

5.2.3.6　修复效果评价

1. 修复效果评价指标

修复效果评价主要包括污染治理成果、修复技术的社会效益与经济效益评价。修复效果评价指标体系主要包括以下内容。

（1）土壤污染物的去除效果,即污染修复效果,具体指标有污染物去除率、降解率、半衰期等。

（2）不产生次生污染,包括污染物降解中间产物量及物质组成动态变化、修复过程及修复前后的介质毒理学特性评价与比较方面的指标等。

（3）修复技术的社会效益与经济效益,主要指标有修复工程的直接收益、对社会发展的影响、观众和舆论导向等。

2. 污染治理效果

污染治理效果主要是评价修复工程实施对土壤污染风险的降低程度,以及是否达到预期的修复目标。

评价治理效果时,应当评价去除有毒污染物量、减少污染物量、切断或减轻污染物向接受者迁移的技术。评价依据包括:

（1）降解、固定或处理有毒物质的量;

（2）对污染物毒性、活性的减少程度;

（3）处理过程的不可逆水平;

（4）处理后遗留物的类型和数量。

3. 社会效益与经济效益

社会效益与经济效益评价包括:

（1）污染土壤风险水平的降低,实现对公众健康的保护;

（2）土壤功能及价值的提高,即修复可能创造的直接经济效益;

（3）修复技术体系的构建与完善,主要体现为环境效益的实现与提高。

5.3 土地复垦设计

5.3.1 土地复垦适宜性评价

5.3.1.1 土地损毁现状

土地复垦设计主要依据《土地复垦方案编制规程 第1部分:通则》(TD/T 1031.1—2011),部分土地复垦措施与地质环境治理措施相同。

土地复垦适宜性评价是依据治理区所处地区土地利用总体规划及相关规划,按照因地制宜的原则,在充分尊重土地权益人意愿的前提下,根据原土地利用类型、土地损毁情况、公众参与意见等,在经济可行、技术合理的条件下,确定拟复垦土地的最佳利用方向。

土地复垦适宜性评价在复垦工作中具有重要的作用,是确定损毁土地的复垦利用方向的前提和基础,为合理复垦利用损毁土地资源提供科学依据,避免土地复垦的盲目性。

1. 土地利用状况

1）土地利用类型

列表说明复垦区与复垦责任范围内土地利用类型、数量、质量、损毁类型与程度,应说明基本农田所占比例、农田水利和田间道路等配套设施情况、主要农作物生产水平。土地利用现状分类体系应采用《土地利用现状分类》(GB/T 21010—2007)将调查对象明确至二级地类,土地利用现状的统计数据应与所附的土地利用现状图上的信息一致。

2）土地权属状况

说明复垦区土地所属权、使用权和承包经营权状况。集体所有土地权属应具体到行政村或村民小组,需征(租)收土地的项目应说明征(租)收前权属状况。

2. 土地损毁分析

1）土地损毁形式分析

生产建设活动损毁土地的类型主要有4种:挖损、压占、塌陷、污染。

（1）土地挖损是指生产建设活动致使原地表形态、土壤结构、地表植被等直接被损毁。

（2）土地压占是指堆放剥离物、废石、矿渣、表土等造成土地原有功能丧失的过程。

（3）土地塌陷是指因地下采矿形成采空区,可能导致地表沉降、变形,从而造成土地原有功能下降,或部分矿石采出后,原岩应力平衡遭到破坏,使围岩周围发生变形、位移、开裂和塌陷,甚至产生大面积移动。随着采空区不断扩大,岩石移动范围也相应扩大,当岩石移动范围扩大到地表时,地表将产生变形和移动,局部出现轻微的断层和裂缝。

（4）土地污染是指因生产建设过程中排放的污染物造成土壤原有物理化学性状恶化、土地原有功能部分或全部丧失。

2）土地损毁程度分析

矿区土地损毁程度分析是对矿区开发活动引起的矿区土地质量变化程度的评价,是土地复垦方案编制的前提,为土地复垦提供基础数据,是确定矿区土地复垦的利用方向、进行工程设计和工程量测算的依据,是决定复垦投资额度大小的关键。

根据《中华人民共和国土地管理法》和国务院颁布的《土地复垦条例》,土地破坏程度等级确定为三级标准:①一级（轻度破坏）,土地破坏轻微,基本不影响土地功能;②二级（中度破坏）,土地破坏比较严重,影响土地功能;③三级（重度破坏）,土地严重破坏,丧失原有功能。

目前,国内外尚无具有明确评价因素的具体等级标准划分值,根据类似工程的土地损毁因素调查情况及矿山现场实地调查结果,参考各相关学科的经验数据,采用主导因素法进行评价及等级划分,选择损毁程度分析因素。挖损和压占的土地损毁程度评价影响因子见表 5.3-1。根据地质环境要素调查成果及土地损毁程度评价影响因子,对各评价单元的土地利用现状、损毁面积、损毁类型及损毁程度进行统计汇总。

表 5.3-1　挖损和压占的土地损毁程度评价影响因子

损毁类型	评价因子		评价等级		
			轻度损毁	中度损毁	重度损毁
挖损	挖损后地面坡度 /(°)		0~6	6~15	>15
	挖掘深度 /m		<1	1~3	>3
	积水		无	季节性积水	常年积水
压占	地表变化	压占面积 /hm²	<1	1~5	>5
		排土高度 /m	<5	5~10	>10
		破坏土层厚度 /cm	≤ 10	10~30	≥ 30
	占压物性状	砾石含量增加 /%	<10	10~30	>30
		有机质含量下降 /%	<15	15~65	>65
		土壤污染	轻度	一般	重度
		pH 值	6.5~7.5	4~6.5,7.5~8.5	<4,>8.5
	稳定性	地表稳定性	很稳定	稳定	不稳定

注:损毁程度分级确定采取上一级别优先原则,只要评价因子中有一项符合即为该级别。

5.3.1.2　评价原则及依据

1. 评价原则

土地复垦适宜性评价应遵循以下原则。

1）符合土地利用总体规划，并与其他规划相协调

土地利用总体规划是从全局和长远的利益出发，以区域内全部土地为对象，对土地利用、开发、整理、保护等方面所做的统筹安排。土地复垦适宜性评价应符合土地利用总体规划，避免盲目投资、过度超前浪费土地资源，同时应与其他规划（如农业规划、农业生产远景规划、城乡规划等）相协调。

2）因地制宜原则

待复垦土地利用受外部环境与内在质量等多种条件制约，造成在改造利用方向和方式上有很大差别，因此，必须因地制宜地确定待复垦土地资源利用方向，既要分析研究土壤、气候、地貌、水资源等自然因素的状况，又要分析研究矿区位置、种植习惯、社会需求等社会经济因素的状况，同时还要考虑被破坏土地的类型和破坏程度，做到因地制宜、扬长避短，充分挖掘资源潜力，提高土地利用率，真正实现土地资源的集约节约利用。

3）主导性限制因素综合平衡原则

影响待复垦土地利用方向的因素包括自然条件中的土壤性质、水文条件、地形地貌以及人为因素中的破坏程度、利用类型和社会需求等多方面，因此在评价时需要综合考虑各方面的因素。但是，各种因素对于不同区域土地复垦利用的影响程度不同，在评价时可选择主导因素作为评价的主要依据。

4）复垦后土地可持续利用原则

矿区土地破坏是一个长期的过程，土地复垦适宜性评价结果不具有唯一性，应当根据复垦技术的发展、复垦土地物理化学性状的自然演化、社会需求的调整等提出复垦目标。同时，土地复垦还应符合可持续发展原则，应保证所选土地利用方向具有持续生产能力，并防止掠夺式利用或二次污染等问题。

5）经济合理性、技术可行性原则

在进行土地适宜性评价时，必须综合分析评价区域的自然、经济和社会条件，既要考虑自然条件的适宜性，又要考虑技术条件的可行性和经济效益的合理性，才能做出符合实际的客观评价。

6）社会因素和经济因素相结合原则

待复垦土地的评价既要考虑其自然属性（土地质量），同时也要考虑其社会属性，如社会需要、资金来源等。在评价时应以自然属性为主确定复垦方向，但也必须顾及社会属性的许可。

2. 评价依据

土地复垦适宜性评价在详细分析治理区自然条件、社会经济以及土地利用状况的基础上,结合当地土地利用总体规划,依据国家和地方的法律及相关规划,综合考虑土地损毁分析结果、公众参与意见以及周边类似项目的复垦经验等,采取切实可行的办法,确定复垦利用方向。

1)地方规划

地方矿山地质环境保护与治理规划。

2)行业标准

《土地开发整理项目规划编制规程》(TD/T 1011—2000)。

《土地复垦方案编制规程 第 1 部分:通则》(TD/T 1031.1—2011)。

《土地复垦技术标准(试行)》(UDC-TD)。

《土壤环境质量标准》(GB 15618—2018)。

《耕地地力调查与质量评价技术规程》(NY/T 1634—2008)。

《耕地后备资源调查与评价技术规程》(TD/T 1007—2003)。

5.3.1.3　评价体系与评价方法

1. 评价单元划分

评价单元是土地复垦适宜性评价的基本单元,是评价的具体对象。土地上农林牧业利用类型的适宜性和适宜程度及其地域分布状况,都是通过评价单元及其组合状况来反映的。评价单元的划分与确定应在遵循评价原则的前提下,依据复垦区土地的损毁类型、程度、限制因素和土壤类型等来划分。评价单元应按以下原则进行划分。

(1)单元内部性质相对均一或相近,具有一定的可比性。

(2)单元之间具有差异性,能客观反映土地在一定时空上的差异性。

(3)单元内部的土地特征、复垦所采取的工程措施相似。

2. 复垦方向初步确定

根据土地利用总体规划,与生态环境保护规划相衔接,从矿山实际出发,通过对矿区自然因素、社会经济因素、政策因素和公众意愿的分析,初步确定治理区土地复垦方向。

3. 自然和社会经济因素分析

根据治理区周边土壤资源条件、损毁土地类型及程度、土地权属及土地利用现状,初步确定复垦方向。

4. 政策因素分析

根据相关规划,治理区的土地复垦工作应本着因地制宜、合理利用原则,实现土地资源的永续利用,并与社会、经济、环境协调发展;综合治理区的自然条件和原土地利用现状,初步确定复垦方向。

5. 公众参与分析

1)公众参与的目的

土地复垦是一项系统工程,公众参与是其中一项重要的工作,是土地复垦治理设计与公众之间的一种双向交流。通过公众参与,工作人员可以全面了解复垦范围内公众及相关团体对项目的认识态度,让公众对复垦项目实施过程中和实施后可能带来的问题提出意见和建议,保障项目在建设决策中的科学化、民主化,通过公众参与调查,使复垦项目的规划、设计、施工和运行更加合理、完善,调动公众参与复垦的积极性和主要性,从而最大限度地发挥土地复垦项目带来的社会效益、经济效益和环境效益。

2)公众参与的原则

为了使公众参与的工作能客观、公正地反映公众对该项目的认识和建议、意见,使公众参与的调查对象具有充分的代表性,调查工作可遵循代表性和随机性相结合的原则。

3)公众参与的技术路线

公众参与人员包括复垦区土地使用者、集体所有者、土地复垦义务人、周边地区受影响的社会公众以及土地管理及相关职能部门等。

公众参与贯穿土地复垦方案编制的始终,即涉及复垦方案编制前期准备阶段、编制过程、实施过程以及项目后期的全过程。

Ⅰ. 复垦方案编制前期准备阶段的公众参与

复垦方案编制前期的公众参与可采取走访调查的形式,公开征集意见,参与调查的主要对象是矿山职工、附近村民等,让他们了解工程概况、项目建设意义、工程建设对社会经济发展可能带来的有利影响及可能产生的环境、资源等方面的不利影响,然后征求大家对土地复垦的意见和建议。公众参与调查表可参照表 5.3-2,公众调查信息汇总表可参照表 5.3-3。

Ⅱ. 复垦方案编制过程中的公众参与

复垦方案编制过程中,工作人员可征求相关部门意见。编制组成员对土地复垦方案中的损毁预测结果、主要措施、投资估算以及土地复垦资金计提方式等进行汇报,相关人员与编制组成员对关心的问题进行深入讨论,确定复垦方案是否科学合理并符合当地实际。

表 5.3-2 公众参与调查表

被调查人基本情况	姓名：		性别： □男 □女	身份证：	
	住址：				年龄：
	职业：农民□ 工人□ 干部□				
	文化程度：大学及以上□ 高中□ 初中□ 小学及以下□				
调查内容	1	您是否了解该工程	了解□ 一般了解□ 不了解□		
	2	对您造成影响最大的损毁地类是	耕地□ 园地□ 林地□ 草地□ 其他□		
	3	您对该工程的态度是	非常支持□ 支持□ 不关心□ 反对□		
	4	您认为地面工业场地的最佳复垦方向是	耕地□ 园地□ 林地□ 草地□ 其他□		
	5	您认为废石场的最佳复垦方向是	耕地□ 园地□ 林地□ 草地□ 其他□		
	6	您认为塌陷影响区的最佳复垦方向是	耕地□ 园地□ 林地□ 草地□ 其他□		
	7	您希望复垦后的土地如何	跟以前一样□ 比以前更好□ 无所谓□		
	8	您对该复垦项目的实施意见为	赞同□ 不赞同□ 无所谓□		
	9	您对复垦时间的要求为	边损毁边复垦□ 稳沉之后马上复垦□ 无所谓□		
	10	您希望复垦过程中保留建筑物吗	保留部分□ 不保留□ 无所谓□		
	11	您希望保留哪些建筑物	空压机房□ 变电所□ 矿山道路□ 提升机房□ 综合用房□		
	12	您对土地复垦还有什么建议			

表 5.3-3　公众调查信息汇总表

被调查人的信息			人数	比例 /%
年龄	20 岁以下			
	20~30 岁			
	30~40 岁			
	40~50 岁			
	50 岁以上			
职业	工人			
	农民			
	干部			
	个体经营者			
文化程度	小学			
	初中			
	高中			
	本科			
	硕士及以上			
对项目意见汇总				
土地复垦方案的目标是否合理		合理		
		较为合理		
		不合理		
复垦标准如何		很好		
		较好		
		较差		
所采取的复垦措施是否恰当		恰当		
		较为恰当		
		不恰当		
该方案对当地生态环境和工农业生产是否有影响		有利		
		不利		
该方案有哪些有利影响		改善农业基础生产设施		
		促进经济发展		
		其他		
对本方案的态度		认可		
		不认可		
		无所谓		
对本方案有无顾虑		无		
		有		

Ⅲ.复垦方案实施过程中的公众参与

土地复垦工作涉及面广、周期较长,在实施过程中需要社会各界的积极参与,充分调动和发挥公众的积极性,拓展公众参与渠道,营造有利于土地的舆论和社会氛围,促进当地和谐社会的建立。在复垦方案实施过程中,主要通过以下几种方式让周边相关部门参与到土地复垦工作中。

(1)建立复垦的进度、资金使用公示制度。业主公司定期向公众发布复垦项目公告,公示项目的基本情况、土地复垦工作的主要内容及公众提出意见的方式等。公告主要粘贴在项目区敏感点的人流集中处和施工现场。

(2)建立工程咨询制度。土地复垦工作内容复杂、政策性强。业主公司定期开展土地复垦工作会议,组织当地相关行业的主管部门及技术人员讨论复垦工作所遇到的政策性和技术性问题。

(3)参与实施制度。业主公司将复垦工作中的一部分工作岗位面向社会,让群众参与到具体的土地复垦事务中,保证复垦工作的顺利开展。

(4)参与验收制度。土地复垦质量的高低最终的受益者应当是当地的群众,因此在土地复垦验收时应当邀请群众代表参与验收。

(5)建立公众服务办公室。土地复垦工作内容复杂、涉及面广,业主公司应建立专门办公室,对外协调,听取群众意见。

Ⅳ.项目后期公众参与计划

土地复垦工程时间较长、情况复杂,每一阶段项目完成后,要对复垦的工作进行总结,对复垦后的土地情况进行跟踪调查,发现问题,总结经验,指导后续工作的开展。

(1)建立跟踪调查制度。对复垦后的每一块土地建立信息卡,搜集复垦后土地的质量变化情况以及在使用过程中所遇到的问题。

(2)加强宣传,增强复垦意识。通过样本工程、优质工程向公众介绍土地复垦的相关知识,深入开展土地基本国情和国策教育,加强土地复垦法规和政策宣传,增强公众的参与和监督意识。

6. 评价体系的建立

评价体系可分为二级评价体系和三级评价体系两种类型。

二级评价体系分成两个序列,即土地适宜类和土地质量等。土地适宜类分为适宜类、暂不适宜类和不适宜类,类别下面再续分若干土地质量等。土地质量等分为一等地、二等地和三等地,暂不适宜类和不适宜类一般不续分。

三级评价体系分成三个序列,即土地适宜类、土地质量等和土地限制型。土地适宜类和土地质量等部分与二级评价体系一致。依据不同的限制因素,土地质量等又分成若干土地限制型。

适宜类(A):反映土地对该种土地用途和利用方式有一定产出和效益,并不会产生土地退化或给邻近土地造成不良后果。

不适宜类(N):反映土地对该种土地用途和利用方式不能持续利用。

一等地(A1):高度适宜,即土地对该种土地用途和利用方式没有限制性或只有轻微限制,经济效益好,能持续利用。

二等地(A2):中度适宜,即土地对该种土地用途和利用方式的持续利用有中等程度的限制,经济效益一般,利用不当会引起土地退化。

三等地(A3):临界适宜,即土地对该种土地用途和利用方式的持续利用有较大的限制,经济效益差,利用不当容易引起土地退化。

矿山损毁土地的复垦根据《土地复垦方案编制规程》和国内外的相关研究成果,可采用二级评价体系,评价结果可分为土地适宜类和土地质量等,针对待复垦土地宜耕、宜林、宜草的适宜性进行评价,将土地适宜类分成适宜类、不适宜类两类。土地复垦适宜性评价体系见表5.3-4。

表5.3-4　土地复垦适宜性评价体系

土地适宜类	土地质量等			备注
	宜耕	宜林	宜草	
适宜类	A1	A1	A1	A1(一等地)—高度适宜:宜耕、宜林、宜草地
	A2	A2	A2	A2(二等地)—中度适宜:宜耕、宜林、宜草地
	A3	A3	A3	A3(三等地)—临界适宜:宜耕、宜林、宜草地
不适宜类	N	N	N	

1)宜耕类

一等宜耕地:复垦条件好,损毁轻微,质量好,对农业利用无限制或有一种限制因素,且限制程度低。通常这类土地地形平坦,土壤肥力高,适于机耕,易于恢复为耕地,在正常耕作管理措施下可获得不低于甚至高于损毁前耕地的产量,且正常利用不致发生退化。

二等宜耕地:复垦条件、质量中等,损毁程度不深,有一两种限制因素,限制强度中等,需要采取一定的改良或保护措施才能较好地利用。如利用不当,可导致水土流失、肥力下降等现象。

三等宜耕地:复垦条件较差,损毁严重,有多种限制因素,且限制强度大,改造困难,需要采取复杂的工程或生物措施,需要采取更大整治措施后才能作为耕地使用,或者需要采取重要保护措施防止土地在农业利用时发生退化现象。如利用不当,对土地质量和生态环境有较严重的不良影响。

2）宜林(草)类

一等宜林地:适于林木生产,产量高,质量好,无明显限制因素,损毁较轻,采用一般技术造林植树,即可获得较大的产量和经济价值。

二等宜林地:比较适于林木生产,产量和质量中等,地形、土壤和水分等因素对种植树木有一定的限制,损毁程度不深,但是植树造林的技术要求较高,产量和经济价值一般。

三等宜林地:林木生长困难,产量低,地形、土壤和水分等限制因素较多,损毁严重,植树造林技术要求较高,产量和经济价值较低。

7. 评价方法的选择

1）评价方法的比较

评价方法可分为定性分析和定量分析两类。定性分析方法是对评价单元的原土地利用状况、土地损毁、公众参与、当地社会经济等情况进行综合定性分析,确定土地复垦方向和适宜性等级;定量分析方法包括极限条件法、指数和法与多因素综合模糊法。常用的土地复垦适宜性评价方法有极限条件法、指数和法等。

Ⅰ. 极限条件法

极限条件法基于系统工程中的"木桶原理",即依据最小因子定律原理,评价单元的适宜性及等级取决于条件最差的因子的质量。极限条件法的计算公式为

$$Y_i = \min(Y_{ij})$$

式中　Y_i——第 i 个评价单元的最终分值;

　　　Y_{ij}——第 i 个评价单元中第 j 个参评因子的分值。

利用该评价标准只需确定复垦方向的限制性因子及相应参考标准,不同的复垦方向应根据影响该复垦方向的因素选择相应的评价因子。按照优先复垦为耕地的原则,首先对复垦土地进行耕地适宜性评价,如果不适宜耕地复垦方向,再继续对林地复垦方向或其他地类复垦方向进行评价。

这种评价方法的优势在于重点突出了由于破坏造成的对土地利用的限制影响,适用于破坏严重、原有地貌彻底改变的评价对象。

Ⅱ. 指数和法

指数和法的计算公式为

$$R(i) = \sum_{j=1}^{n} F_j W_j$$

式中　$R(i)$——第 i 个评价单元的综合得分;

　　　F_j——第 j 个参评因子的等级指数;

　　　W_j——第 j 个参评因子的权重值;

　　　n——参评因子的个数。

在评价时,首先分别按耕、林、草等各类土地选定 n 个适宜性评价因子,并按照不同

等级赋予其不同的权重(W_j);然后对于每一个评价因子,分别按不同等级赋予其评价指数(F_j);最后将评价单元某一评价因子的权重与该评价单元相应等级因子指数相乘,计算加权因子指数(F_jW_j),并累加得到评价单元最后的综合得分($R(i)$)。

这种评价方法较全面地反映了选取的各评价因子对评价对象土地利用的影响大小,所得到的结论更为严谨;缺点是对于每个评价因子的量化要求较高,需要进行归一化处理。

本方法适用于破坏后原有土地利用仍然存在、评价单元较多,且不同单元之间差异较大、基础数据较为全面的土地破坏地区,如大面积的土地沉陷区、裂缝分布区等。

2)评价方法的选择

废弃露天矿山土地损毁主要包括土地挖损和土地压占,土地挖损的损毁程度以重度为主,土地压占的损毁程度以中度为主,而且每个评价单元面积不大,特征显著,因此宜采用极限条件法对待复垦土地进行适宜性评价,即根据最小因子定律,土地的适宜性及其等级是由选定评价因子中单因子适宜性等级最小(限制性等级最大)的因子所确定的。

8. 评价因子

根据矿区所在区域自然环境特征、结合矿区土地损毁特点、土地类型等有关指标,参阅有关矿区损毁土地适宜性评价和复垦经验,土地复垦适宜性评价因子选取主要考虑以下几个因素:矿区土地损毁类型和损毁程度、损毁土地复垦的客观条件等。因此,土地复垦适宜性评价选取地面坡度、土层厚度、土壤质地、土源保证率、灌排条件及地形完整程度等 6 个评价因子。土地复垦适宜性评价指标体系的构成可参照表 5.3-5。

表 5.3-5　土地复垦适宜性评价指标体系

评价指标		评价等级		
评价因子	分级标准	耕地评价	林地评价	草地评价
地面坡度 /(°)	<6	A1	A1	A1
	6~15	A2	A1	A1
	15~25	A3	A2	A2
	>25	N	A3 或 N	A2 或 A3
土层厚度 /m	>90	A1	A1	A1
	60~90	A1	A1	A1
	30~60	A2 或 A3	A2	A1
	<30	N	A3 或 N	A2 或 A3
土壤质地	壤土	A1	A1	A1
	黏土、砂壤土	A2	A1	A1
	砂土或石砾含量 15%~50%	A3	A2 或 A3	A2
	石质或石砾含量 >50%	N	N 或 A3	A3

续表

评价指标		评价等级		
评价因子	分级标准	耕地评价	林地评价	草地评价
土源保证率 /%	100	A1	A1	A1
	80~100	A2	A1	A1
	50~80	A3	A2	A1 或 A2
	<50	N	N 或 A3	N 或 A3
灌排条件	有保证	A1	A1	A1
	基本保证	A2	A1	A1
	困难	A3	A2	A2
	无水源	N	A3	A3
地形完整程度	面积大于 10 亩,形状规则	A1	A1	A1
	面积 6~10 亩,形状规则	A2	A1	A1
	面积 3~6 亩,形状不规则	A3 或 N	A1	A1
	面积小于 3 亩,形状不规则	N	A1	A1

注:1 亩 ≈666.7 平方米

9. 适宜性等级的评定

在治理区土地质量调查及矿山地质环境治理的基础上,确定各土地复垦适宜性评价单元的特性,对参评单元的土地质量与复垦土地主要限制因子的农林评价等级标准进行对比,适宜性等级最低的土地质量参评项目决定该评价单元的土地复垦适宜性等级。

10. 确定最终复垦方向

在确定最终复垦方向时,除依据适宜性评价结果外,还应考虑评价单元的极限条件,综合分析当地自然条件、社会条件、工程施工难易程度等情况,并结合公众意见最终确定复垦方向。

5.3.1.4　水土资源平衡分析

复核复垦区表土情况、复垦方向、标准和措施,进行表土量供求平衡分析。

需外购土源的,应说明外购土源的数量、来源、土源位置、可采量,并提供相应证明材料;无土源情况下,可综合采取物理、化学与生物改良措施。

在复垦工程中设计灌溉工程的,应进行用水资源分析,明确用水水源地和水量供需及水质情况。

5.3.1.5　复垦原则与目标任务

依据土地复垦适宜性评价结果,确定土地复垦的目标任务,包括拟复垦土地的地类、面积及复垦率,编制复垦前后土地利用结构调整表。

5.3.1.6　土地复垦质量要求

依据土地复垦相关技术标准,结合复垦区实际情况,针对不同复垦方向提出不同土地复垦单元的土地复垦质量要求。

土地复垦质量不宜低于原(或周边)土地利用类型的土壤质量与生产力水平。复垦为耕地的应符合当地省级土地开发整理工程建设标准的要求;复垦为其他方向的建设标准应符合相关行业的执行标准。

根据《土地复垦质量控制标准》(TD/T 1036—2013),按照技术可行、经济合理原则和自然条件,并结合复垦区实际情况,确定土地复垦质量要求。

1.旱地复垦要求

(1)旱地田面坡度不宜超过15°。

(2)有效土层厚度大于60 cm,土壤具有较好的肥力,土壤环境质量符合《土壤环境质量标准》(GB 15618—2018)规定的Ⅱ类土壤环境质量标准。

(3)3~5年后复垦区单位面积产量达到周边地区相同土地利用类型中等产量水平,粮食及作物中有害成分含量符合《食品安全国家标准 粮食》(GB 2715—2016)的要求。

(4)其他参照表5.3-6所给出的旱地复垦质量控制标准。

表 5.3-6　旱地复垦质量控制标准

指标类型	名称	单位	耕地指标范围
地形	地面坡度	°	≤ 15
土壤质量	有效土层厚度	cm	≥ 60
	土壤容重	g/m³	≤ 1.40
	土壤质地	—	壤土至壤质黏土
	砾石含量	%	≤ 5
	pH 值	—	6.0~8.5
	有机质	%	≥ 1
	电导率	dS/m	≤ 2
配套设施	排水	—	达到当地各行业工程建设标准要求
	道路	—	
	林网	—	
生产力水平	产量	kg/hm²	3年后达到周边地区同等土地利用类型水平

2.有林地复垦要求

(1)对个别倾倒或死亡的树木进行扶正或补种。

（2）选取当地适生树种进行补种。

（3）植树穴切忌挖成锅底形或无规则形，以免使根系无法自然舒展。

（4）其他参照表 5.3-7 所给出的有林地复垦质量控制标准。

表 5.3-7　有林地复垦质量控制标准

指标类型	名称	单位	林地指标范围
土壤质量	有效土层厚度	cm	≥30
	土壤容重	g/m³	≤1.5
	土壤质地	—	砂土至壤质黏土
	砾石含量	%	≤20
	pH 值	—	6.0~8.5
	有机质	%	≥1
配套设施	道路	—	达到当地本行业工程建设标准要求
生产力水平	定植密度	株/公顷	满足《造林作业设计规程》(LY/T 1607—2003)的要求
	郁闭度	—	≥0.35

3. 其他草地复垦要求

（1）对局部死亡的草苗进行补种。

（2）选取当地适生草种进行补种。

（3）加强后期管护，采取防治病虫害措施和防止退化措施。

（4）其他参照表 5.3-8 所给出的其他草地复垦质量控制标准。

表 5.3-8　其他草地复垦质量控制标准

指标类型	基本指标	单位	控制标准
土壤质量	土壤容重	g/cm³	≤1.45
	土壤质地	—	砂土至壤质黏土
	砾石含量	%	≤10
	pH 值	—	6.0~8.5
	有机质	%	≥1
配套设施	灌溉、道路	—	达到当地各行业工程建设标准要求
生产力水平	覆盖率	%	≥40
	产量	kg/hm²	3 年后达到周边地区同等土地利用类型水平

5.3.2　土地复垦措施

按照项目所在地区自然环境条件和复垦方向要求，说明不同土地复垦单元拟采用的工程技术措施,包括充填工程、土壤剥覆工程、平整工程、坡面工程、清理工程、灌排工程、疏排水工程、集雨工程、道路工程等;说明不同土地复垦单元拟采用的恢复植被、改良土壤等生物或化学措施。生物措施中应明确植物种植的立地条件以及所选取植物的生态学特性。

5.3.2.1　整理绿化用地

为满足植树绿化需求,对整理为林地的区域进行局部整地,原则上地形不做大的改变。在地形平缓部位,清理既有生活垃圾、平整废弃渣土、拆除废弃构筑物;在地形较陡部位,在确保稳定的前提下,因地制宜地采用穴状、鱼鳞状、带状等局部整地方式进行地形整理,满足覆土及植树绿化需求;局部陡坎,需采取坡面整理、削坡、回填续坡等措施,消除地质灾害隐患,满足覆土及植树绿化需求。

5.3.2.2　种植槽施工

台阶式削坡完成后,在各级平台外侧修筑浆砌石挡土墙,内侧形成种植槽,回填种植土用于后期绿化,种植土为购买的商品土料。种植槽断面如图 5.3-1 所示。

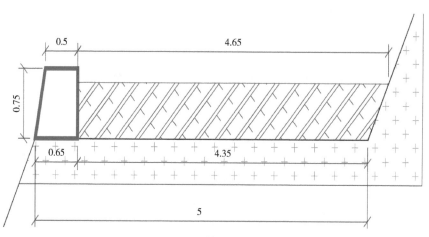

图 5.3-1　种植槽断面(单位:m)

5.3.2.3　土壤重构

在场地平整工程结束后,在耕地、林地和种植槽内回填种植土,回填种植土优先使用表土清运存储的种植土,其余种植土需从市场购买。种植土质量需满足《土地复垦质量控制标准》(TD/T 1036—2013)的相关要求。

5.3.2.4　植被重建

影响矿山土地复垦与植物种植方式选择的主要因素有:废石材料的结构和含酸程

度;废石堆的结构及其稳定性;废石的岩性;废石中的有毒元素;粉尘对植物的危害;废石的湿度;气候条件;地形条件对植物种植的适应程度。

1. 喷播绿化

喷播绿化应注意喷播位置和面积、施工工艺、所需材料要求及配比、主要施工机器等。

1)施工工艺

Ⅰ.坡面处理

清理坡面杂物,清除浮石及松动的岩石,对边坡进行修整,使坡面平顺,以便于铺设铁网。检查坡顶是否有沟渠,以防止对喷播面造成直接冲刷。

Ⅱ.铺设铁丝网及三维网

铺设前,坡顶先设置一排直径为 14~18 mm 的主锚杆;铺设时,铁丝网和三维网挂入坡顶锚杆后应顺沿坡面从上到下进行铺设,拉紧至坡底再施打锚杆固定,然后铺设下一幅。两幅网边搭接宽度不少于一个网眼宽,应用铁丝扎紧,若两幅网之间有空隙,应用铁丝扎牢固。坡顶用主锚杆固定铁丝网时,应将铁丝网固定在锚杆中间,然后再打入。

Ⅲ.锚杆施工和固定铁丝网

锚固件分为主锚固件和次锚件。主锚件有铁质与木质两种,其中铁质锚固件为直径 14~18 mm 的螺纹钢,长度依据坡面岩石的坚硬度调整,一般为 30~70 cm;木质锚固件为直径 35 mm 以上的硬质木桩,长度为 500~700 mm,且主锚固件的端部应做锐化处理。次锚固件为铁质,一般为直径 12 mm 的膨胀丝。

坡面石质边坡硬度大,必须采用风钻锚孔,孔洞深 0.3~0.5 m 且交错,局部适当加深,使铁丝网尽可能贴近坡面。在岩壁裂缝处,尽可能用铁质主锚固件,以保证金属网稳固。

Ⅳ.培养基配制和喷播

为达到草灌结合,在基材中加入团粒剂 A 料拌和均匀,通过喷播机输送到团粒喷枪处后与团粒反应罐输送过来的团粒 B 料瞬间混合,产生团粒疏水反应,将物料喷洒到坡面上,形成物料培养基黏附在坡面上。喷射尽可能从正面进行,避免仰喷,凹凸部分及死角部分不遗漏,喷射厚度尽可能均匀,但在植生条件好的地方可适当喷薄些,而条件差的地方喷厚些。喷射分 3~5 次进行,首先喷射不含种子的 2~3 cm 厚的营养基材,再喷 3~4 cm 厚的中层基盘,后喷含种子的 1 cm 厚的培养基,播种量为 20~41 g/m²。喷播完后,铁丝网被基材覆盖的面积应超过 70%~80%。

Ⅴ.覆盖无纺布

在喷播的基材上覆盖无纺布。

2）所需材料要求及配比

所需材料要求及相应配比见表 5.3-9（按照成型后客土厚度为 10 cm）。

表 5.3-9　喷播绿化材料要求及相应配比

材料名称		配比量 /（每 m²）
培养基 （底基层 5 cm）	种植土	45 L
	草炭	10 L
	锯末	10 L
	稻草纤维	1 500 g
	钙镁磷	15 g
	复合肥	10 g
	喷播复绿剂（底基层）	20 g
培养基 （种子层 5 cm）	种植土	30 L
	泥炭	10 L
	稻草纤维	1 000 g
	复合肥	50 g
	钙镁磷	10 g
	木纤维	200 g
	喷播复绿剂（面层）	10 g
	种子	30~40 g
镀锌铁丝网＋三维网（组合式）		网孔 6 cm×6 cm,粗 2.0 mm
钢筋锚杆		800~1 000 g

注：基材压缩系数为 1.5。

种子的选择根据当地的气候、播种季节的降雨量、植物的生长特点等因素综合考虑,可选择刺槐、棉槐等灌木种子,高羊茅和大花金鸡菊等草本植物。

种植土选用黏性红壤（黄壤）,土粒径 ≤ 2 cm,含水量 ≤ 30%,剔除石头、碎石、杂草、杂根,以免堵管。在雨季施工时,种植土进场后宜用彩条布或塑料布遮盖,四周开设排水沟,以便于种植土能过筛。

草炭土选用低位泥炭,品质较优。在基材中使用泥炭,可增加基材的团粒性,加强基材保水性、保肥性和透气性。

复合肥具有养分含量高、肥效长、副成分少且物理性状好等优点,且有利于平衡植物所需营养成分,促进植物地上部分和根系健壮生长。

木纤维由天然林木加工后的剩余物再经特殊加工制成。木纤维的使用对于调整表层土壤结构、增加有机质含量、涵养水分、防止水土流失、保护种子等具有不可替代的作用。喷播用的木纤维长度以 6~6.5 mm 为主。

铁丝网采用 14 号镀锌铁丝网,网孔 60 mm × 60 mm。

主锚件采用直径为 14~18 mm 的螺纹钢,次锚件采用直径为 10 mm 的圆钢。

团粒剂是由 4 种高分子化合物混合而成的一种材料。对于富含有机质和黏土的殖壤土等客土材料,加入团粒剂能使基材在喷播瞬间与空气发生作用,诱发团粒反应,形成与自然界表土具有相同团粒结构的人造绿化生长基质。该基质具有较高强度的抗冲刷能力,能保证灌木前期生长需要。

在草坪形成前,无纺布兼具防冲刷、防晒、保护幼苗的作用,因此非常重要。

良好的基材混合物应具有保水、保肥、透气性好等特性,拌和好的混合物以用手抓能成团、松开掉地能散开为宜。在进行配合比设计时,应确保基材混合料物理化学特性满足基本要求,见表 5.3-10。

表 5.3-10　喷播绿化施工培养基物理化学特性一览表

指标	数值	测定标准
pH 值	5.5~7.5	《森林土壤 pH 值的测定》(LY/T 1239—1999)
有效持水量	>30%	《森林土壤含水量的测定》(LY/T 1213—1999)、《森林土壤颗粒组成(机械组成)的测定》(LY/T 1225—1999)、《森林土壤微团聚体组成的测定》(LY/T 1226—1999)、《森林土壤大团聚体组成的测定》(LY/T 1227—1999)
团粒化度	>60%	《森林土壤颗粒组成(机械组成)的测定》(LY/T 1225—1999)、《森林土壤微团聚体组成的测定》(LY/T 1226—1999)、《森林土壤大团聚体组成的测定》(LY/T 1227—1999)
有机质含量	>25 g/kg	《森林土壤有机质的测定及碳氮比的计算》(LY/T 1237—1999)
总孔隙度	45%~55%	《森林土壤水分 - 物理性质的测定》(LY/T 1215—1999)
非毛管孔隙度	12%~18%	《森林土壤水分 - 物理性质的测定》(LY/T 1215—1999)
全氮	>1.3 g/kg	《森林土壤氮的测定》(LY/T 1228—2015)
全磷	>0.6 g/kg	《森林土壤磷的测定》(LY/T 1232—2015)
全钾	>27 g/kg	《森林土壤钾的测定》(LY/T 1234—2015)

注:酸性土壤地区,根据当地物种的生长情况,可适当调整 pH 值的范围,各种到场材料必须报监理工程师检验审批,未经批准不准使用。

3)主要施工机器

Ⅰ.客土喷播机

客土喷播机主要用于高速公路和铁路边坡绿化,山体复绿喷播草种施工,适合各种类型的边坡作业,且性能优越、移动方便、操作简单、施工安全。根据喷播扬程大小喷播机可分为 HKP-100 型和 HKP-120 型。客土喷播机一般喷播的配料包括水、种植土、稻糠(草炭土、锯末、花生壳等)、复合肥、团粒剂或者黏合剂、保水剂、草灌木种子等。如种植土土况良好,无大量石子等杂物,可不用筛分,而直接加入罐体搅拌,反之需筛分;种植土不用晒干,可以直接使用。一、二级边坡不用接管,可直接喷播。

Ⅱ.喷播时物料配比(按每罐算)

物料为水 3.5 m³,土 4 m³,草炭土或稻壳、锯末、草纤维或木纤维合计 2 m³ 左右,复合肥 30 kg,A 料、B 料现场添加,草种在最后添加(20~40 g/m²)。

4)安全施工注意事项

安全设施包括:安全绳索、U 形环扣、吊板、安全带、安全标志。

喷播注意事项:①设备必须按正规要求操作;②持证上岗,禁止非操作人员进行操作;③喷播车上设备的周边扶栏必须装好;④在喷播施工中车辆时速不能超过 8 km/h;⑤设备在施工中出现问题,必须关机后才能进行检修。

高陡边坡施工属于高空作业,因此必须做好每一个安全措施,具体注意事项如下:①施工前必须设立安全区域,每一道工序工作人员必须佩戴好安全设备;②施工前必须有一个专门的安全员检查每一个安全工具;③坡面上的施工人员必须在施工时成一横线,不得错乱施工;④安全绳索必须选一个牢固的物体或者自制的铁锚杆打入地下来固定;⑤U 形环扣和吊板必须连接好,U 形环扣和安全绳索也必须缠绕好;⑥在施工人员下坡前必须由专人检查后方可施工;⑦安全带必须按安全操作规程穿戴好;⑧安全标志要注意放在明显的位置,提醒过往的行人和车辆注意安全。

5)养护管理

采用团粒喷播绿化施工进行生态恢复的边坡前期养护与一般边坡的前期养护相比,有其特殊性。其精养护时间为 3 个月,在养护中应注意以下几点。

Ⅰ.出苗期

出苗期指从播种开始到幼苗出土、地上部分出现真叶(针叶树种壳脱落或针叶刚展开),地下部分长出侧根以前的阶段。

出苗期的主要技术措施:①采取有效的催芽措施,使种子出芽早;②播前喷足基肥,有机肥充分腐熟;③土壤干燥时,应浇水,且必须浇透,使种子与土壤接触良好、吸水受热,使种子出苗整齐,保持土壤湿度,防止土壤板结,防治病虫害,使用杀菌药消毒,为种子发芽创造条件。

Ⅱ.幼苗期

幼苗期指从长出第一片真叶、地下部分出现侧根,到幼苗开始高生长的阶段。幼苗期可分为前期和后期。幼苗期植物生长发育的特点为:①幼苗出现真叶,地下部分长出侧根;②幼苗开始光合作用,制造营养物质;③叶子数量不断增长,地上部分生长速度由慢变快;④幼苗个体明显增大,对水分、养分要求增多。在幼苗期要保证幼苗的根系生长,保证幼苗的成活,要防治病虫害。

幼苗期的主要技术措施:①如不十分干旱,不可急于浇水,以促使幼苗根系向地下伸长生长,主要是培养根系;②当日光强烈时,特别要防止土表温度过高而灼伤幼苗,要采取适当浇水或者遮阴措施;③幼苗期后期幼苗对氮肥要求增多,可适量追肥(15 g/m²),追肥可结合浇灌进行。

Ⅲ.速生期

速生期指苗木生长最旺盛的阶段。速生期的生长特点:①苗木生长速度加快,达最大值;②叶子增多,单叶增大。速生期的苗木生长量、地径生长量、根系生长量达到全年生长量的 60% 以上,形成发达的根系和营养器官。速生期是苗木生长的关键时期,速生期的长短因树种和环境条件的不同而不同。

速生期的育苗技术措施:①这个阶段是苗木生物量增长量最大的时期,也是需要水、肥量最多的时期,要加强水、肥管理;②适时为苗木提供水、肥,促进苗木生长发育,提高苗木质量和产量。

Ⅳ.硬化期

硬化期指苗木的地上、地下部分木质化,进入越冬休眠的阶段,即从苗木生长幅度下降开始,到苗木直径和根系停止生长为止。8 月开始苗木不会再过多生长,苗木含水量逐渐下降,干物质逐渐增多,苗木地上、地下部分完全木质化,苗木对低温和干旱抗性增强,树叶脱落,进入冬季休眠期。

硬化期的技术要求:①在苗木硬化期前期要适当施有利于苗木木质化的磷、钾肥,促进苗木木质化,采取防寒措施;②要浇灌冻水,浇灌时一般选在土壤夜间冻结、白天化冻的时段,在 14:00—18:00 浇水。

Ⅴ.后期

待苗木长到 40~50 cm 并形成灌木丛后,可以停止人工浇水,单纯依靠自然养护。

2. 植树绿化

治理区在种植土回填工作结束后,根据当地山体绿化现状,并以适地适树、保证山体统一性及经济性为原则,采用乔木遮挡、藤蔓类植物覆盖的方式进行开采边坡复绿,绿化树种采用乡土树种,并与周边环境相适应。种植槽绿化示意如图 5.3-2 所示。

植树绿化具体注意事项如下。

1)栽植地的平整和放样

Ⅰ.栽树前的整地工作

平整绿化地,浇水沉实,待表层土晾干后,再整平整细,应注意把好土、表土铺在植株根系的主要分布层。

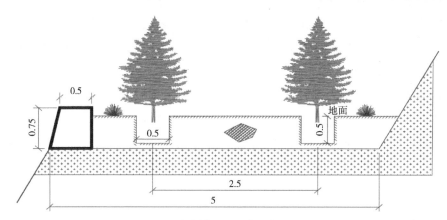

图 5.3-2　种植槽绿化示意图(单位:m)

Ⅱ. 定点放线的工作

由于栽植精确度要求不同,所采取的方法也不同,最常用的是方格网放线法,即在面积较大的林地上,可以在图纸上以一定的边长画出方格网(如 5 m, 10 m, 20 m 等长度),再把方格网按比例测设到施工现场(一般多采用经纬仪放桩法确定位置),最后在每个方格网内按照图纸上的相对位置进行定点。

2)挖种植穴

种植穴要求上下等大,且大小较苗木所带土球直径大三分之一,注意表层土与底层土分放,并清除土中垃圾。

3)苗木运输

在苗木运输过程中,苗木的装车、运苗、卸车应精心操作,以保证土球完好,且不折断苗木主茎、枝条,不擦伤树皮,保护好根系等。

4)苗木的栽植

Ⅰ. 栽植的质量标准

苗木栽植前,为了减少蒸腾,保持树势平衡,保证树木成活,应对树木进行适宜修剪,剪口必须平滑,且修剪要符合自然树型和按设计要求确定。

Ⅱ. 栽植的操作方法

苗木栽植前,首先注意苗木与现场特点是否符合,其次对树冠的朝向应加以选择,各种植物均有其自然生长朝阳面与朝阴面,某些小苗木不很明显,而较大苗木必须按其原来阴阳面栽植,特别是自然式姿态的树种,应注意各个方面的特点,使之达到前低后高、层次自如。

树木入穴时要深浅适当,土痕应略平或稍高于穴口,要防止栽植后出现陷落下沉,而导致树干基部积水腐烂。入穴填土必须使用较肥沃的表土,先填靠近根系的部分,每填高 20~30 cm,应踏实一次,但注意不要伤根。如填土过于干燥,或土坑过大,或土球较大,则应在填至 1/3~2/3 时,用木棍在坑边四周夯实,防止根系下部或泥球底部中空,同时要防止碰损土球。如遇土球泥土松散,可先垫土 1/2~2/3,再去掉草绳或蒲包等,然后填入余土。如栽植露根树木,应使根系舒展,防止出现窝根。当表土填入一半时,将树干轻提几下,既能使土与根系密接,又能使根系伸直。

坑土填平后,另采用培土法筑起凸起的围堰,以利浇水。

新植树木的灌水,应以河、湖天然水为佳。栽植后 48 小时之内必须及时浇第 1 遍水,浇第 2 遍水要连续进行,浇第 3 遍水在第 2 遍水后的 5~10 天进行;若秋季植树开工较晚或雨季植树,均可少浇一遍水,但灌水一定要足。

浇完第 3 遍水并渗下后,应及时进行中耕并封堰,秋季浇完最后一遍水亦应及时封堰,并在树干基部周围堆起 30 cm 高的土堆,以保持土壤中的水分。中耕封堰时,应将裂缝填实,并将树干扶正。中耕松土时,要将土打碎,并应注意不得伤树根、树皮。

封堰时要用细土,应拣出土壤中的砖石,以免造成下次开堰的困难;封堰时要较地面稍高一些,以防止自然陷落。

5.3.2.5　养护

工程竣工后,苗木需精心养护,苗木的养护管理是提高种植成活率和景观效果的重要手段。

养护具体注意事项如下。

（1）施工完成后,必须定期进行养护,养护内容包括浇水、施肥、补种、病虫害防治等。

（2）种植期树苗栽植完成后,要连续浇 3 次水,且不干不浇、浇则浇透,并选择在早上进行浇水作业,每次每棵树浇水约 10 L,养护期浇 4 次水,每次每棵树浇水 8 L。

（3）植物生长初期,由于复合土有充足的肥料,因而生长旺盛,一旦肥料不足,则会迅速衰退,应及时追肥。追肥的时期应在植物生长开始到夏季之间,追肥应以复合肥为宜,用量为基肥的 1/2 左右。

（4）对易受冲刷的位置,暴雨后要认真检查,尽快恢复原来平整的坡面,培土后要压实,以保证根系与土壤紧密结合。

第6章 工程实例

6.1 国外矿山生态修复案例

6.1.1 法国代斯内娱乐基地

法国代斯内娱乐基地位于法国中部的汝拉省,原址为修建39号高速公路采料的砂石场,多为坑洼不平的陡坡山地。设计师雅克·西蒙认为,改造为娱乐基地最好的解决方案首先要消除各种对生态环境造成破坏的外界因子,如针对起伏变化较大的地形,经过植物栽植,形成遥远开阔的视野和丰富的近景双重效果。

设计方案中有面积达60 hm² 的水面,细长曲折、极不规则的边缘在两岸林带的夹峙下,构成蜿蜒的带状水景。雅克·西蒙的设计意图是增加可利用的水面面积,并将水边处理成有利于多种动植物栖息的、不受人活动干扰的生态环境,在节省投资成本的前提下,营造集教育与游乐于一体的娱乐空间。法国代斯内娱乐基地如图6.1-1所示。

图6.1-1 法国代斯内娱乐基地(组图)

6.1.2　法国比维尔(Biville)采石场

　　法国比维尔采石场在开采石料 10 年之后于 1989 年被关停,采石坑是一道长 450 m、宽度均匀的直线形裂缝,呈 45° 的边坡贫瘠且凹凸不平,落差为 20~40 m。

　　设计师设计了一系列引导水流的设施、设备,使水流汇聚到谷底形成湖泊,同时阶梯的形式允许径流从高处的草地流入排水沟,保护地表免受水的冲击和侵蚀。从谷底向上的巨大石墙成为该地区最具象征性的景点。法国比维尔采石场如图 6.1-2 所示。

图 6.1-2　法国比维尔采石场(组图)

6.1.3　加拿大布查德花园

　　加拿大布查德花园又称"宝翠花园",它不仅是加拿大温哥华维多利亚市的一座私家园林、世界著名的第二大花园,而且创造了世界废弃矿山生态修复的一个奇迹。这片在废墟上建起的美丽花园开创了矿山修复的一种经典模式——营造诗情画意的园林——以休闲空间营造为主导的矿山生态修复及旅游开发模式。

　　加拿大布查德花园位于加拿大温哥华维多利亚市,原是一个水泥厂的石灰石矿坑,在资源枯竭后被废弃。布查德夫人因地制宜,保持了矿坑的独特地形,于 1904 年初步建成该花园。之后经过几代人的努力,花园不断扩大,进而发展出玫瑰园、意大利园和日式庭院。下沉花园是利用低于地平面将近 20 m 的巨大矿坑修建而成,游人要逐级而下,进入深谷,四周如 5 层楼房高的石壁栽种了大量的常春藤,它们悬垂而下。时至今日,布查德夫妇的园艺杰作每年吸引上百万游客前来参观。加拿大布查德花园如图 6.1-3 所示。

图 6.1-3　加拿大布查德花园(组图)

6.1.4　英国"伊甸园"

　　在英国康沃尔郡圣奥斯特尔附近的废旧黏土矿坑中的大型植物展览馆——伊甸园总占地 12 hm²。它由 4 座穹顶状建筑连接组成,天窗上铺设半透明材料,外形像巨大的昆虫复眼。"伊甸园"自称为"通往植物和人的世界的大门",容纳了来自世界各地不同气候条件下的数万种植物,主要目的是展示植物与人的关系、人类如何依靠植物进行可持续发展。矿区原有风貌格局融入自然建筑,占园林景观和生态景观自然衔接。英国"伊甸园"如图 6.1-4 所示。

图 6.1-4　英国"伊甸园"(组图)

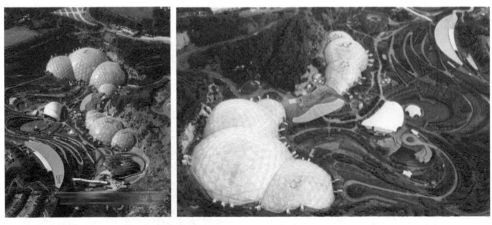

图 6.1-4　英国"伊甸园"（续）（组图）

6.1.5　美国橡树采石场高尔夫俱乐部

美国橡树采石场高尔夫俱乐部位于美国加州，2000 年对外开放。其前身为采石场，在采矿的全盛时期盛产石灰石、大理石等。美国橡树采石场高尔夫俱乐部如图 6.1-5 所示。

图 6.1-5　美国橡树采石场高尔夫俱乐部（组图）

6.1.6　英国斯温汉姆（Swineham）采石场修复

WWT 咨询公司，于 2001 年开展了斯温汉姆采石场修复项目。该项目包括详细的水文分析、适宜的栖息地恢复规划设计、严格的建设及种植管理等。为了保证设计的栖息地能够满足要求,设计师采用了详细的水量平衡及水位模拟等方法,营造了适宜的湿地水文环境,并精心设置了多种理想的地形。英国斯温汉姆采石场修复如图 6.1-6 所示。

图 6.1-6　英国斯温汉姆采石场修复(组图)

6.1.7　美国中西部(Midwestern)废弃矿山再利用工程

中西部废弃矿山位于美国印第安纳州,这块废弃的矿山在再利用之前,自然条件已经十分恶劣,包括大量的露天煤渣、被破坏的山体、露天高墙、老旧泥浆池以及高墙附近的酸性废水池,而且井下渗出酸水,大量酸水排入河流中。

湿地处理区采用厌氧 - 好氧工艺。印第安纳州地质调查局的研究结果表明,这种方式很好地改变了水文和水化学环境,缩短了雨水的停留时间,并减少了暴露在酸产生的条件下的机会。现场的水质监测结果显示,修复后矿山的出水水质得到很大的改善。美国中西部废弃矿山再利用工程如图 6.1-7 所示。

图 6.1-7　美国中西部废弃矿山再利用工程(组图)

6.1.8　美国东 Anaconda(森蚺)铜矿修复工程

美国东 Anaconda(森蚺)铜矿于 1894 年开始投入生产,长期以来土壤中高浓度的金属积累对周边环境、居民健康及当地的经济发展造成了严重的影响。

该修复工程既要保护周边的环境及居民不受污染物侵害,同时还要保持原有的历史景观,并保证当地经济的可持续发展,最后确定改造为具有地方特色的高尔夫球场。具体修复措施包括在地面上覆盖 38~50 cm 厚的干净土壤,并在其上种植绿植,安装排水系统等,其他地区只覆盖未污染的土壤,以最大限度保持原貌。

该修复工程除带来良好的环境效益外,也使从前的矿物城变为远近闻名的旅游胜地,并带动了地区经济的发展,产生了很好的社会效益和经济效益,开展了高尔夫、徒步旅行、钓鱼和打猎等一系列休闲项目。美国东 Anaconda(森蚺)铜矿修复工程如图 6.1-8所示。

矿山修复前　　　　　　　　　　　　　　矿山修复后

图 6.1-8　美国东 Anaconda(森蚺)铜矿修复工程(组图)

6.1.9 美国密歇根州港湾高尔夫球场

美国密歇根州港湾高尔夫球场占地 405 hm²,是一个修建在废弃工业旧址上的度假胜地。最初这里是一个采石场,随着 1981 年水泥厂关闭,结束了其水泥生产并对当地页岩和石灰石长达百年的开采,留下的 400 英亩(1 英亩 =4 046.9 m²)的荒地,看起来就像"月球表面"。在这片贫瘠的土地上,几乎寸草不生。

设计师通过爆破分开 36 hm² 采石场和密歇根湖的窄石墙通道,修建游艇码头;建造了一个 27 洞高尔夫球场,并在原工厂旧址上建造度假酒店;28 hm² 的原有土地被打造成含 1 600 m 长湖滨线和 8 000 m 长自然廊道的公园。美国密歇根州港湾高尔夫球场如图 6.1-9 所示。

图 6.1-9　美国密歇根州港湾高尔夫球场(组图)

6.1.10　德国杜伊斯堡公园

杜伊斯堡公园位于德国最重要的工业基地鲁尔区杜伊斯堡市的北部,是国际建筑展埃姆舍公园的一部分,昔日曾是奥格斯特·泰森钢铁厂,于 1985 年关闭后逐渐废弃。

景观设计师彼得·拉茨采用生态手段对该地段进行了处理,使其成为城市废弃地改造为城市公园的一个经典范例,启发了人们对城市废弃地进行改造的思考。

其具体景观生态设计方案如下。

(1)在废弃地生态恢复设计中保留了大部分的工厂构筑物,对一部分构筑物赋予了新的使用功能。

(2)废弃地生态恢复设计并没有改变废弃地上的原始植被,并使用原生、再生材料造景。

(3)公园中的水循环利用设施进行污水处理和雨水收集,将老的河床从原来的硬质驳岸改造为"可渗透"的人工生态驳岸,把滨水区植被与堤内植被连成一体,从而构成一个完整的河流生态系统,促进了埃姆舍河的水文、生物生态过程。

德国杜伊斯堡公园如图 6.1-10 所示。

废弃地上的植被

1 号高炉铸造车间被更新为露天影剧院

科仓花园中的儿童活动场地

净化水渠

图 6.1-10　德国杜伊斯堡公园

6.1.11　德国埃姆舍景观公园

1960 年以来,德国埃姆舍河地区煤矿和铁矿业的衰退迫使其寻求新的发展,首先需要考虑环境与生态问题。在占地 200 km² 的埃姆舍景观公园中,设计者树立了两项基本生态原则:一是将基地上的材料同时作为建筑材料和植物生长的媒介加以循环利用,如砖被收集起来用作红色混凝土的骨料,利用煤、矿砂和金属物充当植物生长的介质;二是将原工厂的旧排水渠改造成水景公园,利用新建的风力设施带动净水系统,将收集的雨水在冷却池和沉淀池中进行清洁处理后输送到各个花园进行灌溉。铁道公园中的强碱性矿渣以及焦炭含有少量有害重金属,通过加铺土壤及石灰石覆盖层来防止污染。对于存在毒性污染问题的旧锰矿,将其圈起来作为禁区,只允许游客在外面观赏。旧矿址上的废料堆被修整为整齐的金字塔形,并被覆以地被植物,通过艺术化的地形处理方法而形成视觉焦点。"大地艺术"思想在这里具有很大影响,此项目相对于单纯强调在受破坏地表种植农作物的传统观念有了很大的进步。

6.1.12　纽约清泉公园

　　美国纽约斯塔腾岛的清泉垃圾填埋场是纽约最大的垃圾填埋场,长期的垃圾污染导致自然系统严重退化。其由垃圾山、溪流、湿地和坑地构成。其最终中标的改造方案名为"生命景观",公园主题定位是"生命景观——纽约城市的新公共用地"。该方案提供了一条建立在自然进化和植物生命周期基础之上的长期策略,以期修复严重退化的土地,通过恢复湿地和森林、引入新栖息地、添置休闲娱乐设施,为野生动植物以及人们的文化社会生活提供优质场所。纽约清泉公园如图 6.1-11 所示。

垃圾场原貌

垃圾场关闭后的现状

规划景观

等高条植法

图 6.1-11　纽约清泉公园(组图)

6.1.13　委内瑞拉古里采料场

古里采料场位于委内瑞拉东南部的卡罗尼河上,为修建水电站工程、土坝和堆石坝而形成。该采料场曾开挖 700 hm²、采运 4 000 万 m³ 的防渗材料,形成了已风化的片麻岩,清除工作留下裸露的不规则的凹凸表面和易受雨水冲蚀的凹地。这些地区的地形高差变化高达 100 m。

该修复方案的核心理念是以自然恢复的方式拯救自然,选择本地主要的植物物种和一些引进的植物物种作为植被,在温室条件下大量种植本地苗壮的树木,将具有抵抗力的禾本豆科类种子与证明能适应采料场生态气候条件的种子混合种植。委内瑞拉古里采料场如图 6.1-12 所示。

图 6.1-12　委内瑞拉古里采料场

6.1.14　日本国营明石海峡公园

日本国营明石海峡公园原本是一处大型采石采砂场,为修建关西空港以及大阪与神户城市沿海的人工岛提供了 1.06 万亿 m³ 的砂石,挖掘深度达 100 m 以上,形成了范围达 140 km² 左右的裸露山体。

修复方案是在基岩上固定蜂窝状的立体金属板网,灌入新土后覆以草帘,以涵养水分;灌溉系统采用埋置聚乙烯管,各管间隔为 1 m。由于当地降水量较低,因此为了满足植物生长的需要,雨水收集管埋设于道路下方,采用地表水循环再利用等技术解决水资源问题。日本国营明石海峡公园如图 6.1-13 所示。

图 6.1-13　日本国营明石海峡公园(组图)

6.1.15　罗马尼亚盐矿主题公园

　　萨利纳·图尔达(Salina Turda)盐矿是位于罗马尼亚的地下盐矿,在 1075—1932 年持续不断地出产盐, 1992 年被改建成包含博物馆、运动设施和游乐场的缤纷主题公园,被《商业内幕》杂志评论为世界上 "最酷的地下景观"。

　　该修复方案保留了原有矿坑中的走廊,将其改造成景观廊道;保留了嶙峋的洞窟以及巨大的钟乳石,使其构成园区背景;保留了原有盐矿运输通道,将其作为游客体验通道;保留了原有盐湖构成划船游乐场地。萨利纳·图尔达盐矿如图 6.1-14 所示。

6.1.16　马来西亚肯塔(Kinta)自然公园

　　马来西亚华都牙也的旧铅矿被建设成为肯塔自然公园,改造技术委员会成员包括土地、采矿、灌溉和排水、国家公园和野生动物保护等相关的部门以及马来西亚自然学会。该项目通过自然恢复使植被开始重新生长,并建造人工湿地,提供自然、无污染的水面。这些措施恢复了当地生态系统,形成了多样的生态栖息地。目前,这里有 200 余个植物种类,并有 129 余种鸟类在这里过冬。自然公园倡导低环境影响和可兼容的旅游活动,如观察鸟类和野生动物活动、自然摄影、钓鱼、划船、野外远足、科学研究和自然教育等。其他措施包括改造利用铅矿遗迹,将废弃工厂用房作为景点及游客中心,建设自然教育和野外实习设施、鸟巢、观光塔、野营和庇护所。接待设施主要位于附近的城镇,一般不在公园当中建设。在这种最小限度的开发下,旧采矿地变成一个娱乐休闲公园,并成为鸟类栖息地。

图 6.1-14　萨利纳·图尔达盐矿(组图)

6.2　国内矿山生态修复案例

　　我国早在古代的采石活动中就注重生态重建,如浙江绍兴东湖风景区原是一处采石场,从汉代起开始采石,由于长年累月的开凿,形成了千奇百怪的峭壁和深邃的小塘,它们构成了东湖的雏形。清朝末年,当地倚山建景,筑堤蓄水,铸成东湖风景区,并经长期改造,形成了山水交融、洞窈盘错的风景旅游胜地。安徽省淮北杨庄煤矿利用地表塌陷形成的湖泊建成了皖北第一座“水上公园”,既保护了生态环境,有效利用了土地,还具有很高的环境效益和社会效益。不少矿区利用塌陷区建造养鱼塘、游泳池等,在废物利用的同时,解决了部分职工的就业问题。

6.2.1　湖北黄石国家矿山公园

　　黄石国家矿山公园位于湖北省黄石市铁山区境内。著名的汉冶萍煤铁公司的"冶"即指大冶铁矿,历经百年开采,大冶铁矿东露天采场形成了落差 444 m 的世界第一高陡边坡。"矿冶大峡谷"为黄石国家矿山公园的核心景观,形如一只硕大的倒葫芦,东西长 2 200 m、南北宽 550 m、坑口面积达 108 万 m²,被誉为"亚洲第一天坑"。黄石国家矿山公园记载着我国工业化的进程。工业遗产不仅是文化遗产,也是记忆遗产、档案遗产。它是人类文明和历史发展的见证,其所具有的历史文化价值、知识价值、科学技术价值、经济价值和艺术价值已经在世界范围内受到普遍重视。园区分为地质遗迹展示区、采矿工业博览区、环境恢复改造区三大板块,设有日出东方、矿业博览、井下探幽、石海绿洲、雉山烟雨、灵山古刹、千年银杏、九龙洞天等八大核心景区。

　　为了治理生态环境,该矿投资数千万元建成了亚洲最大的硬质岩复垦基地。黄石国家矿山公园采用生态恢复的景观设计手法恢复矿山的自然生态和人文生态;将矿区"十大亮点"与公园建设"无缝"连接,将公园开发建设的着眼点定位于弘扬矿冶文化,重现矿冶文明,展示人文特色,提升矿山品位,开辟旅游新道路,打造科普教育基地、科研教育基地、文化展示基地、环保示范基地。黄石国家矿山公园充分展示了具有数千年悠久历史的中国矿业文化,为人们提供了一个集旅游、科学活动考察和研究于一体的场所,实现了人与自然和谐共处、共同发展的主题。湖北黄石国家矿山公园如图 6.2-1 所示。

图 6.2-1　湖北黄石国家矿山公园(组图)

图 6.2-1　湖北黄石国家矿山公园（续）（组图）

6.2.2　唐山南湖公园

唐山南湖地区位于唐山市中心以南,是唐山市采煤塌陷区对城市影响最大的一个。经过几十年的沉降,塌陷区平均高度较市区低约 20 m,周边居民陆续搬迁,成为人迹罕见的废弃地。20 世纪末,唐山市政府开始对其进行景观生态治理。治理分为两个时期:1997—2005 年的南湖公园建设时期,规划用地面积 1.8 km²;2005 年以后的未来大南湖地区建设时期。

南湖公园景观生态设计包括:对垃圾、固体废物采取专项治理;创造富有变化的地形;结合城市的排水与泄洪功能以及景观水体营建,综合治理污水,营造具有湿地特征的郊野公园;在植物选择上,保留原有植物,充分发挥原生植物改造城市环境的作用;植物配置选用乡土树种,突出本地特色。唐山南湖公园如图 6.2-2 所示。

图 6.2-2　唐山南湖公园（组图）

图 6.2-2　唐山南湖公园(续)(组图)

南湖地区景观生态设计如下。

（1）根据地质勘测确定规划期内塌陷波及区域和影响范围,估测积水范围,并进行建设的适宜度分析。

（2）对于地形的改造和土壤的改良,结合地质勘测和场地内遗留物质的生态学特性进行"凿水造山"的工程。

（3）对于水系统整治,第一阶段使地段内被污染的青龙河改道,并与新形成的水面景观相分离,使河水和湖水的污水处理过程互不干扰,独立进行;第二阶段,随着河道的迁移,对现状湖面进行清污,抽干湖水,清除垃圾,形成一片大的水面;第三阶段,清除大片沉降区的地表土壤及植物层,将掘出的肥沃土壤转移到粉煤灰场和垃圾山,使在原有不毛之地上生长植物成为可能。

（4）在景观生态系统方面,由田园小网格、边缘公园、绿地草场、芦苇地等组成生态网络,从生态和美学角度考虑,使城市与绿地相互渗透,并界定从开敞的水面到陆地的边界,发挥生态效应,使采煤塌陷区形成特色景观。

唐山南湖公园治理效果如图 6.2-3 所示。

图 6.2-3　唐山南湖公园治理效果（组图）

6.2.3　江苏象山国家矿山地质公园

该矿区位于江苏省盱眙县,曾为清朝后期开始露天开采建筑石料的百年老矿,2002年关闭后全面进入地质生态恢复治理阶段,并于 2005 年底被国土资源部批准为首批国家级矿山公园开发建设项目。该项目以淮河风光和矿山复绿生态为依托,以保护和展示采矿、地质遗迹为主体,按照"一心一馆五区"（入口集散管理中心,矿山地质博物馆,采矿地质遗迹展示区、河岸亲水花园区、石塘水上娱乐区、崖壁拓展运动区和矿山生态恢复区）的建设布局,将公园建成集矿业文化、科普体验、观光游览、极限运动、休闲度假于一体的华东地区知名的国家级矿山（地质）公园。江苏象山国家矿山地质公园如图6.2-4 所示。

图 6.2-4　江苏象山国家矿山地质公园（组图）

6.2.4　上海辰山植物园矿坑花园

　　辰山植物园位于上海市松江区佘山国家旅游度假区内，园区占地面积约 207 hm²，是上海市政府与中国科学院以及国家林业局、中国林业科学研究院合作共建项目。该园内唯一的辰山因山石被采伐，山体遭到不小破坏。设计对其进行了生态修复，将其改建成一座乡土植物、本地草药和地带性植被保育展示区。项目在峰顶建造了一个观景小平台，并在采石旧址积水潭上安装了一条长约 160 m 的栈道式浮桥，山上人工"挂"下一泓瀑布，使废弃的采石场变得活泼生动起来。上海辰山植物园矿坑花园如图 6.2-5 所示。

图 6.2-5　上海辰山植物园矿坑花园（组图）

图 6.2-5 上海辰山植物园矿坑花园（续）

6.2.5 上海天马山世茂深坑酒店

"深坑酒店"位于上海市松江区佘山脚下,原来是一个深达 80 m 的废弃矿坑。该深坑原本是采石场,经过几十年的采石,形成了一个周长千米、深约百米的深坑。这个项目是人类建筑史上的奇迹,也是自然、人文和历史的集大成者。

该修复方案秉承"融于自然"的设计理念建造"深坑酒店"。其地上 3 层、地下 17 层、水下 1 层,并设有蹦极等娱乐项目。酒店海拔 -65 m,有望成为世界上人工坑内海拔最低的酒店,酒店客房沿崖壁而建。上海天马山世茂深坑酒店如图 6.2-6 所示。

图 6.2-6 上海天马山世茂深坑酒店（组图）

6.2.6 枣庄市山亭乔山矿山治理

枣庄市山亭区徐庄镇乔山治理区灰岩矿矿山生态环境恢复治理工程位于山亭区徐庄镇 343 省道北侧,治理面积约 0.11 km²,该项目为 2013 年省级财政资金项目。该项目采用种植槽法进行综合治理,完成坡面整理 30 197 m²,植入系统锚杆 1 634 根、构造锚杆 4 901 根、钢筋(直径 8 mm)93 075 m,覆土 2 091 m³,种植爬山虎 6 535 株、侧柏 1 039 株,浇筑混凝土 1 666 m³,建造挡土墙、排水沟各 527 m。治理工程完工后,消除了地质灾害隐患,增加了绿化面积 30 197 m²、林地 11 845 m²、建设用地 19 829 m²。具体种植槽构造如图 6.2-7 所示。山亭乔山矿山治理前后对比如图 6.2-8 所示。

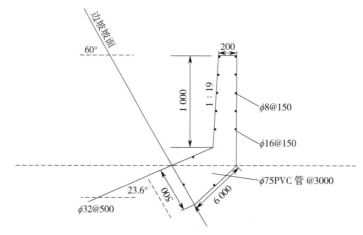

图 6.2-7 种植槽构造(单位:mm)

图 6.2-8 山亭乔山矿山治理前后对比照片(组图)

6.2.7 枣庄市薛城区黄凤口矿山治理

枣庄市薛城区 245 省道东侧的黄凤口废弃矿山地质环境治理工程位于枣庄市薛城区黄凤口风景区内,紧临 245 省道。该项目为 2011 年中央财政补助资源枯竭城市重点项目,2014 年 11 月 4 日开工,2018 年 6 月 6 日竣工。施工内容严格按照设计施工,消除了地质灾害隐患,改善了矿区生态环境,取得了良好的生态修复效果。薛城区黄风口矿山治理前后对比如图 6.2-9 所示。

图 6.2-9　薛城区黄风口矿山治理前后对比照片(组图)

6.2.8　枣庄市市中区冠世榴园矿山治理

枣庄市冠世榴园景区市中辖区破损山体矿山地质环境治理工程位于枣庄市市中区光明路街道办事处东山阴村,共包含 5 个采石坑,总面积约 11 万 m²。该项目为 2011 年国家资源枯竭型城市矿山地质环境治理重点项目,采用台阶法进行综合治理。治理内容主要包括危岩体清除、种植平台绿化、挡土墙修筑、客土回填、植树绿化等。项目于2014 年开工建设,2015 年底竣工。

该工程竣工后消除了安全隐患,增加了林地和绿地面积,美化了环境,改善了附近居民的居住环境。枣庄市市中区冠世榴园破损山体治理前后对比如图 6.2-10 所示。

6.2.9　浙江长兴县原陈湾石矿生态修复

1. 项目概况

浙江长兴县原陈湾石矿是一座以开采石灰石和建筑石料为主的老矿山。矿山自1915 年开工,2000 年关闭,形成了多个废弃矿坑及未治理的陡崖。2002 年起,湖州市开始探索废弃矿山生态修复工作的运作和资金筹措机制,长兴县针对陈湾石矿先后启动了边坡生态复绿、农村土地综合开发、复垦耕地等工作,有效改善了矿坑周边的生态环

图 6.2-10　枣庄市市中区冠世榴园破损山体治理前后对比照片（组图）

境。2015 年,上海长峰集团投资兴建"太湖龙之梦乐园",整个项目投资约 251 亿元,总占地面积约 774 hm²。浙江长兴县原陈湾石矿治理后面貌如图 6.2-11 所示。

2. 主要做法

（1）以生态治理为本,因矿施策开展生态修复。从 2002 年开始,长兴县大力开展废弃矿山生态治理,针对原陈湾石矿及周边 7 个矿坑的地理条件,启动了边坡生态修复。具体治理方案是在保留原废弃矿坑基础上,开展山体、水体生态景观设计,在裸露山体上种树、种竹,累计投入 100 余万元,历时 4 年完成了治理。

（2）以农地复垦为基,优化区域生态环境。2006 年,长兴县结合农村土地综合开发项目,对原陈湾石矿宕底及周边废弃矿坑实施矿地复垦,累计投入复垦资金约 406 万元,完成整治总面积约 20 hm²,新增耕地约 17 hm²。

（3）以建设规划为翼,盘活营商资本。2015 年,长兴县将原陈湾石矿独特的地势和景观融入建设规划,腾出大量建设用地,在修复生态环境的同时,提升区域生态品质,优化区位营商环境。

图 6.2-11　浙江长兴县原陈湾石矿治理后面貌（组图）

3. 主要成效

（1）修复生态，变废为宝。长兴太湖龙之梦项目以景观再造、矿地再利用形式开展废弃矿地治理，不仅为废弃矿山生态修复项目的建设和运营探索了新路径，更为当地政府拓展了经济发展新空间，将废弃矿山变成聚宝盆，实现了生态效益与经济效益的双提升。

（2）保护生态，带头示范。长兴太湖龙之梦项目的建设最大限度地保护了原始生态，高标准建设园区住宿、观光、购物等各项设施设备，带头促进长兴县由资源型发展转向生态型发展，为长兴县获得"国家生态文明建设示范区（国家生态县）""浙江省美丽乡村创建先进县"等称号助力。

（3）尊重生态，提升城市价值。长兴太湖龙之梦项目是长兴县重点项目，政府在政策、土地、物资等方面都给予了政策支持，上海长峰集团坚持深夯生态建设之基，始终遵循尊重生态理念，充分依托邻近太湖的区位优势，利用独特的地理位置和生态景观特点。项目建成后累计解决 3 万余人就业，每年吸引游客约 3 000 万人次，形成了综合的生态效益、社会效益和经济效益。

6.2.10   浙江绍兴东湖风景区

浙江绍兴东湖的历史最远可追溯到秦朝。秦汉时期,东湖一带成为采石场,隋朝时矿石开采达到顶峰。经过大规模的开山取石和千百年来工匠的辛劳,成就了无数的悬崖峭壁。

本项目的具体修复方案为利用东湖原有的自然环境和人文资源,并且借助古典园林的造景手法,在采石场建起一座围墙,将水面加宽,从而形成美丽的东湖。经过长期的人工修饰,如今东湖已经成为一处巧夺天工的大盆景。本项目利用原有自然环境"采石场",再加以人工修复,达到了自然与人工合一的效果。浙江绍兴东湖风景区如图6.2-12 所示。

图 6.2-12   浙江绍兴东湖风景区

6.2.11   杭州良渚矿坑探险公园

杭州良渚文化村南区是杭州首个矿坑公园。该公园中有一个"五感"户外儿童探险中心这个冒险区中引进了拉索、平衡山坡、声响园、光影林等设计,以鼓励孩子们返璞归真,看森林、听自然、触摸大地、亲吻泥土,用感觉来探索游玩。

矿坑公园的西面设计有百亩花海,长满紫云英和油菜花的花海是孩子们玩乐的好去处;北端是一个可容纳 7 000 人的大草坪,适合家庭聚会、烧烤等温馨的活动。杭州良渚矿坑探险公园如图 6.2-13 所示。

图 6.2-13　杭州良渚矿坑探险公园(组图)

6.2.12　山西万柏林生态园

万柏林生态园位于山西省太原市万柏林区,居西山前山中部一隅,北距迎泽西大街 1 km,东接长风西大街西端点,西达桃杏村,南临晋阳湖,面积近 668 hm²。2008 年以前,这里生活垃圾、建筑垃圾、工业废渣漫山遍野,坟茔壕沟举目可见,污水肆意溢流,生态植被枯朽衰竭,严重影响了太原城区的环境,是区域性集中影响大气质量的主要污染源。2008 年春,万柏林区委、区政府坚定决策,以建设风景优美的山地园林为目标,对此环境乱象和污染顽疾进行利用性综合整治,并自筹资金启动了集污染治理、道路建设、植树造林、泉水保护、景观设置、休闲旅游、配套服务为一体的生态园建设。此项目成为西部山区生态恢复的先行和示范工程。

截至 2012 年年底,本项目累计完成投资 2.2 亿元,植树造林近 668 hm²，110 万余棵树木、100 多个树种落地园中;建设景观点 16 处,亭、台、楼、榭、长廊坐落其中。园中既有树种丰富、亭台水榭贯穿其中的中心公园景区,也有俯瞰香水沟蓄水工程的观礼台景区;既有可以休闲娱乐、采摘果蔬的农家乐采摘园景区,也有警示教育意义浓厚的廉政教育基地景区。登山步道直通西南山峰顶端的启春阁景区,从启春阁居高临下,宏伟的太原城一览无余。红沟停车场、中心公园停车场、清风林停车场等 5 个停车场沿园区 15 km 主干道路的边亭、廊边分布,方便游人停车。园中采用太阳能路灯照明,并以风力发电补充,并在局部景点安装太阳能景观灯,节能环保。一个生态自然、纯朴壮丽的万亩之园已悄然取代昔日的污山荒坡,宛如一颗明珠,秀美地点缀在西山的前沿,成为太原近城区最大的综合性生态山地公园。山西万柏林生态园如图 6.2-14 所示。

图 6.2-14　山西万柏林生态园(组图)

6.2.13　江西赣县稀土废弃矿山地质环境治理

　　稀土废弃矿山地质环境治理项目是江西赣县的重点民生工程。该项目主要包括地貌整治工程、蓄排水工程、土壤改良工程、植被恢复工程、拦挡工程等5个部分。具体治理方案如下:①对剥采场、池浸地、尾砂堆进行地形改造;②修建蓄排水工程;③进行生物多样化治理,设计精品果园 20 hm²、种草 6.67 hm²、种植旱作物 26.7 hm²、种植桉树 600 hm²;④在尾砂集中的冲沟内修建拦挡坝 48 座。该项目总投资为 5 100 万元。江西赣县稀土废弃矿山地质环境治理后面貌如图 6.2-15 所示。

图 6.2-15　江西赣县稀土矿废弃矿山地质环境治理后面貌(组图)

6.2.14　焦作市缝山针矿山公园

　　焦作市缝山针矿山公园位于焦作市区北部,长约 1.5 km,宽约 0.6 km,总面积 0.9 km²,横跨解放区、山阳区,是一座以展示煤矿开采遗迹景观为主的,以石灰岩采矿遗迹治理、地面塌陷遗迹治理等环境更新、生态恢复手段展示为核心的,并融合古代瓷窑遗址、现代影视城等人文景观的综合性矿山公园,2010 年 5 月被国土资源部评为国家级矿山公园。

　　从 19 世纪末英国公司在焦作开办煤矿时起,距焦作较近的凤凰山便成了一座采石场,经过 100 多年的无序开采,这座凤凰山南部几千米长的山体被削去了半边。焦作市委、市政府对无序开采的凤凰山石料场进行整顿,直至将其关闭,并拟在山下建设一个公园。2005 年 6 月 5 日,焦作市"缝山"艺术行动拉开帷幕;2006 年元旦,"缝山针"雕塑安装完毕。按照图纸设计,在长度 1 000 余米残破山体的山顶边缘,将点缀一个个象征缝合伤口的红色"针角",这些"线"用不锈钢制成,喷上红漆,与巨型手术针雕塑构成一体,将永远矗立在这座凤凰山上。

矿山公园的建立对提高矿山开采科学知识在民间的普及,以及煤矿经济转型、旅游资源进一步开发利用,进而形成焦作市新的经济增长点,扩大地方政府的税源和财政收入具有十分重要的意义。这个项目有效保护和科学利用这些宝贵的遗迹资源,弘扬矿业文化精神,促进焦作从资源枯竭型城市向矿业城市型转变,为焦作的旅游增加新的亮点。矿山公园建成后成为焦作旅游资源中的重要组成部分。它以矿山核心景区为依托,以科普教育基地、广场、博物馆建设为内容,打造出焦作市在旅游市场多点、多面、多内容的布局。焦作市缝山针矿山公园如图 6.2-16 所示。

图 6.2-16　焦作市缝山针矿山公园(组图)

6.2.15 南宁国际园林博览会园博园采石场花园

南宁园博园基址上有 7 个采石场,这些采石场极大地破坏了当地典型的丘陵风景,但是从另一个角度来看,它们所展现出来的奇特、险峻、异样和荒凉的景观却是独特的,是在这片田园诗画风景中的另类景观。

本项目深入打磨每一个采石场的设计理念、植被修复手段、人工介入途径、游览体验组织,在原有地形地貌的基础上进行设计,对废弃采石场的生态修复和利用具有一定的示范意义。南宁国际园林博览会园博园采石场花园如图 6.2-17 所示。

图 6.2-17　南宁国际园林博览会园博园采石场花园

6.2.16 内蒙古扎赉诺尔矿区

据记载,扎赉诺尔露天煤矿自晚清起就先后由俄罗斯、日本进行开采,20 世纪 60 年代在经历数次改制后恢复正式生产,所以这是一座名副其实的"百年矿山"。历经百年,扎赉诺尔露天煤矿累计采煤约 5 200 万 t,但在为人类贡献光和热的背后,却因常年开采形成了一个硕大的坑洞(矿坑面积约 500 hm²,采坑周边堆砌多个排土场,总占地面积 1 276 hm²),当地老百姓习惯叫它"人造天坑"。

2016 年,满洲里市政府决定对这一露天煤矿进行关停。煤矿关闭后存在一系列安全和生态环境问题,如边坡的稳定性问题、闭坑边坡的生态恢复问题。2017 年,满洲里市政府与蒙草生态环境(集团)股份有限公司就扎赉诺尔矿山生态修复问题达成合作协议,以蒙草式矿山生态修复实现扎赉诺尔露天煤矿绿色闭矿。蒙草生态科研技术团队于 2017 年起对扎赉诺尔露天煤矿进行多次现场勘测,围绕扎赉诺尔露天煤矿生态恢复的关键问题,通过现场测绘、数值模拟与评估规划设计等步骤对露天矿闭坑的边坡稳定、场地平整修复和生态恢复问题展开了分析研究,提出了"边坡控制—场地平整修复—生态恢复—基础设施建设"的蒙草式矿山生态修复联合技术方案。

　　蒙草式扎赉诺尔露天煤矿生态修复绿色闭矿综合解决了土壤改良、植物给水、植物配植、井点降水、道路维修等问题,通过两年治理,让一座百年老矿重新焕发了绿色生机,发生了生态蝶变。内蒙古扎赉诺尔矿区如图 6.2-18 所示。

2017 年修复前

2018 年实景

2019 年实景

图 6.2-18　内蒙古扎赉诺尔矿区(组图)

6.3　威海市文登区废弃矿山生态治理典型设计实例

6.3.1　威海市文登区信迪石子厂废弃矿山治理

6.3.1.1　矿山地质环境特征

1. 矿山基本特征

威海市文登区信迪石子厂矿山现已关闭,采矿权人已灭失,矿山存在超采现象,原本设计的环境治理措施均未实施。由于矿山开采方式为露天山坡开采,故开采形成了一处较大的不规则露天采坑,破坏了山体的完整性,使昔日秀美、生机盎然的山体变得荒芜萧条、零乱残破。治理区内存在开采边坡 7 处、废石(土)堆 5 处、开采底盘 2 处及残存房屋 2 处。其治理前面貌如图 6.3-1 所示。

图 6.3-1　威海市文登区信迪石子厂矿山治理前面貌(组图)

2. 矿山地质环境问题

1)地形地貌景观遭到破坏,造成严重的视觉污染

采石场所在区域为低山丘陵,地形波状起伏,错落有致,丘陵上分布着乔木、灌木、杂草等植被,景观优美。由于矿山露天开采,在半山坡上形成一段高陡采矿边坡,边坡基岩裸露;坡底平台地形高低起伏、废石遍布,坑、坎、崖等微地形发育;坑底平台区及生

产道路两侧散落、堆积废渣石堆,原始的低缓丘陵地形地貌变得千疮百孔、犬牙交错,地形地貌景观遭到了严重破坏。由于采石场破损立面较大,致使青山挂白,犹如在植被上开了一个天窗,与周边优美的山体景观严重不协调。治理区位于大水泊镇羊马箭村北侧约 400 m,县道在治理区南侧近东西向穿过,从县道可看到废弃矿山,对过往行人及当地百姓造成视觉污染,如图 6.3-2 所示。

图 6.3-2　威海市文登区信迪石子厂矿山造成视觉污染

2)地质灾害发育,存在安全隐患

治理区地质灾害类型主要为崩塌或崩塌隐患,有少量塌滑现象,其他地质灾害不发育。

开采边坡基岩裸露,由于采矿活动改变了边坡岩土体原始平衡状态,加上采石立面临空面大、卸荷裂隙发育,岩石较破碎。边坡岩体节理裂隙较发育,在不同坡段裂隙面与坡面或平行或交错切割,导致岩块极易沿裂隙面脱离母岩滑动形成危岩体。在地震、强降雨、强震动的影响下,节理裂隙密集发育地段及危岩体发育地段的边坡极易失稳,存在较大的安全隐患,对周边群众及从事工农业生产的人们构成很大的安全威胁。

根据现场调查,信迪采矿区边坡坡顶、坡肩破碎岩体存在崩塌隐患的部位主要有 4处,形成原因主要为人工爆破,加之岩体表面风化剧烈,裂隙较发育,故存在安全隐患。

3)土地占压与损毁,无法正常发挥土地功能

采矿场内,采坑边坡高陡,坑底碎石遍布,废石渣、废渣土堆、生活垃圾凌乱堆置,生产运输道路荒置,周边山体破损,多年不能生长各种植物,整个采矿场区荒芜杂乱、土地闲置,无法发挥正常土地使用功能。

4)植被破坏与水土流失,生态环境受到破坏

在天然状态下,丘陵地面分布着风化形成的残积土,虽然厚度不大,但能涵养水分,其上生长乔木、灌木、杂草等植被,生态环境十分优美。由于矿山开采,采石场范围内绿

色植物被挖损,表层岩土被剥离,岩石裸露,多年不能生长各种植物,造成矿山荒漠化,加速了水土流失。山体遗留土壤因长期淋滤,土壤有机质流失严重,土壤团粒结构差,造成土壤肥力严重下降,使采石场区植被无法自然恢复,对当地地质环境的生态功能造成了极大的负面影响。

6.3.1.2　矿山地质环境治理设计

1. 治理思路

该项目为废弃矿山地质环境综合治理工程,以恢复地形地貌景观、消除地质灾害、复垦土地及恢复生态环境为最终治理目的。根据矿山地质环境现状特征、地质灾害发育程度及地质环境治理难易程度,治理区治理对象主要分为开采边坡及开采底盘两部分。

(1)开采边坡:对陡立边坡进行台阶式削坡及续坡回填,形成种植平台,平台外侧砌筑挡土墙,内侧回填种植土,绿化以乔木为主,辅以爬藤类植物。

(2)开采底盘:对深采坑进行回填,对损毁土地进行整理,将其复垦为耕地或林地。

2. 治理方案比选

治理区治理对象主要分为开采边坡及开采底盘两部分,开采边坡地质环境恢复治理难易程度为中等,开采底盘地质环境恢复治理难易程度为较易。开采底盘治理方法简单且单一,而开采边坡治理方案较多,每种方案在实用性、绿化效果及经济性上各有优点,故对开采边坡治理方案进行比选。

1)边坡绿化限制条件

本次进行绿化的边坡位于威海市文登区,边坡绿化工程应注意以下几个方面。

(1)在确保边坡稳定的基础上,坡面绿化尽量采用稳固的绿化技术,保证绿化工程的稳定性。

(2)考虑与周边环境的协调性,边坡绿化效果既要注意季节的差异性,又要防止产生补丁效果。

(3)边坡治理后的养护工程应简单便捷,尽快使植物实现自然养护。

2)目前常用的边坡复绿技术

目前常用的边坡复绿技术有藤本绿化技术、续坡绿化技术、喷播复绿技术、生态袋(毯)复绿技术、坑(槽)式复绿技术、孔(穴)式复绿技术、台阶式复绿技术、悬挂式复绿技术、复合式复绿技术。

3)高陡岩质边坡削坡与不削坡比选

威海市文登区信迪石子厂废弃矿山开采边坡高度一般为 20~75 m,坡度为45°~75°,现状边坡整体稳定,坡面多处分布危岩体。

对于现状边坡不削坡,清理坡面危岩后进行复绿,可采用的复绿技术有生态袋复绿技术、孔(穴)式复绿技术、悬挂式复绿技术及喷播复绿技术。生态袋复绿技术成本较高,后期养护需求较高,不宜用于高边坡;孔(穴)式复绿技术对苗木前期培养要求高,绿化见效慢,短期内植被覆盖度不高;悬挂式复绿技术对养护管理要求高,若要绿化持久,必须人工定期更换植物;喷播复绿技术需岩体稳定性好,后期养护成本高。以上技术手段在实用性、绿化效果及经济性上均存在局限性。

对于现状边坡削坡后进行复绿,可采用的复绿技术有生态袋复绿技术、台阶式复绿技术、喷播复绿技术。削坡后再进行复绿,可长久保持复绿效果稳定以及植物的多样性。

现状边坡分布多处危岩体,考虑绿化效果的长期稳定,推荐削坡后再进行绿化的方案。

4)喷播复绿技术与台阶式复绿技术比选

高陡边坡拟采用台阶式削坡保证边坡稳定,为复绿创造条件,针对边坡绿化技术,对植树绿化和喷播绿化进行比选。

(1)喷播绿化:设计边坡开挖坡比 1∶0.7(55°),每级边坡高 15 m,台阶宽 3 m,开挖坡面进行喷播复绿,开采平台外侧设置挡墙,内侧设置排水沟,中间为种植槽,覆土后植树绿化。

(2)植树绿化:设计边坡开挖坡比 1∶0.5(63°),每级边坡高 5 m,台阶宽 5 m,开采平台外侧设置挡墙,内侧为种植槽,覆土后植树绿化。

喷播绿化后期养护费用高,开采边坡向为 SE170°,受光照影响,喷播后作物难以存活。植树绿化以乔木为主,辅以灌木,植被覆盖度好,可快速转为自然养护。

综上所述,考虑废弃矿山地质环境特征、治理效果等因素,对开采边坡采用台阶式绿化技术进行治理。

3. 治理工程设计

矿山地质环境治理设计的目的是消除地质灾害、恢复地形地貌景观、复垦土地及恢复生态环境。设计内容包括表土收集、台阶式削坡、种植槽施工、建筑物拆除、采坑回填、绿化用地整理、土壤重构、植被重建、警示牌和项目说明牌设置、养护等,其中绿化用地整理、土壤重构、植被重建及养护与土地复垦工程设计一致,在此不重复介绍。废弃矿山治理部署如图 6.3-3 所示。

1)表土收集

为满足矿山复垦用土需求,在削坡时应对坡顶削坡区地表土进行收集,收集前先将地表灌草等植被清除,再对表土进行剥离和收集。坡顶削坡范围面积为 14 597 m²,收集土层厚度按照平均厚度 0.3 m 计算,可收集的表土方量为 4 379 m³,将收集的表土堆放于表土堆放场。

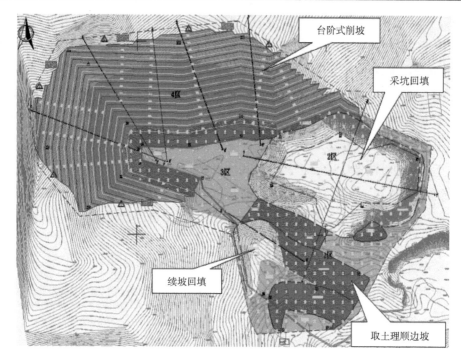

图 6.3-3　废弃矿山治理部署图

表土收集时应注意：为保持土壤结构、避免土壤板结,应避免雨季剥离、搬运和堆存表土;表土堆存时应防止放牧以及机器和车辆的进入,防止粉尘、盐碱的覆盖;保证土壤中的微生物活性、土壤结构和土壤养分,确保将来复垦时收集的表土质量满足复垦需求。

2）台阶式削坡

治理区西北侧开挖边坡高度 40~75 m,坡度 60°~70°,以强风化 - 弱风化状岩质边坡为主,未发现较大规模的构造发育,现状边坡整体稳定,发生大规模崩塌的可能性小,局部受裂隙组合切割及爆破震动影响而存在危岩体。

现状边坡高度大、坡度陡、绿化难度大,通过设计台阶式削坡,消除坡顶及坡面的崩塌等地质灾害隐患,边坡变缓且形成台阶,满足复绿施工需要,保证治理效果的长期稳定,提高治理效果的整体美观性。

根据拟种植乔木高度及间距,设计台阶高度为 5.0 m,宽度为 5.0 m,并充分利用开采面已有平台,根据《边坡工程勘查规范》（YS 5230—1996）、《建筑边坡工程技术规范》（GB 50330—2013）,每级边坡高度约为 5 m,削坡后坡比为 1∶0.5。台阶式削坡示意如图 6.3-4 所示。

削坡后对坡面进行整理,如果存在开放性裂隙,应对其进行注浆封闭处理,确保坡面平整、顺直,不产生新的危岩体。削坡产生的石料优先用于种植槽施工、开采底盘治理等,多余石料由县级人民政府纳入公共资源交易平台,需外运的渣石土应合理安排运输车的行走路线。

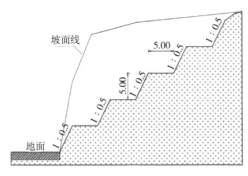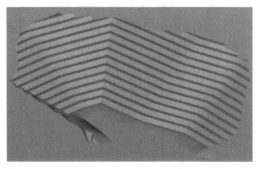

图 6.3-4　台阶式削坡示意图（组图）

台阶式削坡区域坡顶面积约为 32 165 m²，采用 Microstation 三维软件进行开挖量计算，边坡削坡开挖方量为 474 368 m³，其中废土方量为 3 200 m³，爆破削坡石方量约为 471 168 m³，如图 6.3-5 和图 6.3-6 所示。

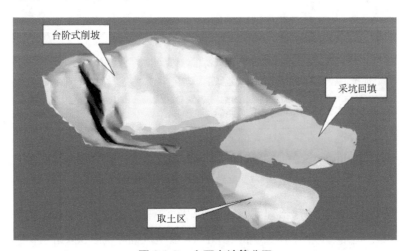

图 6.3-5　土石方计算分区

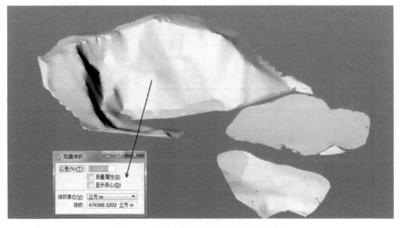

图 6.3-6　台阶式削坡石方开挖量

3)坡面整理

治理区南侧开采底盘分布多处废土、废渣堆,为满足采坑回填土方量及植树绿化需求,对治理区南侧底盘废土进行整理,经开挖(回填)后坡比为 1:3,该部位设计取土方量为 19 827 m³,回填上方量为 2 198 m³。

4)采坑回填

治理区东侧采坑面积为 13 232 m²,深度为 10~15 m,将采坑回填至高程 149.0 m,采坑周边回填坡比为 1:3,与周边地形平顺连接,需回填土石方量为 100 874 m³。土石方来源为治理区内废土堆、南侧坡面整理区、南侧取土区及台阶式削坡区。采坑回填区土方回填量如图 6.3-7 所示。

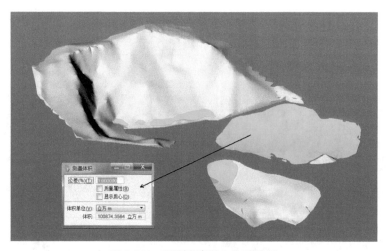

图 6.3-7　采坑回填区土方回填量

土石方平衡见表 6.3-1。治理区废土堆 T1 及 T3 总方量为 6 100 m³。南侧取土区为矿山弃渣,共 2 处,总方量为 18 259 m³,其中 1# 取土区面积为 3 384 m²,厚度为 3~5 m,取平均厚度 4 m,方量为 11 844 m³;2# 取土区面积 2 566 m²,厚度为 2~4 m,取平均厚度 2.5 m,方量为 6 415 m³,如图 6.3-8 和图 6.3-9 所示。南侧坡面整理区开挖取土方量为 19 827 m³。

表 6.3-1　土石方平衡表

部位	土石方提供量 /m³		土石方需求量 /m³	
	土方	石方	土方	石方
废土堆 T1	3 200	0	0	0
废土堆 T3	2 900	0	0	0
1# 取土区	11 844	0	0	0
2# 取土区	6 415	0	0	0
1 区	19 827	0	2 198	0

续表

部位	土石方提供量 /m³		土石方需求量 /m³	
	土方	石方	土方	石方
2 区	0	861	41 135	59 739
4 区	0	471 168	853	0
合计	44 186	472 029	44 186	59 739

图 6.3-8　取土区面貌 1

1# 取土区　　　　　　　　　　　　　　　　2# 取土区

图 6.3-9　取土区面貌 2（组图）

5）排水沟砌筑

为使暴雨季节山坡上的地表径流顺利排出，在边坡坡脚位置布设排水沟，具体布置见治理工程布置图。

排水沟采用矩形断面,顶宽 1.6 m,底宽 1.6 m,深 0.5 m,壁厚 0.3 m,排水沟的底板和侧墙皆用 M10 水泥砂浆砌块石铺砌加固,砌石的基底敷设黏土垫层并夯实,砌石的纵、横缝互相错开,每层横缝厚度保持均匀,排水沟内侧采用 M10 水泥砂浆抹面,如图 6.3-10 所示。

为防止温差效应、排水沟基底不均匀沉降和陡缓坡连接处不均匀变形等因素造成排水沟断裂,所有铺砌结构均要设置沉降缝,且沉降缝间距为 15 m,在坡降增大时减小,坡降减小时增大,缝宽 2 cm,充填沥青木丝板。

经测算,需修筑排水沟 555 m,穿路涵洞部位需混凝土预制板 6 m。

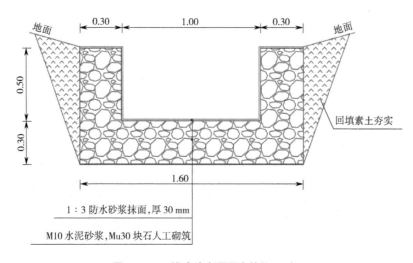

图 6.3-10　排水沟断面图(单位:m)

6)警示牌设置

由于治理区内边坡较高,需在坡顶设置警示牌,进行警示提醒,共需设置警示牌 6 块。

7)项目说明牌设置

在治理区南侧路旁设置项目说明牌,说明本次工程名称、项目主管单位、设计单位、施工单位、监理单位等,并附项目示意图。

6.3.1.3　土地复垦工程设计

土地复垦是指对损毁土地采取整治措施,使其达到可利用状态的活动。该项目以矿山地质环境治理为基础,采取土壤重构、植被重建等工程措施,对损毁土地进行生态修复。

1. 土地损毁分析

1）土地损毁形式分析

废弃矿山损毁土地类型主要有两种，即挖损和压占。土地挖损是指生产建设活动致使原地表形态、土壤结构、地表植被等直接被损毁；土地压占是指堆放剥离物、废石、矿渣、表土等造成土地原有功能丧失。

2）土地损毁程度分析

矿区土地损毁程度分析是对矿区开发活动引起的矿区土地质量变化程度的评价，是土地复垦方案编制的前提，可为土地复垦提供基础数据，是确定矿区土地复垦的利用方向以及进行工程设计和工程量测算的依据，是决定复垦投资额度大小的关键。

根据《中华人民共和国土地管理法》和国务院颁布的《土地复垦条例》，土地破坏程度等级为三级标准：①一级（轻度破坏），土地破坏轻微，基本不影响土地功能；②二级（中度破坏），土地破坏比较严重，影响土地功能；③三级（重度破坏），土地严重破坏，丧失原有功能。

目前，国内外尚无明确评价因素的具体等级标准划分值，根据附近类似工程的土地损毁因素调查情况及本矿山现场实地调查结果，并参考各学科的经验数据划分的因素等级标准，本书采用主导因素法进行土地评价及等级划分，见表 6.3-2。

表 6.3-2　土地损毁程度评价影响因子

损毁类型	评价因子		评价等级		
			轻度损毁	中度损毁	重度损毁
挖损	挖损后地面坡度 /(°)		0~6	6~15	>15
	挖掘深度 /m		<1	1~3	>3
	积水		无	季节性积水	常年积水
压占	地表变化	压占面积 /hm²	<1	1~5	>5
		排土高度 /m	<5	5~10	>10
		破坏土层厚度 /cm	≤10	10~30	≥30
	占压物性状	砾石含量增加 /%	<10	10~30	>30
		有机质含量下降 /%	<15	15~65	>65
		土壤污染	轻度	一般	重度
		pH 值	6.5~7.5	4~6.5,7.5~8.5	<4, >8.5
	稳定性	地表稳定性	很稳定	稳定	不稳定

注：损毁程度分级确定采取上一级别优先原则，只要评价因子中有一项符合即为该级别。

治理区土地已损毁情况见表 6.3-3。

表 6.3-3 已损毁土地汇总表

序号	损毁单元	现状地类	损毁面积 /m²	损毁类型	损毁程度
1	1 区	工矿用地	17 511	挖损、压占	中度
2	2 区	工矿用地	16 180	挖损	重度
3	3 区	工矿用地	6 216	挖损	重度
4	4 区	工矿用地	37 170	挖损	重度

2. 土地利用状况

矿区范围内主要为工矿用地,土壤养分贫乏,生长有稀疏草丛。

3. 土地复垦适宜性评价

土地复垦适宜性评价是依据治理区所处地区土地利用总体规划及相关规划,按照因地制宜的原则,在充分尊重土地权益人意愿的前提下,根据原土地利用类型、土地损毁情况、公众参与意见等,在经济可行、技术合理的条件下,确定拟复垦土地的最佳利用方向。

土地复垦适宜性评价在复垦工作中具有重要作用,是确定损毁土地的复垦利用方向的前提和基础,为合理复垦利用损毁土地资源提供科学依据,避免土地复垦的盲目性。

1)评价单元划分

评价单元是土地适宜性评价的基本单元,是评价的具体对象。土地对农林牧业利用类型的适宜性和适宜程度及其地域分布状况,都是通过评价单元及其组合状况来反映的。评价单元的划分与确定应在遵循评价原则的前提下,根据评价区的具体情况来进行。评价单元应按以下原则进行划分。

(1)单元内部性质相对均一或相近,具有一定的可比性。

(2)单元之间具有差异性,能客观反映土地在一定时空上的差异性。

(3)单元内部的土地特征、复垦所采取的工程措施相似。

根据以上划分原则,该方案将复垦土地的评价单元划分如下。

1 区土地损毁形式为挖损、压占,损毁程度为中度,开挖取土后,复垦为林地,拟采取的复垦工程措施及复垦方向与其他损毁单元均不一致,故单独作为一个评价单元进行适宜性分析。

2 区现状为深采坑,土地损毁形式为挖损,损毁程度为重度,采坑回填后,复垦为耕地,拟采取的复垦工程措施及复垦方向与其他损毁单元均不一致,故单独作为一个评价单元进行适宜性分析。

3 区土地损毁形式为挖损,损毁程度为重度,场地平整后,复垦为耕地,拟采取的复垦工程措施及复垦方向与其他损毁单元均不一致,故单独作为一个评价单元进行适宜性分析。

4 区为开采边坡,现状坡度较陡,不适宜耕种,损毁程度为重度,台阶式削坡后,复垦为其他林地,拟采取的复垦工程措施及复垦方向与其他损毁单元均不一致,故单独作为一个评价单元进行适宜性分析。

2)复垦方向初步确定

根据土地利用总体规划,并与生态环境保护规划相衔接,本项目从矿山实际出发,通过对矿区自然因素、社会经济因素、政策因素和公众意愿的分析,初步确定治理区土地复垦方向。

Ⅰ.自然和社会经济因素分析

经现场调查,治理区周边土壤资源条件一般,周围场地第四系覆盖层平均厚度为0.1~3.0 m。治理区土地利用现状以工矿用地、林地为主。据自然和社会经济因素分析,损毁土地以恢复耕地(旱地)及改善治理区生态环境(林、草地)为主,注重防止水土流失。

Ⅱ.政策因素分析

根据相关规划,治理区的土地复垦工作应本着因地制宜、合理利用原则,实现土地资源的永续利用,并与社会、经济、环境协调发展。综合治理区的自然条件和原土地利用现状,治理区的土地复垦以耕地、林地为主。

Ⅲ.公众意愿分析

项目团队以走访、座谈的方式了解和听取相关土地权益人和职能部门的意见,得到他们的大力支持。土地权益人希望通过治理区土地复垦工作改善治理区生态环境,建议复垦为耕地、林地。此外,当地自然资源局核实当地的土地利用现状和权属后,提出复垦土地用途必须符合土地利用总体规划,故根据当地土地利用总体规划,复垦方向为耕地、林地。

综合上述,初步确定治理区的复垦方向为旱地、林地,下面通过对各评价单元选择合适的指标和方法进行定量适宜性评价,最终确定治理区的土地复垦方向。

3)评价体系的建立

评价体系分为二级和三级体系两种类型。

二级体系分为两个序列,即土地适宜类和土地质量等,具体内容如下。

适宜类(A):反映土地对该种土地用途和利用方式有一定产出和效益,并不会产生土地退化和给邻近土地造成不良后果。

不适宜类(N):反映土地对该种土地用途和利用方式不能持续利用。

土地适宜类土地质量等一般分成一等地、二等地和三等地,不适宜类一般不细分。在土地适宜类范围内,按土地适宜程度划定土地适宜等级,一般分为三等。

一等地(A1):高度适宜,即土地对该种土地用途和利用方式没有限制性或只有轻微限制,经济效益好,能持续利用。

二等地(A2):中度适宜,即土地对该种土地用途和利用方式的持续利用有中等程度的限制,经济效益一般,利用不当会引起土地退化。

三等地(A3):临界适宜,即土地对该种土地用途和利用方式的持续利用有较大的限制,经济效益差,利用不当容易产生土地退化。

三级体系分为三个序列,即土地适宜类、土地质量等和土地限制型。土地适宜类和土地质量等部分与二级体系一致。依据不同的限制因素,土地质量等以下又分成若干土地限制型。

由于本次土地复垦适宜性评价的目的是服务于矿山损毁土地的复垦,根据《土地复垦方案编制规程》和国内外的相关研究成果,该方案中复垦土地的适宜性评价采用二级体系,评价结果分为土地适宜类和土地质量等,针对待复垦土地宜耕、宜林、宜草的适宜性进行评价,将土地适宜类分成适宜类和不适宜类两类。项目土地复垦适宜性评价体系见表6.3-4。

表6.3-4　该项目土地复垦适宜性评价体系

土地适宜类	土地质量等			备注
	宜耕	宜林	宜草	
适宜类	A1	A1	A1	A1(一等地)—高度适宜:宜耕、宜林、宜草地
	A2	A2	A2	A2(二等地)—中度适宜:宜耕、宜林、宜草地
	A3	A3	A3	A3(三等地)—临界适宜:宜耕、宜林、宜草地
不适宜类	N	N	N	

Ⅰ.宜耕类

一等宜耕地:复垦条件好,损毁轻微,质量好,对农业利用无限制或有一种限制因素,且限制程度低。通常这类土地地形平坦,土壤肥力高,适于机耕,易于恢复为耕地,在正常耕作管理措施下可获得不低于甚至高于损毁前耕地的产量,且正常利用不致发生退化。

二等宜耕地:复垦条件、质量中等,损毁程度不深,有一两种限制因素,限制强度中等,需要采取一定的改良或保护措施才能较好地利用;如利用不当,可导致水土流失、肥力下降等现象。

三等宜耕地:复垦条件较差,损毁严重,有多种限制因素,且限制强度大,改造困难,需要采取复杂的工程或生物措施,需要采取更大整治措施后才能作为耕地使用,或者需要采取重要保护措施防止土地在农业利用时发生退化现象;如利用不当,对土地质量和生态环境有较严重的不良影响。

Ⅱ. 宜林(草)类

一等宜林地:适于林木生产,产量高,质量好,无明显限制因素,损毁较轻,采用一般技术造林植树,即可获得较大的产量和经济价值。

二等宜林地:比较适于林木生产,产量和质量中等,地形、土壤、水分等因素对种植树木有一定的限制,损毁程度不深,但是植树造林的技术要求较高,产量和经济价值一般。

三等宜林地:林木生长困难,产量低,地形、土壤和水分等限制因素较多,损毁严重,植树造林技术要求较高,产量和经济价值较低。

4)评价方法的选择

废弃矿山土地损毁主要包括土地挖损和土地压占,土地挖损的损毁程度以重度为主,土地压占的损毁程度以中度为主,而且每个评价单元面积不大、特征显著,因此宜采用极限条件法对待复垦土地进行适宜性评价,即根据最小因子定律原理,土地复垦的适宜性及其等级是由选定的评价因子中单因子适宜性等级最小(限制性等级最大)的因子所确定的。

5)评价因子

根据矿区所在区域自然环境特征、结合矿区土地损毁特点、土地类型等有关指标,参阅有关矿区损毁土地适宜性评价和复垦经验,土地复垦适宜性评价因子选取主要考虑以下几个因素:矿区土地损毁类型和损毁程度、损毁土地复垦的客观条件等。因此,土地复垦适宜性评价选取地面坡度、土层厚度、土壤质地、土源保证率、灌排条件及地形完整程度等 6 个评价因子。该项目土地复垦适宜性评价指标体系见表 6.3-5。

表 6.3-5　该项目土地复垦适宜性评价指标体系

评价指标		评价等级		
评价因子	分级标准	耕地评价	林地评价	草地评价
地面坡度 /(°)	<6	A1	A1	A1
	6~15	A2	A1	A1
	15~25	A3	A2	A2
	>25	N	A3 或 N	A2 或 A3
土层厚度 /m	>90	A1	A1	A1
	60~90	A1	A1	A1
	30~60	A2 或 A3	A2	A1
	<30	N	A3 或 N	A2 或 A3

续表

评价指标		评价等级		
评价因子	分级标准	耕地评价	林地评价	草地评价
土壤质地	壤土	A1	A1	A1
	黏土、砂壤土	A2	A1	A1
	砂土或石砾含量 15%~50%	A3	A2 或 A3	A2
	石质或石砾含量 >50%	N	N 或 A3	A3
土源保证率 /%	100	A1	A1	A1
	80~100	A2	A1	A1
	50~80	A3	A2	A1 或 A2
	<50	N	N 或 A3	N 或 A3
灌排条件	有保证	A1	A1	A1
	基本保证	A2	A1	A1
	困难	A3	A2	A2
	无水源	N	A3	A3
地形完整程度	面积大于 10 亩,形状规则	A1	A1	A1
	面积 6~10 亩,形状规则	A2	A1	A1
	面积 3~6 亩,形状不规则	A3 或 N	A1	A1
	面积小于 3 亩,形状不规则	N	A1	A1

注:1 亩 ≈667 平方米。

6)适宜性等级的评定

在矿山地质环境治理部分,1 区进行取土开挖,2 区进行采坑回填,3 区进行场地整平,4 区进行台阶式削坡。旱地回填种植土厚度为 60 cm,林地回填种植土厚度为 30 cm,种植槽回填种植土厚度为 60 cm。

在治理区土地质量调查及矿山地质环境治理的基础上,将参评单元的土地质量与复垦土地主要限制因子的农林评价等级标准对比,适宜性等级最低的土地质量参评项目决定该单元的土地适宜性等级。各评价单元的适宜性评价结果与分析见表 6.3-6。

表 6.3-6　各评价单元的适宜性评价结果与分析

评价单元	地质环境治理措施	地类评价	适宜性	主要限制因了	备注
1 区	取土,坡面整理为坡比 1∶3	耕地评价	N	土源、地面坡度、地表物质组成、砾石含量	坡度大,复垦耕地的短
		林地评价	A3 或 N	地面坡度	可以采用面状重构改良法植树
		草地评价	A2 或 A3	无	无须覆土,播种即可

续表

评价单元	地质环境治理措施	地类评价	适宜性	主要限制因子	备注
2 区	回填至高程149.0 m	耕地评价	A1	土源	土源外购
		林地评价	A1	土源	土源外购
		草地评价	A1	土源	土源外购
3 区	场地整平至高程156.0 m	耕地评价	A1	土源	土源外购
		林地评价	A1	土源	土源外购
		草地评价	A1	土源	土源外购
4 区	台阶高度 5 m,宽度 5 m,坡比1 : 0.5	耕地评价	N	土源、地形	呈条带状,不连续
		林地评价	A1	土源	土源外购
		草地评价	A1	土源	土源外购

备注:适宜性等级评定以地质环境治理为基础,土层厚度按覆土考虑。

7)确定最终复垦方向

在确定最终复垦方向时,除依据适宜性评价结果外,还应考虑评价单元的极限条件,并综合分析当地自然条件、社会条件、工程施工难易程度等情况,且结合公众意见最终确定复垦方向。最终各评价单元土地复垦方向及面积统计见表 6.3-7。

表 6.3-7　最终各评价单元土地复垦方向及面积统计

复垦单元		复垦面积 /m²	最终复垦方向
已损毁	1 区	17 511	有林地
	2 区	16 180	耕地
	3 区	6 216	耕地
	4 区	37 170	有林地
合计		77 077	—

4. 水土资源平衡分析

1)土源平衡分析

土壤是植物赖以生存的基础,没有良好的土壤母质,作物与植被的建立就无从谈起或者说很难达到良好的效果。土源平衡分析主要是指对用于复垦的表土的供需分析。土源平衡分析包括需土量计算、供土量计算及表土供需平衡分析。

Ⅰ.需土量计算

种植土覆盖厚度根据当地的土质情况、气候条件、种植种类以及土源情况确定。旱地覆种植土厚度为 60 cm,林地覆种植土厚度为 30 cm,种植槽覆种植土厚度为 60 cm,可以大面积的覆土,土源不足时也可以只在植树的坑内覆土。覆土量计算见表 6.3-8。

表 6.3-8　覆土量计算表

复垦目标	覆土土地面积 /m²	覆土厚度 /m	覆土量计算值 /m³
旱地	14 314	0.6	8 588
林地(开采底盘)	31 629	0.3	9 489
林地(台阶式削坡种植槽内)	—	0.6	12 317
合计	—	—	30 394

Ⅱ. 供土量计算

该项目复垦范围内的表土主要来源于台阶式削坡坡顶开挖,坡顶削坡面积为 14 597 m²,收集土层厚度取平均厚度 0.3 m,可收集的表土方量为 4 379 m³。

Ⅲ. 表土供需平衡分析

治理区共计剥离表土量为 4 379 m³,实际复垦过程中需土量为 30 394 m³,分析可知土方需求量大于土方剥离量,因此,需要外运土源才可满足复垦要求,共计需要外运 26 015 m³。为防止土源堆存期间的损耗和浪费,该方案采用边复垦边买土的方式,用多少买多少,尽量减少不必要的经济损失。

2)水源平衡分析

治理区属于北温带季风型大陆性气候,四季变化和季风进退都较明显,受海洋的调节作用,与同纬度的内陆地区相比,其雨水丰富、气温适中、气候温和,表现出春冷、夏凉、秋暖、冬温的气候特点。治理区内多年平均降水量为 769.2 mm(1992—2018 年),降水量季、月变化也很大,季降水的分布特点是过分集中于夏季。

Ⅰ. 需水量分析

(1)耕地需水量。根据治理区气候、土壤、农田水利及当地农业区划、作物布局等自然条件和农业发展规划,治理区农田整治后种植粮食作物采用冬小麦 - 夏玉米两季连作。根据《山东省农业用水定额》(DB37/T 3772—2019),结合治理区水资源状况和农作物种植种类,确定农作物灌溉设计保证率为 50%,在灌溉保证率为 50% 的治理区的代表作物年灌溉定额见表 6.3-9。

表 6.3-9　治理区代表作物年灌溉定额

作物品种	基本用水定额 /(m³/(亩·年))	工程类型	取水方式	灌区规模
小麦	158	管道输水	提水	小型
玉米	40			

注:1 亩 ≈667 平方米。

治理区治理后耕地面积 21.5 亩(1.434 万 m²),种植小麦、玉米,一年两熟,在 50% 灌溉保证率下需水量为 2 711+686=3 397 m³。

（2）林地养护需水量。根据工程经验,种植期树苗栽植完成后,要连续浇 3 次水。"不干不浇,浇则浇透",每次每棵树浇水约 10 L,总计 30 L。养护期浇 4 次水,每次每棵树浇水约 8 L,总计 32 L,因此每棵树总计需水量为 62 L。治理区共植树 13 272 株(黑松及爬山虎),需水量为 823 m³。

Ⅱ. 供水量分析

经现场实地调查,矿区内没有灌溉设施,农作物灌溉均来自大气降水量补给,文登区内多平均年降水量为 769.2 mm(1992—2018 年),且季节性分配不均,降水集中在 6—9 月,依靠自然降雨无法满足植被生长需求。

林地养护共需水量为 823 m³,当林木成活后,自然降水能满足林草生长需要,农业灌溉每年需水量为 3 397 m³,治理区附近多处分布水塘,灌溉用水可就近从水塘中用自备设备取水灌溉。

5. 土地复垦质量要求

根据《土地复垦质量控制标准》(TD/T 1036—2013),按照技术可行、经济合理原则和自然条件,并结合复垦区实际情况,确定该方案土地复垦质量要求,该项目土地复垦方向为旱地、有林地、其他草地。

1)旱地复垦要求

（1）旱地田面坡度不宜超过 15°。

（2）有效土层厚度大于 60 cm,土壤具有较好的肥力,土壤环境质量符合《土壤环境质量标准》(GB 15618—2018)规定的Ⅱ类土壤环境质量标准。

（3）3~5 年后复垦区单位面积粮食产量达到周边地区同土地利用类型中等产量水平,粮食及作物中有害成分含量符合《食品安全国家标准　粮食》(GB 2715—2016)。

（4）其他参照表 6.3-10 所给旱地复垦质量控制标准执行。

表 6.3-10　旱地土地复垦质量控制标准

指标类型	名称	单位	耕地指标范围
地形	地面坡度	°	≤ 15
土壤质量	有效土层厚度	cm	≥ 60
	土壤容重	g/m³	≤ 1.40
	土壤质地	—	壤土至壤质黏土
	砾石含量	%	≤ 5
	pH 值	—	6.0~8.5
	有机质	%	≥ 1
	电导率	dS/m	≤ 2

指标类型	名称	单位	耕地指标范围
配套设施	排水	—	达到当地各行业工程建设标准要求
	道路	—	
	林网	—	
生产力水平	产量	kg/hm²	3年后达到周边地区同等土地利用类型水平

2）有林地复垦要求

（1）对个别倾倒或死亡的树木进行扶正或补种。

（2）选取当地适生树种进行补种。

（3）植树穴切忌挖成锅底形或无规则形，以免使根系无法自然舒展。

（4）其他参照表6.3-11所给有林地复垦质量控制标准执行。

3）复垦前后对比说明

复垦后矿区林草地覆盖率得到提高，对防止土壤侵蚀和水土流失具有较好的效果，有利于生态环境的恢复和协调，达到土地复垦规范要求的复垦标准。

表6.3-11　有林地复垦质量控制标准

指标类型	名称	单位	林地指标范围
土壤质量	有效土层厚度	cm	≥30
	土壤容重	g/m³	≤1.5
	土壤质地	—	砂土至壤质黏土
	砾石含量	%	≤20
	pH值	—	6.0~8.5
	有机质	%	≥1
配套设施	道路	—	达到当地本行业工程建设标准要求
生产力水平	定植密度	株/公顷	满足《造林作业设计规程》（LY/T 1607—2003）的要求
	郁闭度	≥	0.35

6. 土地复垦工程设计

1）整理绿化用地

为满足植树绿化需求，对整理为林地的区域进行局部整地，原则上地形不做大的改变。对地形平缓部位，清理既有生活垃圾、平整废弃渣土、拆除废弃构筑物；对地形较陡部位，在确保稳定的前提下，因地制宜地采用穴状、鱼鳞状、带状等局部整地方式进行地形整理，满足覆土及植树绿化需求；对局部陡坎，需采取坡面整理、削坡、回填续坡等措施，消除地质灾害隐患，满足覆土及植树绿化需求。整理绿化用地面积为3 189 m²。

2）种植槽施工

台阶式削坡完成后,在各级平台外侧修筑浆砌石挡土墙,内侧形成种植槽,回填种植土用于后期绿化,种植土购买商品土料。

浆砌石挡土墙设计高度为 0.75 m,墙身横截面为梯形,顶面及底面宽度分别为 0.5 m 和 0.65 m,墙身每间隔 5 m 留设排水孔 1 个,使用直径 80 mm 的 PVC 管,管外斜度 5%,排水孔进水处设置反滤包,排水孔留设位置应避开乔木种植位置;浆砌石挡土墙内侧形成种植槽,如图 5.3-1 所示。经测算,各平台挡土墙总长度为 4 562 m。

3）土壤重构

在场地平整工程结束后,耕地回填种植土厚度为 60 cm,林地回填种植土厚度为 30 cm,种植槽内回填种植土厚度为 60 cm。回填种植土优先使用表土清运存储的种植土,方量为 4 379 m³,剩余种植土需从市场购买,种植土质量需满足《土地复垦质量控制标准》（TD/T 1036—2013）的要求。

经计算,可治理耕地面积为 14 314 m²,可治理林地面积为 63 794 m²,需外购种植土 26 015 m³。

4）植被重建

治理区在种植土回填工作结束后,根据当地山体绿化现状,并以适地适树、保证山体统一性及经济性为原则,采用乔木遮挡、藤蔓类植物覆盖的方式进行开采边坡复绿。绿化树种采用乡土树种,并与周边环境相适应,经考察,乔木拟采用黑松,藤蔓类选用爬山虎。

种植槽设计两排黑松,梅花形布置,树坑大小为 0.5 m×0.5 m×0.5 m,树高为 1.5 m,间距为 2.5 m;台阶坡面进行遮盖式复绿,采用上爬下挂式,在坡脚以及平台边缘线状种植爬山虎,间距为 2.0 m,爬山虎选用三年生品种,地径 1 cm 以上。林地种植黑松绿化,黑松树苗株高 1.0 m,种植间距为 2.5 m×2.5 m。

经测算,共需黑松（株高 1.5 m）3 650 株、黑松（株高 1.0 m）5 061 株、爬山虎 4 562 株。

5）养护

工程竣工后,树木需精心养护 2 年,树木的养护管理是提高种植成活率和景观效果的重要手段,养护工作由项目施工单位承担。

6.3.1.4 治理效果

按设计实施后,本项目可消除地质灾害隐患,恢复生态环境,缓解视觉污染,复垦耕地 14 340 m²、林地 63 832 m²。废弃矿山治理前面貌如图 6.3-11 所示,矿山恢复治理后效果如图 6.3-12 所示。

图 6.3-11　废弃矿山治理前面貌

图 6.3-12　矿山恢复治理后效果

6.3.2　威海市文登区张家产镇登登口石子厂废弃矿山治理

6.3.2.1　矿山地质环境特征

1. 矿山基本特征

威海市文登区张家产镇登登口石子厂现已关闭,采矿权人已灭失,矿山存在超采现象,原本设计环境治理措施均未实施。由于矿山开采方式为露天山坡开采,故形成了一处较大的不规则露天采坑,破坏了山体的完整性,使昔日秀美、生机盎然的山体变得荒芜萧条、零乱残破。

治理区内存在开采边坡 4 处、废石(土)堆 3 处、开采底盘 2 处及残存房屋 3 处,其现场面貌如图 6.3-13 所示。

图 6.3-13　威海市文登区张家产镇登登口石子厂废弃矿山(组图)

2. 矿山地质环境问题

(1)矿区地形地貌景观遭受破坏,造成视觉污染。该废弃采石场位于张家产镇登登口村东侧约 650 m,204 省道在治理区西侧 500 m 穿过,自省道可看到废弃矿山,对当地居民及过往行人造成视觉污染,如图 6.3-14 所示。

(2)地质灾害发育,存在安全隐患。治理区地质灾害类型主要为崩塌或崩塌隐患,有少量塌滑现象,其他地质灾害不发育。登登口采矿区边坡坡顶、坡肩破碎岩体存在崩塌隐患的部位主要有 6 处,形成原因主要为人工爆破,加之岩体表面风化剧烈,裂隙较发育,存在安全隐患。

(3)土地占压与损毁,无法正常发挥土地功能。开采底盘碎石遍布,废石渣、废渣土及生活垃圾凌乱堆置,如图 6.3-15 所示。

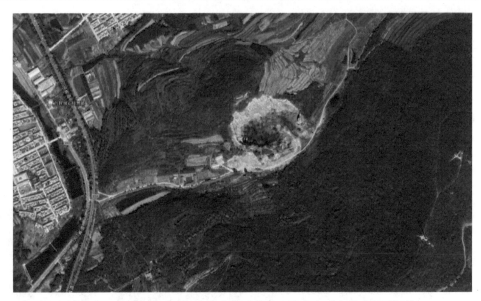

图 6.3-14 威海市文登区张家产镇登登口石子废弃矿山造成视觉污染

图 6.3-15 威海市文登区张家产镇登登口石子废弃矿山崩塌及土地压占(组图)

（4）植被破坏与水土流失,生态环境遭到破坏。矿山开采破坏了原山体植被,使治理区生态环境遭到破坏。治理区北侧开采边坡坡面覆盖少量坡积碎石土,边坡较陡,表层岩体质量较差,受雨水冲刷,表层土体易剥离流失。开采底盘覆盖层较薄,多为开挖遗留碎渣、砂土,植物生长能力差,造成矿山荒漠化。

6.3.2.2 矿山地质环境治理设计

矿山地质环境治理设计的目的是消除地质灾害、恢复地形地貌景观、复垦土地及恢复生态环境。设计内容包括表土清运、台阶式削坡、排水沟施工、种植槽施工、建筑物拆除、采坑回填、喷播、绿化用地整理、土壤重构、植被重建、警示牌和项目说明牌设置、养护等,其中种植槽施工、喷播、绿化用地整理、土壤重构、植被重建及养护与土地复垦工程设计一致,在此不重复介绍。

1. 表土收集

为满足矿山复垦用土需求,在削坡时应对坡顶削坡区地表土进行收集,收集前先将地表灌草等植被清除,再对表土进行剥离和收集,坡顶削坡范围面积为 10 340 m²,收集土层厚度按照平均厚度 0.3 m 计算,可收集的表土方量为 3 102 m³,将收集的表土堆放于表土堆放场。

表土收集时应注意:为保持土壤结构、避免土壤板结,应避免雨季剥离、搬运和堆存表土;表土堆存时应防止放牧,防止机器和车辆的进入,防止粉尘、盐碱的覆盖;保证土壤中微生物活性、土壤结构和土壤养分,确保将来复垦时收集的表土质量满足复垦需求。

2. 台阶式削坡

治理区北侧开挖边坡高度为 20~40 m,坡度为 50°~70°,以强风化 - 弱风化状岩质边坡为主,未发现较大规模的构造发育,现状边坡整体稳定,发生大规模崩塌的可能性小,局部受裂隙组合切割及爆破振动影响存在危岩体。

现状边坡高度大、坡度陡、绿化难度大,通过设计台阶式削坡,消除坡顶及坡面的崩塌等地质灾害隐患,边坡变缓且形成台阶,满足复绿施工需要,保证治理效果的长期稳定,提高治理效果的整体美观性。

根据绿化及施工需求,设计台阶高度为 10.0 m,宽度为 5.0 m,并充分利用开采面已有平台,根据《边坡工程勘查规范》(YS 5230—1996)、《建筑边坡工程技术规范》(GB 50330—2013),每级边坡高度为 10 m,削坡后坡比为 1∶0.5。将南侧岩梁开挖至周边地面高程(74 m),开挖边坡与周边山体平顺相接。

削坡后对坡面进行整理,如果存在开放性裂隙,应进行注浆封闭处理,确保坡面平整、顺直,不产生新的危岩体。削坡产生的石料优先用于种植槽施工、开采底盘治理等,多余石料由县级人民政府纳入公共资源交易平台,需外运的渣石土应合理安排运输车的行走路线。

台阶式削坡区域面积约 11 601 m²,采用 Microstation 三维软件进行开挖量计算,爆破削坡石方总方量约 24.2 万 m³,如图 6.3-16 所示。

3. 开采底盘整平

为减少碎渣外运,将治理区废土堆、边坡治理产生的石渣平整至开采底盘,平整后场地高程为 74.0 m。采用 Microstation 三维软件进行回填量计算,需渣石土倒运碾压方量为 20 198 m³。

4. 排水沟砌筑

为使暴雨季节山坡径流顺利排出,防止对边坡种植土的冲刷,减小对边坡稳定性的不利影响,在马道内侧、边坡坡顶及坡脚位置布设排水沟。

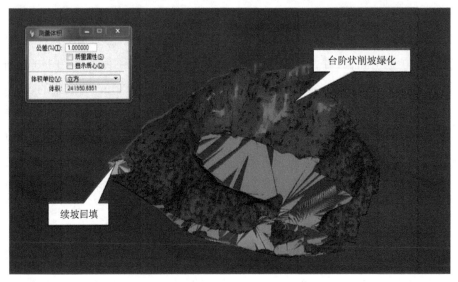

图 6.3-16　该项目土石方分区计算图

排水沟采用梯形断面与矩形断面。排水沟根据断面尺寸不同分为两种类型——Ⅰ型和Ⅱ型,如图 6.3-17 所示。排水沟的底板和侧墙皆用 M10 水泥砂浆砌块石铺砌加固,砌石的基底应敷设黏土垫层并夯实,砌石的纵、横缝应互相错开,每层横缝厚度保持均匀,排水沟内侧采用 M10 水泥砂浆抹面。

Ⅰ型排水沟:顶宽 0.8 m,底宽 0.5 m,深 0.4 m,壁厚 0.2 m,主要布置于边坡平台内侧。

Ⅱ型排水沟:顶宽 1.6 m,底宽 1.6 m,深 0.5 m,壁厚 0.3 m,主要布置于边坡坡顶及坡脚。

为防止温差效应、排水沟基底不均匀沉降和陡缓坡连接处不均匀变形等因素而造成排水沟断裂,所有铺砌结构均要设置沉降缝,间距为 15 m,且在坡降增大时减小,坡降减小时增大,缝宽 2 cm,充填沥青木丝板。

经测算,本项目需修筑Ⅰ型排水沟 830 m,Ⅱ型排水沟 1 006 m。

5. 建筑物拆除

经勘查,现场有 3 处简易构筑物需拆除,总面积约 102 m²。

6. 安全护栏安装

在水坑周边设置安全护栏,防止人员跌入水塘,经统计共需设置安全护栏 122 m。

7. 警示牌设置

由于治理区内边坡较高,需在坡顶设置Ⅱ型警示牌,进行警示提醒,在集水池周边安全护栏设置Ⅰ型警示牌,警示牌安装距地面高度为 1.5 m。

经勘查,治理区范围内需设置 3 块Ⅰ型警示牌、4 块Ⅱ型警示牌。

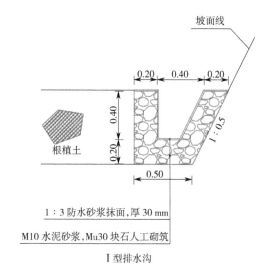

Ⅰ型排水沟

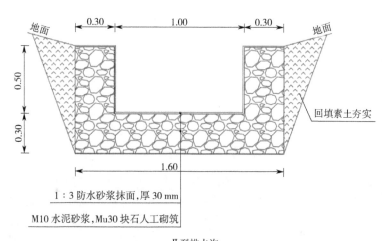

Ⅱ型排水沟

图 6.3-17　排水沟断面图(单位:m)

6.3.2.3　土地复垦工程设计

1. 整理绿化用地

为满足植树绿化需求,对整理为林地的区域进行局部整地,原则上地形不做大的改变。对地形平缓部位,清理既有生活垃圾、平整废弃渣土、拆除废弃构筑物;对地形较陡部位,在确保稳定的前提下,因地制宜地采用穴状、鱼鳞状、带状等局部整地方式进行地形整理,满足覆土及植树绿化需求;对局部陡坎,采取坡面整理、削坡、回填续坡等措施,消除地质灾害隐患,满足覆土及植树绿化需求。本项目整理绿化用地面积 13 300 m²。

2. 种植槽施工

台阶式削坡完成后,在各级平台外侧修筑浆砌石挡土墙,内侧形成种植槽,回填种植土用于后期绿化,种植土购买商品土料。

浆砌石挡土墙设计高度为 0.75 m,墙身横截面为梯形,顶面及底面宽分别为 0.5 m 和 0.65 m,墙身每间隔 5 m 留设排水孔 1 个,使用直径 80 mm 的 PVC 管,管外斜度 5%,排水孔进水处设置反滤包,排水孔留设位置应避开乔木种植位置;浆砌石挡土墙内侧形成种植槽。经测算,各平台挡土墙总长度为 1 280 m。

3. 土壤重构

在场地平整工程结束后,耕地回填种植土厚度为 60 cm,林地回填种植土厚度为 30 cm,种植槽内回填种植土厚度为 60 cm,回填种植土优先使用表土清运存储的种植土,方量为 3 102 m³。剩余种植土需从市场购买。种植土质量需满足《土地复垦质量控制标准》(TD/T 1036—2013)的要求。

经计算,本项目可治理耕地面积为 34 284 m²,可治理林地面积为 24 901 m²,需外购种植土 24 914 m³。

4. 植被重建

1)喷播复绿

对治理区北侧开挖后岩石坡面进行喷播复绿设计,采用 Microstation 三维软件进行喷播面积计算,本设计喷播复绿面积约为 11 990 m²,如图 6.3-18 所示。

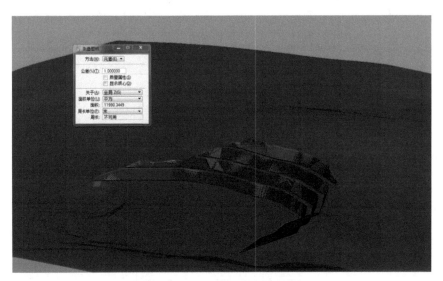

图 6.3-18　喷播复绿面积测算

2)植树

治理区在种植土回填工作结束后,根据当地山体绿化现状,并以适地适树、保证山体统一性及经济性为原则,采用乔木遮挡、藤蔓类植物覆盖的方式进行开采边坡复绿。绿化树种采用乡土树种,并与周边环境相适应,经考察,乔木拟采用黑松,藤蔓类选用爬山虎。

种植槽设计两排黑松,梅花形布置,树坑大小为 0.5 m × 0.5 m × 0.5 m,树高为 1.5 m,间距为 2.5 m;未进行喷播的台阶坡面进行遮盖式复绿,采用上爬下挂式,在坡脚以及平台边缘线状种植爬山虎,间距为 2.0 m。爬山虎选用三年生的品种,地径 1 cm 以上。林地种植黑松绿化,黑松树苗株高 1.0 m,种植间距为 2.5 m × 2.5 m。

经测算,本项目共需黑松(株高 1.5 m)1 024 株、黑松(株高 1.0 m)2 128 株、爬山虎172 株。

5. 养护

工程竣工后,树木需精心养护 2 年,树木的养护管理是提高种植成活率和景观效果的重要手段,养护工作由项目施工单位承担。

6.3.2.4　治理效果

按设计实施后,本项目可消除地质灾害隐患,恢复生态环境,缓解视觉污染,复垦耕地约 3.4 万 m²、林地约 2.5 万 m²。矿山恢复治理前后对比如图 6.3-19 至图 6.3-21 所示。

图 6.3-19　矿山恢复治理前面貌

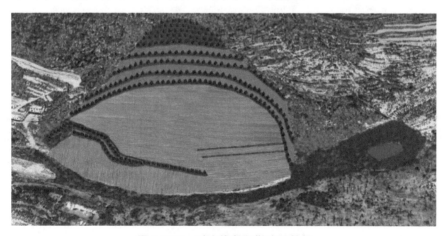

图 6.3-20　矿山恢复预期治理效果

图 6.3-21 矿山恢复治理后效果

6.3.3 威海市文登区宋村镇上徐村林涛石子厂废弃矿山治理

6.3.3.1 矿山地质环境特征

1. 矿山基本特征

威海市文登区宋村镇上徐村林涛石子厂现已关闭,采矿权人已灭失,矿山存在超采现象,原设计环境治理措施均未实施。由于矿山开采方式为露天山坡开采,故形成了一处较大的不规则露天采坑,破坏了山体的完整性,使昔日秀美、生机盎然的山体变得荒芜萧条、零乱残破。治理区内存在开采边坡 6 处、废石(土)堆 9 处、开采底盘 3 处及残存房屋 3 处。威海市文登区宋村镇上徐村林涛石子厂废弃矿山现场面貌如图 6.3-22 所示。

2. 矿山地质环境问题

(1)地形地貌景观遭受破坏,造成视觉污染。由于采石场破损立面较大,致使青山挂白,犹如在植被上开了一个天窗,与周边优美的山体景观严重不协调,废弃采石场位于宋村镇上徐村西南约 300 m 处,自村庄可看到开挖矿山,对当地居民造成视觉污染,如图 6.3-23 和图 6.3-24 所示。

(2)地质灾害发育,存在安全隐患。治理区地质灾害类型主要为崩塌或崩塌隐患,有少量塌滑现象,其他地质灾害不发育。该采矿区边坡坡顶、坡肩破碎岩体存在崩塌隐患的部位主要有 7 处,形成原因主要为人工爆破,加之岩体表面风化剧烈,裂隙较发育,存在安全隐患,如图 6.3-25 所示。治理区开采边坡高度为 10~15 m,坡度为 70°~80°,发育危岩体,面积约为 150 m²,厚度为 1~3 m,体积约为 300 m³。坡面较起伏,在边坡较缓部位分布有碎石土,堆积松散,处于临界稳定状态,部分土体前缘临空,稳定性差,在降雨条件下可能会发生塌滑。塌滑面貌如图 6.3-25 所示。

图 6.3-22　威海市文登区宋村镇上徐村林涛石子厂废弃矿山现场面貌(组图)

图 6.3-23　矿区俯视图

（3）土地占压与损毁,无法正常发挥土地功能。采矿场内,采坑边坡高陡,坑底碎石遍布,废石渣、废渣土、生活垃圾凌乱堆置,生产运输道路荒置,周边山体破损,多年不能生长各种植物,整个采矿场区荒芜杂乱,场区土地遭到闲置,无法发挥正常土地使用功能,开采底盘碎石遍布,如图 6.3-26 所示。

图 6.3-24　矿区视觉污染

图 6.3-25　崩塌、塌滑面貌（组图）

图 6.3-26　土地压占与损毁情况

（4）植被破坏与水土流失，生态环境遭到破坏。矿山开采破坏了原山体植被，使治理区生态环境遭到破坏。治理区南侧开采边坡坡面覆盖少量坡积碎石土，边坡较陡，表层岩体质量较差,受雨水冲刷,表层土体易剥离流失。开采底盘覆盖层较薄,多为开挖遗留碎渣、砂土,植物生长能力差,造成矿山荒漠化。

6.3.3.2 矿山地质环境治理设计

矿山地质环境治理设计的目的是消除地质灾害、恢复地形地貌景观、复垦土地及恢复生态环境。设计内容包括表土清运、台阶式削坡、种植槽施工、建筑物拆除、采坑回填、绿化用地整理、土壤重构、植被重建、警示牌和项目说明牌设置、养护等。

治理区西侧及南侧开采边坡按 1 : 0.5 进行削坡,每 5 m 设一级平台,平台宽度为 5 m,外侧设挡土墙,内部为种植槽,种植槽内植树绿化,梅花形布置两排,树高 1.5 m,间距为 2.5 m,平台内外两侧种植爬山虎,间距为 2 m;治理区东侧及北侧开采边坡续坡绿化,如图 6.3-27 所示。

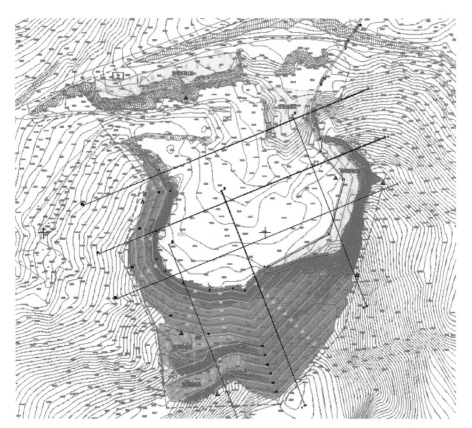

图 6.3-27 废弃矿山治理部署图

6.3.3.3 治理效果

按设计实施后,可消除地质灾害隐患,恢复生态环境,缓解视觉污染,复垦林地约 2.37 万 m²。废弃矿山治理前面貌如图 6.3-28 所示,废弃矿山恢复治理预期效果如图 6.3-29 所示,废弃矿山恢复治理后效果如图 6.3-30 所示。

图 6.3-28　废弃矿山恢复治理前面貌

图 6.3-29　废弃矿山恢复治理预期效果

图 6.3-30　废弃矿山恢复治理后效果

6.3.4　威海市文登区大华石子厂废弃矿山治理

6.3.4.1　矿山地质环境特征

威海市文登区大华石子厂矿山现已关闭,采矿权人已灭失,矿山存在超采现象,原设计环境治理措施均未实施。由于矿山开采方式为露天山坡开采,故形成了一处较大的不规则露天采坑,破坏了山体的完整性,使昔日秀美、生机盎然的山体变得荒芜萧条、零乱残破。

治理区内存在开采边坡 5 处、废石(土)堆 3 处、开采底盘 2 处及残存房屋 4 处,现场面貌如图 6.3-31 所示。

图 6.3-31　威海市文登区大华石子厂废弃矿山现场面貌(组图)

6.3.4.2　矿山地质环境治理设计

根据治理区工程地质条件及地质环境现状,总体治理方案如下。

(1)开采边坡:对陡立边坡进行台阶式削坡,形成种植平台,平台外侧砌筑挡土墙,内侧回填种植土,绿化以种植乔木为主,辅以爬藤类植物。

(2)开采底盘:拆除废弃建筑物,场地平整后进行覆土绿化或整理为耕地。

具体治理措施:①开工前在治理区外围设置警示牌;②对治理区进行危岩体清理、削坡退台;③回填续坡;④修建挡土墙、排水沟;⑤对治理区进行场地平整;⑥覆土绿化,并进行为期 2 年的工程养护。

通过治理,本项目改善治理区内的地质环境,使治理区地质环境向良性转化,恢复原有的地形地貌和生态植被,改善视觉效果,从而与周围的环境融为一体。

6.3.4.3　治理效果

按设计实施后,本项目可消除地质灾害隐患,恢复生态环境,缓解视觉污染,复垦耕地约 2.67 万 m²、林地约 5.64 万 m²。废弃矿山治理前面貌如图 6.3-32 所示,废弃矿山恢复治理后效果如图 6.3-33 所示。

图 6.3-32　废弃矿山治理前面貌

图 6.3-33　废弃矿山恢复治理后效果

6.3.5　威海市文登区宋村台上刘凡强石子厂废弃矿山治理

6.3.5.1　矿山地质环境特征

威海市文登区宋村台上刘凡强石子厂建筑用花岗岩矿经多年开采,对原山体及生态环境破坏严重,采矿造成的历史遗留露天采坑及废弃矿山极易产生崩塌、塌滑等地质灾害安全隐患,破坏了原有的生态环境,加速了水土流失,对当地居民造成了视觉污染,也影响了文登区经济的健康发展。治理区内存在开采边坡 4 处、废石(土)堆 5 处、开采底盘 1 处及残存房屋 5 处,现场面貌如图 6.3-34 所示。

图 6.3-34　威海市文登区宋村台上刘凡强石子厂废弃矿山面貌

6.3.5.2　矿山地质环境治理设计

该项目为废弃矿山地质环境综合治理工程,以恢复地形地貌景观、消除地质灾害、复垦土地及恢复生态环境为最终治理目的。考虑治理区地形起伏较小,本项目将开采底盘周边残留岩体开挖至平整,局部地形变化部位进行台阶式开挖绿化。

治理区范围为工矿用地,本项目将场地开挖平整至高程 55~60 m,高程变化部位开挖呈缓坡状,将残留岩梁挖除,根据地形起伏,将场地恢复为耕地或林地。

通过爆破削坡、危岩体清理、回填续坡、修筑毛石挡土墙、修筑排水沟、种植土回填、绿化养护等工程措施,对破损山体进行立体式生态修复,既能消除治理区地质灾害隐患,又使矿山地质环境得到极大改观,实现治理区与周边自然景观的有机统一。矿山治理部署如图 6.3-35 所示。

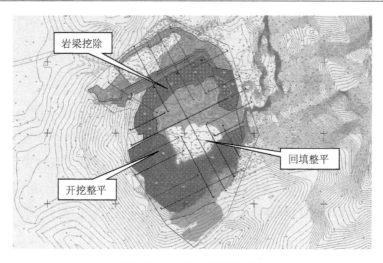

图 6.3-35　矿山治理部署图

6.3.5.3　治理效果

按设计实施后,本项目可消除地质灾害隐患,恢复生态环境,缓解视觉污染,复垦耕地约 11 hm²、林地约 4.46 hm²。废弃矿山预期治理效果如图 6.3-36 所示。

图 6.3-36　废弃矿山预期治理效果

威海市文登区宋村台上刘凡强石子厂治理工程已完成,通过治理,新增耕地 11 hm²、林地 4.46 hm²,全面改善了矿山生态环境质量,地质地貌得以有效恢复。在工程实施过程中,文登区政府及自然资源局领导多次到现场检查指导,认为该工程治理成效显著,可作为文登区废弃矿山治理的样板工程,文登区电视台也多次到工程现场进行采访报道。废弃矿山恢复治理后效果如图 6.3-37 所示。

图 6.3-37　废弃矿山恢复治理后效果

6.3.6　威海市文登区张家产镇树利石子厂废弃矿山治理

6.3.6.1　矿山地质环境特征

威海市文登区张家产镇树利石子厂矿山现已关闭,采矿权人已灭失,矿山存在超采现象,原设计环境治理措施均未实施。由于矿山开采方式为露天山坡开采,故形成了一处较大的不规则露天采坑,破坏了山体的完整性,使昔日秀美、生机盎然的山体变得荒芜萧条、零乱残破。

治理区内存在开采边坡 3 处、废石(土)堆 3 处、开采底盘 1 处及残存房屋 3 处,现场面貌如图 6.3-38 所示。

6.3.6.2　矿山地质环境治理设计

根据治理区工程地质条件及地质环境现状,总体治理方案如下。

(1)开采边坡:对陡立边坡进行台阶式削坡,形成种植平台,平台外侧砌筑挡墙,内侧回填种植土,绿化以种植乔木为主,辅以爬藤类植物。

(2)开采底盘:拆除废弃建筑物,场地平整后进行覆土绿化或整理为耕地。

本项目通过治理改善治理区内的地质环境,使治理区地质环境向良性转化,恢复原有的地形地貌和生态植被,改善视觉效果,从而与周围的环境融为一体。

治理区开采边坡进行台阶式削坡,台阶高度为 7 m,坡比为 1∶0.5,平台宽度为 5 m,平台外侧设置挡土墙,内侧为种植槽,种植槽内植树绿化,树高 1.5 m,间距为 2.5 m,平台外侧种植爬山虎,间距为 2 m;开采底盘整理至高程 130.0 m,复垦为耕地;坡顶及坡脚设置排水沟。矿山治理部署如图 6.3-39 所示。

图 6.3-38　威海市文登区张家产镇树利石子厂废弃矿山面貌（组图）

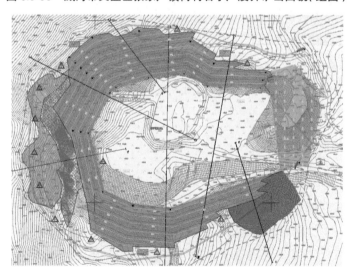

图 6.3-39　矿山治理部署图

6.3.6.3　矿山地质环境治理设计

按设计实施后,本项目可消除地质灾害隐患,恢复生态环境,缓解视觉污染,复垦耕地 2 hm²、林地约 3 hm²。废弃矿山治理前面貌如图 6.3-40 所示,废弃矿山恢复预期治理效果如图 6.3-41 所示,废弃矿山恢复治理后效果如图 6.3-42 所示。

图 6.3-40　废弃矿山治理前面貌

图 6.3-41　废弃矿山恢复预期治理效果

图 6.3-42　废弃矿山恢复治理后效果

参考文献

[1] 山东省国土资源厅. 山东省矿山地质环境保护与治理规划（2018—2025 年）[R]. 山东：山东省国土资源厅, 2018.

[2] 威海市文登区人民政府. 威海市文登区矿山地质环境保护与治理规划（2018—2025 年）[R]. 威海：威海市文登区人民政府, 2019.

[3] 方星, 许权辉. 矿山生态修复理论与实践 [M]. 北京：地质出版社, 2019.

[4] 王莉, 张和生. 国内外矿区土地复垦研究进展 [J]. 水土保持研究, 2013(1): 294-300.

[5] 杨金中, 聂洪峰, 荆青青. 初论全国矿山地质环境现状与存在问题 [J]. 国土资源遥感, 2017, 29(2): 1-7.

[6] 安守林, 赵玉娟. 矿山地质环境治理面临的困境及对策 [J]. 江苏科技信息, 2014(12): 31-33.

[7] 张兴. 我国矿山和谐发展中的矿山环境治理问题分析 [J]. 国土资源科技管理, 2009, 26(6): 110-113.

[8] 王海春. 矿区土地复垦的理论及实践研究综述 [J]. 经济论坛, 2009(13): 40-42.

[9] 张兴, 王凌云. 矿山地质环境保护与治理研究 [J]. 中国矿业, 2011, 20(8): 52-55.

[10] 章恒江, 邹东平, 史文飞. 客土喷播绿化防护技术实践与探索 [J]. 公路, 2004(11): 210-212.

[11] 吴训虎. 长袋植生带生态护坡复绿技术在陡峭石质高边坡处理上的应用 [J]. 中国花卉园艺, 2017(24): 44-46.

[12] 李树一, 王洪铭, 景蕊. 硬岩陡坡植生槽绿化技术应用研究 [J]. 工程勘察, 2013(1): 194-198.

[13] 武强, 陈奇. 矿山环境问题诱发的环境效应研究 [J]. 水文地质工程地质, 2008(5): 81-85.

[14] 王志宏, 李爱国. 矿山废弃地生态恢复基质改良研究 [J]. 中国矿业, 2005(3): 24-25.

[15] 温庆忠. 废弃石灰岩矿山植被恢复方法探讨 [J]. 林业资源管理, 2008(4): 108-111, 123.

[16] 钟晓, 吴长文, 陈林东. 绿化笼砖在治理岩质陡坡中的应用 [J]. 中国水土保持科学, 2004, 2(3): 119-121.

[17] 李亚钦, 罗少兰. 石场复绿工程施工技术 [J]. 林业建设, 2007(3): 25-28.

[18] 刘超良, 孙涛, 魏增超, 等. 露天矿山地质环境保护与恢复治理 [J]. 地质灾害与环境保护, 2013, 24(2): 34-36.

[19] 刘本同, 钱华, 何志华, 等. 我国岩石边坡植被修复技术现状和展望 [J]. 浙江林业科技, 2004, 24(3): 47-54.

[20] 陈军信. 植被砼边坡防护施工技术 [J]. 建筑与工程, 2007(36): 141-147.

[21] 黄春晖, 高峻. 生态构建：恢复生态学的新视点 [J]. 地理与地理信息科学, 2004, 20(4): 52-56.

[22] 周启星, 魏树和, 张倩茹. 生态修复 [M]. 北京：中国环境科学出版社, 2006.

[23] 沈海岑, 陈峥. 广州市花都区泥石场植被生态修复工程技术应用及评价 [J]. 广东园林, 2017, 39(3): 87-91.

[24] 隋明昊.岩质高陡边坡锚杆-土工网垫喷播植草生态护坡结构稳定性研究 [D].青岛:青岛理工大学,2012.

[25] 尹晓蛟,白琳,杨旭.裸露边坡重建植物群落演替研究进展 [J].绿色科技,2016(8):9-11.

[26] 陈波,包志毅.国外采石场的生态和景观恢复 [J].水土保持学报,2003,17(5):71-73.

[27] 杨冰冰,夏汉平,黄娟,等.采石场石壁生态恢复研究进展 [J].生态学杂志,2005,24(2):181-186.

[28] 许杉.东莞水濂山废弃采石场生态修复与景观重建研究 [D].武汉:华中农业大学,2012.

[29] 王琼,辜再元,周连碧.废弃采石场景观设计与植被恢复研究 [J].中国矿业,2010,19(6):57-59.

[30] 高丽霞,孔旭晖,曹震.广东采石场植被生态恢复技术及存在的问题 [J].仲恺农业技术学院学报,2005,18(3):51-53.

[31] 章梦涛,付奇峰,吴长文.岩质坡面喷混快速绿化新技术浅析 [J].水土保持研究,2005,7(3):65-67.

[32] 张俊云,周德培,李绍才.厚层基材喷射护坡试验研究 [J].水土保持通报,2001,21(4):44-46.

[33] 郑煜基,卓慕宁,李定强,等.草灌混播在边坡绿化防护中的应用 [J].生态环境,2007,16(1):149-151.

[34] 郭峰.裸露山体缺口景观影响度及其生态修复技术 [J].中国园林,2009,24(11):63-66.

[35] 夏汉平,蔡锡安.采矿地的生态恢复技术 [J].应用生态学报,2002,11(11):1471-1477.

[36] 刘碧云,梁素莲.采石场生态恢复重建方法及案例分析 [J].防护林科技,2008,25(6):31-33.

[37] 邹新军,赵明华.岩质边坡生态防护现场试验研究 [J].土木工程学报,2011(S2):202-206.

[38] 蒋德松,蒋冲,赵明华.城市岩质边坡生态防护机理及试验 [J].中南大学学报(自然科学版),2008,39(5):1087-1093.

[39] 吴长文,章梦涛.裸露山体缺口生态治理 [M].北京:科学出版社,2007.

[40] 吴长文,欧阳菊根,欧阳毅.采石场水土流失防治探讨 [J].水土保持研究,1997,4(1):22-25.

[41] 王永喜,王丽坤.石质边坡生态修复技术 [J].中国城市林业,2004,2(4):42-44.

[42] 林碧华,马晓轩,陶波.石灰石矿山地质环境保护与恢复治理探讨 [J].地质灾害与环境保护,2012,23(2):48-53.

[43] 李洪远.工业废弃地的生态恢复与景观更新途径 [J].城市,2015(4):15-17.

[44] 刘国华,舒洪岚.矿区废弃地生态恢复研究进展 [J].江西林业科技,2013(2):21-25.

[45] 盛卉.矿山废弃地景观再生设计研究 [D].南京:南京林业大学,2009.

[46] 钟爽.矿山废弃地生态恢复理论体系及其评价方法研究 [D].阜新:辽宁工程技术大学,2015.

[47] 胡振琪.土地复垦与生态重建 [M].北京:中国矿业大学出版社,2008.

[48] 向成华,刘洪英,何成元.恢复生态学的研究动态 [J].四川林业科技,2003(2):17-21.

[49] 魏远,顾红波.矿山废弃地土地复垦与生态恢复研究进展 [J].中国水土保持科学,2012,10(2):107-114.

[50] 刘刚,郝名震.废弃矿山喷混植生生态恢复技术初探 [J].西部探矿工程,2011(2):153-157.

[51] 凌婉婷,贺征正,高彦征.我国矿区土地复垦概况 [J].农业环境与发展,2000,17(4):34-36.

[52] 钟爽.矿山废弃地生态修复理论体系及其评价方法研究 [D].阜新:辽宁工程技术大学,2006.

[53] 石书静,李惠卓.我国煤矿区土地复垦现状研究 [J].安徽农业科学,2010(10):5262-5263.

[54] 王婧静.金属矿山废弃地生态修复与可持续发展研究 [J].安徽农业科学,2010(15):8082-8084.

[55] 金一鸣.矿山废弃地工程绿化技术模式生态修复效益研究 [D].北京:北京林业大学,2015.

[56] 冯少华,陈炜,祁冉,等.矿山生态修复方法及工程措施研究 [J].科技创新导报,2016,13(23):26,29.

[57] 蔡仁平,敖丽英.矿山生态环境恢复治理现状和应对措施探讨 [J].工程技术(全文版),2016(11):305.

[58] 聂守智.矿山边坡的生态修复浅析 [J].山西建筑,2019,45(19):58-59.

[59] 赵罡.矿山边坡及排土场的生态修复研究 [J].有色金属设计,2019,46(3):95-96,102.

[60] 廖隆荣.探讨矿山生态修复工程及技术措施 [J].建材与装饰,2019(29):213-214.

[61] 方晓明.矿山生态修复工程及技术措施 [J].科技创新与应用,2017(17):144-145.

[62] 武强,刘伏昌,李铎.矿山环境研究理论与实践 [M].北京:地质出版社,2005.

[63] 王建国.中国矿业城市地质灾害防治理论与技术 [M].北京:煤炭工业出版社,2010.

[64] 李长洪,任涛,蔡美峰,等.矿山地质生态环境问题及其防治对策与方法 [J].中国矿业,2005,14(1):29-33.

[65] 赵桂久,刘燕华,赵名茶.生态环境综合整治和恢复技术研究(第二集)[M].北京:北京科学技术出版社,1995.

[66] 万亚辉,沈月.我国矿山地质环境问题 [J].北方环境,2011,23(7):38-39.

[67] 张殿合,郑灿辉,张子瑞.我国矿山现状与实施矿山可持续发展战略研究 [J].露天采矿技术,2012(3):31-35.

[68] 魏忠义,王云凤,李晓雷.露天矿区景观恢复与整治措施探讨 [J].金属矿山,2012(1):144-146,150.

[69] 武强.我国矿山环境地质问题类型划分研究 [J].水文地质工程地质,2003(5):107-112.

[70] 胡博文,张发旺,陈立.我国矿山地质环境评价方法研究现状及展望 [J].地球与环境,2015(3):375-378.

[71] 陈奇.矿山环境治理技术与治理模式研究 [D].北京:中国矿业大学(北京),2009.

[72] 杨金燕,杨锴,田丽燕,等.我国矿山生态环境现状及治理措施 [J].环境科学与技术,2012(S2):182-188.

[73] 袁哲路.矿山废弃地的景观重塑与生态恢复 [D].南京:南京林业大学,2013.

[74] 刘宏磊,陈奇,赵德康.矿山环境修复治理模式探讨 [J].煤炭工程,2016(11):91-95.

[75] 高庆辉.露天矿山高边坡地质环境治理模式探讨 [J].世界有色金属,2016(8):142-143.

[76] 王丽丽.旧矿区景观恢复中的植物景观设计方法研究 [D].天津:天津大学,2008.

[77] 王斌.我国绿色矿山评价研究 [D].北京:中国地质大学(北京),2014.

[78] 武强,薛东,连会青.矿山环境评价方法综述 [J].水文地质工程地质,2005(3):84-88.

[79] 周影.矿山地质环境影响评估及综合治理研究 [D].长春:吉林大学,2013.

[80] 贾晓.矿山环境综合治理研究 [D].北京:中国地质大学(北京),2013.

[81] 程宝成.露天铝土矿矿山地质环境综合评价与恢复治理研究 [D].北京:中国地质大学(北京),

2015.

[82] 王瑞君,李林霞,何玉玲,等.采矿废弃地生态与景观恢复治理模式探讨 [J]. 黑龙江农业科学, 2014(4):85-90.

[83] 王永生. 国外矿山环境恢复的标准与技术要求 [J]. 国土资源导刊,2009(4):59-60.

[84] 张波. 攀枝花摩梭河地区矿山环境恢复治理研究 [D]. 成都:成都理工大学,2013.

[85] 张梁. 我国矿山生态环境恢复治理现状和对策 [J]. 中国国土资源经济,2002(4):25-27,31.

[86] 申新山. 岩石边坡植生基质生态防护工程技术的研究与应用 [J]. 中国水土保持,2003(10): 26-28.

[87] 金钟. 喷砼植草技术在惠河高速公路高边坡防护中的试验应用 [J]. 广东公路交通,2001,27 (2):18-19.

[88] 宋百敏. 北京西山废弃采石场生态恢复研究:自然恢复的过程、特征与机制 [D]. 济南:山东大学,2008.

[89] 任宪友. 生态恢复研究进展与展望 [J]. 世界科技研究与发展,2005(5):85-89.

[90] 杨京平. 生态恢复工程技术 [M]. 北京:化学工业出版社,1996.

[91] 程勇. 江苏省露采矿山岩质边坡生态恢复技术研究 [D]. 南京:南京林业大学,2006.

[92] 胡双双. 岩质边坡生态护坡基材研究 [D]. 武汉:武汉理工大学,2006.

[93] 周德培. 植被护坡工程技术 [M]. 北京:人民交通出版社,2003.

[94] 何建君. 岩质边坡生态防护技术研究 [D]. 长沙:中南大学,2005.

[95] 许文年. 岩石边坡绿化技术应用研究 [J]. 水利水电技术,2002,33(7):35-37.

[96] 仓田益二郎. 绿化工程技术 [M]. 顾宝衡,译. 成都:四川科学技术出版社,1989.

[97] 舒翔,曹映泓,廖晓瑾,等.岩石边坡喷混植生设计与施工 [J]. 中外公路,2001(4):45-48.